SCHALL 2025

Schallemissionsanalyse und Zustandsuberwachung mit gefuhrten Wellen

Berichtsband BB 183

Dresden, Germany
27-28 March 2025

ISBN: 979-8-3313-2058-4

Printed from e-media with permission by:

Curran Associates, Inc.
57 Morehouse Lane
Red Hook, NY 12571

Some format issues inherent in the e-media version may also appear in this print version.

Deutsche Gesellschaft Fuer Zerstoerungsfreie Pruefung (DGZfP)
Max-Planck-Str. 6
12489 Berlin
Germany

Phone: +49 30 67807-0
Fax: +49 30 67807-109

mail@dgzfp.de

Additional copies of this publication are available from:

Curran Associates, Inc.
57 Morehouse Lane
Red Hook, NY 12571 USA
Phone: 845-758-0400
Fax: 845-758-2633
Email: curran@proceedings.com
Web: www.proceedings.com

TABLE OF CONTENTS

Lokalisierung von Schallemissionsereignissen mittels künstlicher neuronaler Netze zur Bestimmung der Quellenkoordinaten.

Ivan SIRBU [1], Gerd MANTHEI [1], Michael GUCKERT [2], Erbil-Batur BULUT [1]
[1] THM, Maschinenbau und Energietechnik, D-35390 Gießen
[2] THM, Kompetenzzentrum für Informationstechnologie, D-31169 Friedberg
E-Mail: ivan.sirbu@me.thm.de

Kurzfassung. Diese Arbeit stellt eine Erweiterung des Projektes zur Klassifizierung der Schallemissionsdaten mithilfe künstlicher neuronaler Netze dar. Dafür wurden Schallemissionssignale verwendet, die durch das Brechen der Bleistiftminen auf einer Granitplatte erzeugt wurden. Die Versuche wurden an 81 Positionen durchgeführt, wobei jeweils 128 Messungen im Bereich von 10 mm x 10 mm um jede Position vorgenommen wurden. Es wurde bereits gezeigt, dass Wavelet-transformierte Schallemissionsdaten mittels künstlicher neuronaler Netze voneinander unterschieden und klassifiziert werden können. Die Vorhersagen konnten dabei nur anhand der vorgegebenen Positionen getroffen werden. Das Ziel dieser Arbeit ist die Entwicklung eines künstlichen neuronalen Netzes, das extrahierte Informationen aus den Schallemissionsdaten nutzt, um die Position der Schallemissionsquelle möglichst präzise vorherzusagen. Die Vorhersagen sind dabei nicht auf die vorgegebenen Positionen beschränkt. Das bedeutet, dass Quellen außerhalb der gelernten Koordinaten lokalisiert werden können. Dafür werden zwei Methoden für die Eingabe des künstlichen neuronalen Netzes erarbeitet: die Bestimmung der Einsatzzeiten und des Zeitpunktes des größten Energieanstieges. Ein Vergleich mit der herkömmlichen Ortungsmethode zeigt einen deutlichen Anstieg der Genauigkeit.

Keywords: Schallemission, Künstliche Neuronale Netze, Deep Learning, überwachtes Lernen

1 Einleitung

Die Schallemissionsanalyse (SEA) hat sich als bewährte Methode zur zerstörungsfreien Untersuchung von Materialien und Strukturen erwiesen. Ihre Anwendung im Zeit- und Frequenzbereich wird seit vielen Jahren weiterentwickelt. Mit einem Sensor können Signalparameter wie Maximalamplitude, RMS-Wert und Anstiegszeit ermittelt werden. Der Einsatz

NDTnet
Medien- und Publikationspartner

https://doi.org/10.58286/30955

von vielen Sensoren ermöglicht den Ort der Schädigung zu lokalisieren. Bei diesem Verfahren werden die Differenzen der Ankunftszeiten an verschiedenen Sensoren, die Sensorabstände und die Wellengeschwindigkeiten zur Berechnung des Ortes der SE-Quelle verwendet. Parallel dazu wurden auch Methoden der künstlichen Intelligenz (KI) entwickelt und in verschiedenen Bereichen immer intensiver eingesetzt. Insbesondere kam es zur zunehmenden Anwendung der Mustererkennung mit künstlichen neuronalen Netzen (KNN), um Ähnlichkeiten in den Daten und damit den Ort einer SE-Quelle zu finden.

Mithilfe eines KNNs und der Wavelet-Analyse konnte bereits in [1] gezeigt werden, dass Schallemissionsdaten verschiedener Quellen klassifiziert werden können. Dabei handelte es sich um überwachtes Lernen. Die Vorhersagen des KNNs sind somit an die vorgegebenen Klassen gebunden, die im Fall der Lokalisierung durch die Positionen repräsentiert werden. Daher können keine Koordinaten der Quellen zwischen den Klassen vorhergesagt werden. Die Mustererkennung wurde auf Skalogramme in Form von RGB-Bildern angewendet, die mittels der Wavelet-Analyse aus den gemessenen Schallemissionsdaten erstellt wurden. Aufgrund der Größe von einzelnen Bildern steigt nicht nur der Speicherbedarf, sondern auch die Rechenzeit für das Training des KNNs erheblich. Aus dem Grund wird eine andere Methode gesucht, die auch SE-Quellen zwischen den gelernten Positionen lokalisieren kann. Eine mögliche Lösung dafür ist ein KNN mit dem Regressionsansatz.

Das Ziel der Arbeit ist, geeignete KNNs zu entwickeln, die SE-Quellen möglichst präzise lokalisieren. Als Parameter werden der Ersteinsatz des SE-Signals und der erste Zeitpunkt der größten Energieänderung herangezogen. Dazu wird das AIC-Kriterium und die Wavelet-Analyse verwendet. Die Ergebnisse der beiden Methoden dienen als Eingabe für das KNN. Im Folgenden Kapitel werden die mathematischen Grundlagen dafür beschrieben.

2 Grundlagen

2.1 Akaike Information Criterion

Zur Spezifikation eines Regressionsmodells bietet sich das von Akaike eingeführte Informationskriterium „Akaike Information Criterion“ (AIC) zur Bestimmung der Ordnung eines linearen Prozessmodells. Im Allgemeinen wird diese Methode auch für andere Schätzer angewendet. [2]

Mit diesem Kriterium wird das beste Modell aus einer Menge der Kandidaten ausgewählt. Hierzu wird die Likelihood-Funktion definiert und maximiert. Diese Funktion gibt die Wahrscheinlichkeit der Beschreibung von vorliegenden Daten an [2]. Abhängig von der Anwendung kann die Gleichung unterschiedliche Formen annehmen. In [3] wird die Anwendung von AIC auf Zeitreihen zur Bestimmung von Ankunftszeiten beschrieben. Dabei nimmt die Berechnung von AIC-Werten die folgende Form an [3]:

$$AIC(t) = t \cdot \log\big(var(y[0,t])\big) + (T - t - 1) \cdot \log\big(var(y[t+1,T])\big) \quad (1)$$

Die Gleichung 1 beschreibt die Berechnung der Varianz vor einem gewählten Punkt t einer Zeitreihe [0, T]. Dabei wird die Varianz eines Signals $y(\tau)$ vor dem Punkt t und nach dem Punkt t berechnet. Durch die Bewertung der Varianzen wird der Zeitpunkt t gesucht, bei dem der Funktionswert AIC(t) das Minimum erreicht. Dieses Prinzip kann bei der Bestimmung der Ankunftszeit verwendet werden. Die Amplitude steigt nach der Ankunftszeit signifikant an, wodurch die Varianz zunimmt.

2.2 Wavelet-Analyse

Die Schallemission basiert auf der Analyse der Schallwellen, die infolge der Energiefreisetzung entstehen. Gemäß [4] kann die endliche Energie E eines Signals f im stetigen Fall durch die Integration des quadrierten Signalbetrags bestimmt werden (Gl. 2). Dabei gehört das Signal $f(t)$ zum Hilbertraum $L^2(\mathbb{R})$.

$$E = \int_{-\infty}^{\infty} |f(t)|^2 \, dt < \infty \tag{2}$$

Nach dem Parsevalschen Satz ist die Energie im Zeitbereich gleich der Energie in den Wavelet-Domänen (Gl. 3). Dabei steht $Wf(a,b)$ für die kontinuierliche Wavelet-Transformation des Signals $f(a,b)$ mit einer kontinuierlichen Menge von Skalen a und einer kontinuierlichen Menge von Positionen b. Mit der C_ψ wird die Energie der Mutterwavelet bezeichnet (Gl. 4), wobei $\hat{\psi}$ die Fourier-Transformation von ψ darstellt.

$$C_\psi \int_{-\infty}^{\infty} |f(t)|^2 \, dt = \int_{-\infty}^{\infty} \int_0^{\infty} |Wf(a,b)|^2 \, da/a^2 db \tag{3}$$

$$C_\psi = \int_0^{\infty} \hat{\psi}(w) \, dw/w \tag{4}$$

Gemäß [4] wird die kontinuierliche Wavelet-Transformation des Signals $f(t)$ mit der Mutterwavelet-Funktion ψ wie folgt definiert:

$$Wf(a,b) = \int_{-\infty}^{\infty} f(t)\psi(\tfrac{t-b}{a}) \, a^{-1/2} dt \tag{5}$$

Die Berechnungen erfolgen numerisch. Aus diesem Grund wird eine Diskretisierung vorgenommen und das Intergral wird durch die Summe approximiert (Gl. 6). Gemäß [4] gilt die Gleichung 6 unter der Verwendung einer Orthogonalität. Somit kann die Energieverteilung als das Quadrat der Wavelet-Koeffizienten $w_{j,k}$ interpretiert werden.

$$\int_{-\infty}^{\infty} |f(t)|^2 \, dt = \sum_{j,k} |w_{j,k}|^2 \tag{6}$$

3 Versuchsaufbau

Die Schallemissionsdaten werden auf einer Granitplatte durch das Brechen einer Bleistiftmine erzeugt. Die Granitplatte weist eine Länge und eine Breite von 500 mm sowie eine Tiefe von 60 mm auf. Zur Erfassung der Schallemissionssignale werden Sensoren vom Typ V103 von der Firma ‚*Olympus*‘ mit einer Mittelfrequenz von 1 MHz verwendet. Auf der Abbildung 1 sind die Platte mit Sensoren (links) und die Positionen der Sensoren (rechts) zu sehen.

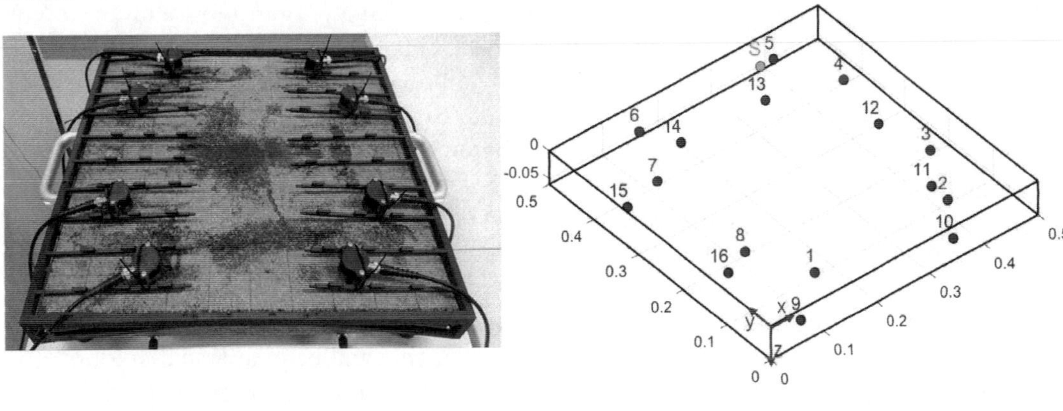

Abb. 1. Experimenteller Aufbau (links) und die grafische Darstellung der Platte mit Sensoren (rechts). Der Punkt ‚S‘ stellt eine Beispielsquelle an der Position (350; 450; 0) dar.

Insgesamt wurden 16 Sensoren an die Platte angekoppelt: 8 Sensoren auf der Oberseite (mit rot gekennzeichnet) und 8 Sensoren auf der Unterseite (mit blau gekennzeichnet). Mit roten Pfeilen wird der Koordinatenursprung markiert. Die Bleistiftminenbrüche wurden auf der Oberseite der Platte durchgeführt. Dafür wurden 81 Positionen ausgewählt, die sich in einem Raster von 9 x 9 mit einem Abstand von 50 mm voneinander befanden. Jeweils 128 Bleistiftminenbrüche wurden in einem Bereich von 10 mm x 10 mm um jede Position erzeugt.

Für die Aufnahme des Signals wurde der Vorverstärker vom Typ GMuG VV30 mit einer Verstärkung von 40 dB verwendet. Die maximale Ausgangsamplitude betrug ± 2 V und das Triggerniveau wurde mit 10 % eingestellt. Die Digitalisierung der Signale erfolgte mit den Transientenrekorder-Karten des Typs M2i4912 vom ‚*Spectrum*'. Damit wurde eine analog-digitale Umwandlung mit einer Abtastrate von 10 MHz durchgeführt. Insgesamt wurden 16384 Abtastungen pro Kanal gemacht.

4 Entwicklung des künstlichen neuronalen Netzes

4.1 Bestimmung der Signalparameter

[3-7] zeigen die Lokalisierungsmethode unter Verwendung von Ankunftszeiten und künstlichen neuronalen Netzen. In [5] wird ein Modell vorgestellt, das die Ankunftszeiten der Schallwellen mittels des AIC-Kriteriums bestimmt und eine Lokalisierungsqualität von 5 mm im Durchschnitt vorhersagt. Diese Methode wird unter anderem an dreidimensionalen CFK-Strukturen mit komplexen Geometrien angewendet.[1] Mit dem AIC wird der Zeitpunkt gesucht, an dem die Werte von Varianzen davor und danach den geringsten AIC-Wert ergeben. In diesem Projekt wird der Ersteinsatz der Signale ebenfalls mit dem AIC-Kriterium bestimmt.

Für den zweiten Signalparameter wird der erste Zeitpunkt der größten Energieänderung gewählt. Die Auswahl dieses Ansatzes liegt daran, dass die ausgelöste Energie ein natürliches Maß für die Schädigung ist. Das Auslösen der Energie zeichnet sich durch eine steile Änderung des Energiewertes aus. Aus dem Grund wird der Zeitpunkt des Signals gesucht, an dem die größte Energieänderung auftritt. Dieser wird, wie im Grundlagenkapitel erläutert, mithilfe der Wavelet-Analyse bestimmt.

Zum Vergleich der beiden Methoden wird ein Bleistiftminenbruch an der Position (350, 450, 0) betrachtet, der auf der linken Seite der Abbildung 1 durch den grünen Punkt ‚S' markiert ist. Auf der Abbildung 2 wird das aufgenommene Signal dargestellt, wobei grüne vertikale Linien den Ersteinsatz des Signals und roten Linien den Zeitpunkt des größten Energieanstieges markieren. Dabei sind die Spannungsamplituden auf 1 normiert und mit ihrem zeitlichen Verlauf aufgetragen. Auf der vertikalen Achse sind die entsprechenden Kanalnummern der Sensoren zu sehen, die der Nummerierung auf der Abbildung 1 entsprechen.

Es lässt sich erkennen, dass der Ersteinsatz des Signals und der Zeitpunkt des größten Energieanstieges nur bei den Kanälen 5 und 13 übereinstimmen. Die Sensoren 5 und 13 haben die geringsten Abstände zur Quelle ‚S', und zwar 25 mm und 60,4 mm entsprechend. Bei den restlichen Kanälen kommt die rote Linie mit einer Verspätung nach der Ankunftszeit. Somit vergrößert sich der Abstand der mit Wavelet-Analyse ermittelten Zeitpunkte zu den mittels AIC-Kriteriums berechneten Ankunftszeiten. Eine Übereinstimmung ist somit dann gegeben, wenn die Amplitude des ersten Anschwingens groß ist, wie z.B. bei den Kanälen 5 und 13. Ist jedoch die Amplitude des ersten Anschwingens, wie bei den Kanälen 9 und 16, sehr klein, setzt die Energieänderung wesentlich später ein. Dieser Zeitpunkt entspricht dem Auftreten der ersten großen Amplitude. Es handelt sich aber nicht um den Ersteinsatz der Longitudinal- (L-) oder Transversalwelle (T-Welle).

Somit ist ein zweidimensionaler Datensatz aus Zahlen vorbereitet. Die bestimmten Zeitpunkte werden für das KNN verwendet, um ein Regressionsmodell zu erstellen. Die Anwendung der AIC-Methode und der Wavelet-Analyse im Kontext des KNNs wird bei den Ergebnissen beschrieben und die beiden Methoden werden verglichen.

[1] Persönliche Mitteilung von Prof. Dr. Markus Sause auf der Tagung EWGAE 2024 in Potsdam.

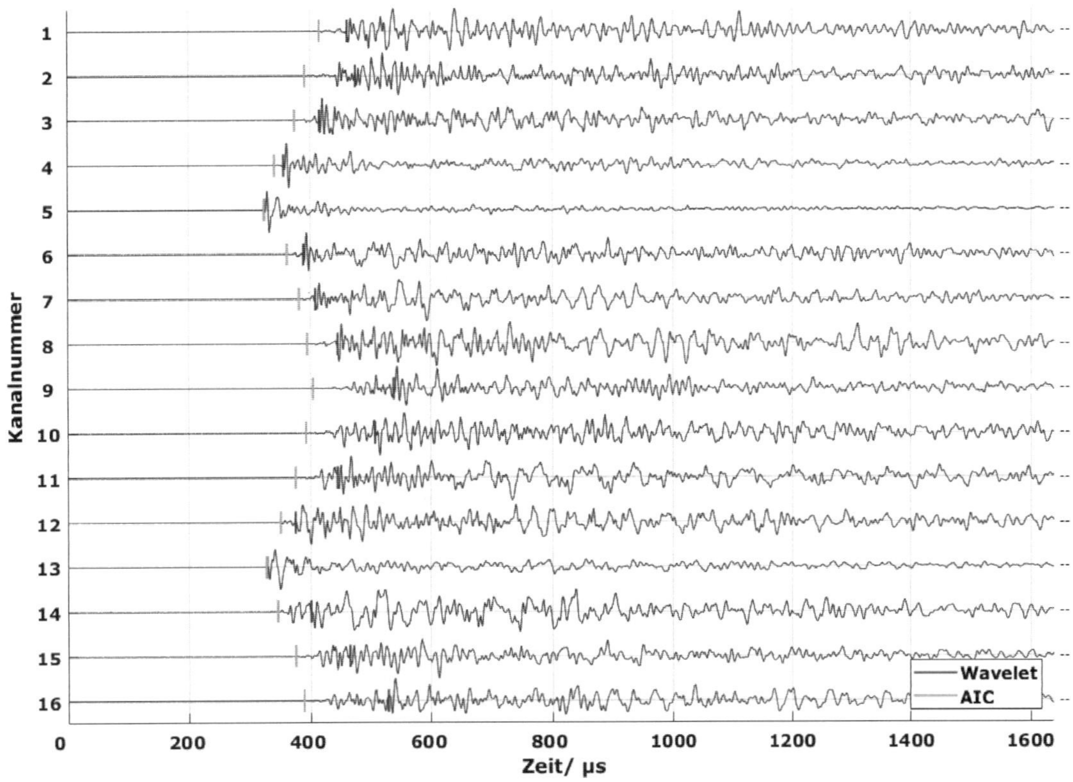

Abb. 2. Spannungsamplituden der SE-Daten mit dem zeitlichen Verlauf auf der horizontalen Achse und den Kanalnummern auf der Vertikale Achse. Die Legende (rechts unten) beschreibt die Zugehörigkeit der Striche zu der entsprechenden Methode.

4.2 Netzwerkarchitektur

Der Datensatz mit den Zeitpunkten liegt in Form von Vektoren zu den einzelnen Messungen vor. Bei dem Versuch werden die zugehörigen Positionen gespeichert. Somit ist der Datensatz bereits klassifiziert, weshalb ein überwachtes Lernen angewendet wird. Zur Erzielung präziserer Vorhersagen wird ein Convolutional Neural Network (CNN) verwendet.

Zu jeder Messung gehören 16 Zeitwerte. Somit stellt eine Eingabe für das CNN einen Vektor mit 16 Einträgen dar. Jeder Zeitwert wird als separater Kanal betrachtet. Daher erweitert sich die Größe der Eingabe auf drei Dimensionen. Die Modellarchitektur besteht aus fünf Faltungsschichten, drei vollständig verbundenen Schichten sowie weiteren Normalisierungsschichten. Die Ausgabe der letzten vollständig verbundenen Schicht besitzt nur drei Ausgabeneuronen, die Koordinaten einer Quelle repräsentieren. Die Abbildung 3 zeigt die beschriebene Architektur. Der Datensatz wird in zwei Mengen aufgeteilt: Trainings - und Testdaten. Die Testdaten werden zur Überprüfung des fertig trainierten Modells verwendet. Für die beiden dargestellten Modelle wird eine Aufteilung von 90/10 gewählt, was bedeutet, dass 90 % der Daten für das Training übernommen werden und 10 % für den Test.

Beim Kompilieren des Modells werden das Mean Squared Error (MSE) als Verlustfunktion und der Adaptive Moment Estimation (Adam)-Algorithmus als Optimierer eingesetzt. Bei der MSE-Verlustfunktion wird die Summe der quadrierten Differenzen zwischen den vorhergesagten Werten $\hat{\boldsymbol{y}}$ und den Zielwerten $\boldsymbol{y}$ gebildet und durch die Anzahl der Elemente m geteilt (Gl. 7). Die Schreibweise in Fettschrift weist auf vektorielle Größe hin. Durch das Quadrieren der Differenz werden große Abweichungen stärker gewichtet und somit effektiver minimiert. Der Adam-Optimierer bietet den Vorteil einer adaptiven Lernrate, wodurch die Feineinstellung nicht mehr nötig ist. Für das vorliegende Modell werden eine Lernrate von 0,00001 und eine Batchgröße von 32 gewählt.

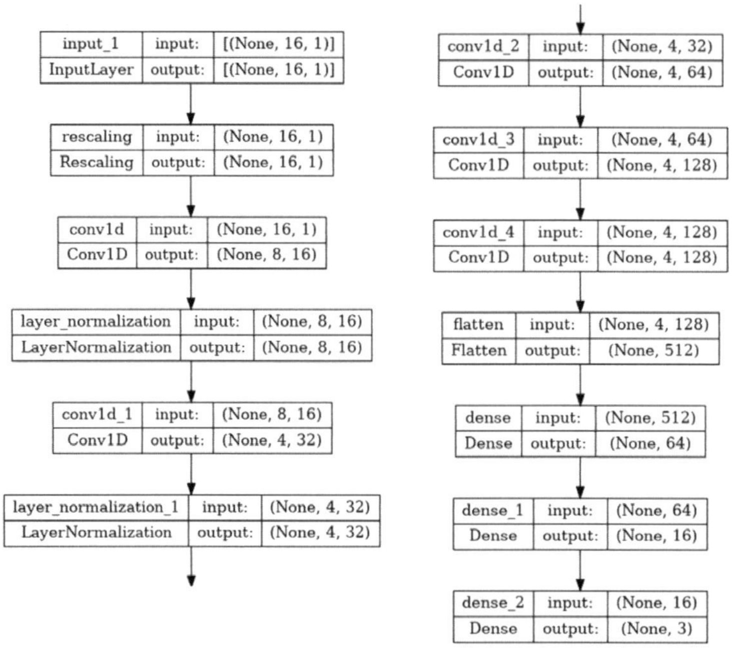

Abb. 3. Architektur des CNN-Regressionsmodells.

$$MSE = \frac{1}{m}\sum_i (\hat{\boldsymbol{y}} - \boldsymbol{y})_i^{\,2} \qquad (7)\ [8]$$

Durch das Quadrieren der Differenz werden große Abweichungen stärker gewichtet und somit effektiver minimiert. Der Adam-Optimierer bietet den Vorteil einer adaptiven Lernrate, wodurch die Feineinstellung nicht mehr nötig ist. Für das vorliegende Modell werden eine Lernrate von 0,00001 und eine Batchgröße von 32 gewählt.

Nach Abschluss des Trainings wird das Modell auf den Testdatensatz angewendet, der neue, unbekannte Daten enthält. Das Modell gibt die Vorhersagen in Form von reellen Zahlen aus, die die drei Koordinaten der Quellen repräsentieren. Die Ergebnisse werden im nächsten Kapitel aufgeführt.

4.3 Ergebnisse

Auf die beiden Datensätze wird die beschriebene Netzwerkarchitektur angewendet. Zunächst werden die Ergebnisse des Modells analysiert, das mit den AIC-Daten trainiert wurde. Zur Veranschaulichung der vorhergesagten Positionen werden sie auf der grafischen Darstellung der Granitplatte durch die schwarzen Punkte markiert (Abb. 4). Die grünen Rechtecke stellen die Zielpositionen dar, wobei ihre Größe dem Bereich von 10 mm x 10 mm entspricht, in dem die SE-Signale erzeugt wurden. Die Sensorpositionen sind durch die roten Punkte für die Sensoren auf der Oberseite und die blauen Punkte für die Sensoren auf der Unterseite gekennzeichnet. Die Abbildung 4 dient der gesamten Darstellung. Aus diesem Grund stammen die schwarzen Punkte nicht aus den Ergebnissen der Testdaten, sondern aus dem gesamten Datensatz. Es ist zu sehen, dass die Ergebnisse eindeutige Mengen bilden. Die grünen Punkte sind nur an einigen Stellen sichtbar, da die schwarzen Punkte die Zielpositionen überlagern. Dabei ist es unklar, ob die schwarzen Punkte zu der Position gehören, die vorhergesagt wurde. Aus dem Grund werden die vorhergesagten Werte analysiert und mit den tatsächlichen verglichen.

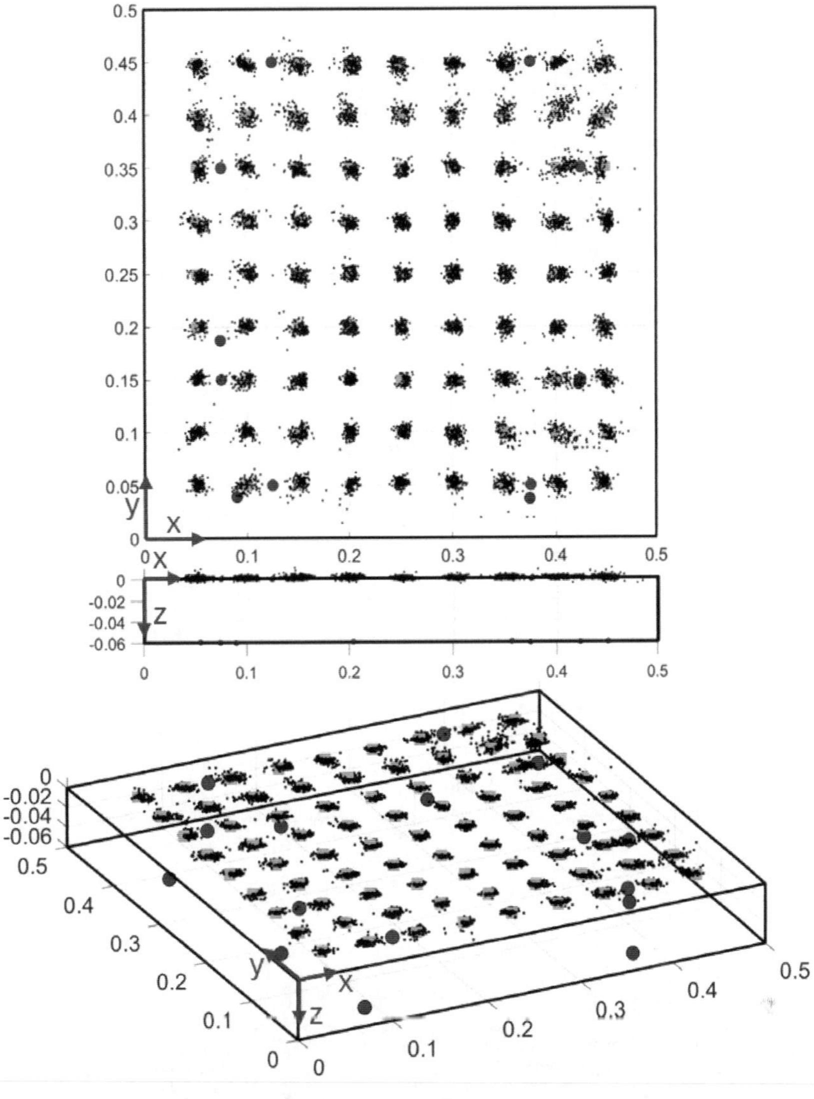

Abb. 4. Graphische Darstellung der Ergebnisse durch die schwarzen Punkte basierend auf dem gesamten AIC-Datensatz. Ansicht der xy-Ebene oben, xz-Ebene in der Mitte und eine perspektivische Ansicht unten.

Die mittlere euklidische Distanz zwischen den vorhergesagten Positionen und den Zielkoordinaten beträgt 7,1 mm. Dafür werden die Abweichungen entlang jeder Achse bestimmt und die Wurzel der Summe der quadrierten Abweichungen wird berechnet. In der Tabelle 1 sind die Mittelwerte der absoluten Abweichungen (engl. Mean Absolut Error, MAE) und die Standartabweichungen der MAE-Werte für die einzelnen Achsen bei der Anwendung des Modells auf die Testdaten aufgeführt. Die Standardabweichungen in der x-, y- und z-Achse sind um jeweils 5,3 %, 0,05 % und 24,2 % niedriger als die entsprechenden MAE-Werte. Die Werte der Standardabweichung und die Visualisierung auf der Abbildung 4 verdeutlichen, dass einige Vorhersagen die Zielkoordinaten präziser treffen, während andere größere Abweichungen aufweisen.

Tabelle 1. MAE-Werte und Standardabweichungen der MAE-Werte des CNN-Modells innerhalb der einzelnen Achsen basierend auf dem AIC-Datensatz.

	x / mm	y / mm	z / mm
MAE	4,832	4,120	0,822
Standardabweichung	4,587	4,118	0,662

Das Wavelet-basierte Modell liefert ähnliche Ergebnisse. Dabei wird dieselbe Modellarchitektur und die Datenaufteilung verwendet. Die Visualisierung der Vorhersagen des gesamten Datensatzes ist auf der Abbildung 5 zu sehen.

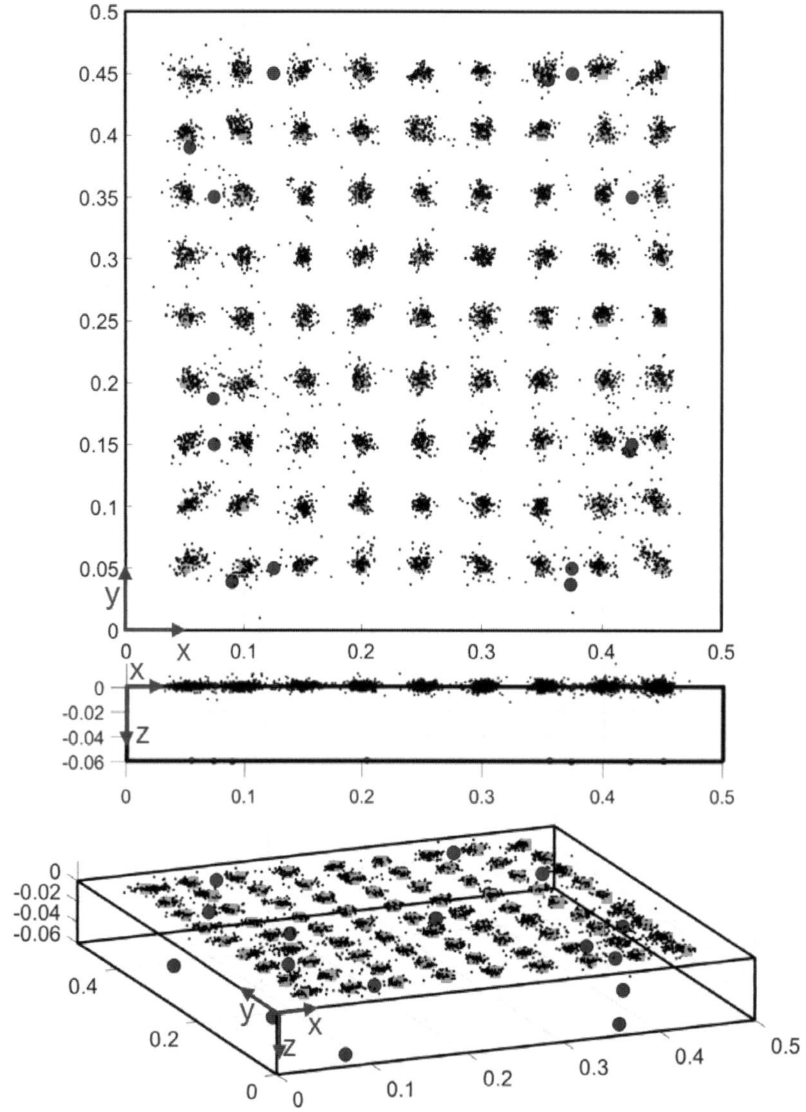

Abb. 5. Graphische Darstellung der Ergebnisse durch die schwarzen Punkte basierend auf dem gesamten Wavelet-Datensatz. Ansicht der xy-Ebene oben, xz-Ebene in der Mitte und eine perspektivische Ansicht unten.

Die Tabelle 2 zeigt die berechneten MAE-Werte und die Standardabweichungen der MAE-Werte bei der Anwendung des Modells auf die Testdaten. Die mittlere euklidische Distanz zwischen den vorhergesagten Koordinaten und den Zielkoordinaten beträgt 8,941 mm. Die Standardabweichungen in der x- und y-Achse liegen um jeweils 25,7 % und 33 % höher als die MAE-Werte. In die z-Richtung ist die Standardabweichung hingegen um 0,9 % geringer als der MAE. Dies liegt daran, dass die Versuche nur in der oberen Ebene durchgeführt wurden. Aus dem Grund nimmt die z-Koordinate bei allen Zielwerten den Wert 0 an, weshalb der Zielwert einfacher vorherzusagen ist bzw. eine genauere Regression erreicht werden kann. Die erhöhte Streuung in den x- und y-Koordinaten deutet auf die schwankenden Fehler oder mögliche Ausreißer hin. Sowohl der mittlere Abstand als auch das Verhältnis der Standardabweichungen zu den Mittelwerten sind bei dem AIC-basierten Modell geringer. Somit können die Quellenkoordinaten genauer vorhergesagt werden, wenn das Modell mit den Ersteinsätzen der Signale trainiert wird, die mittels des AIC-Kriteriums bestimmt werden.

Tabelle 2. MAE-Werte und Standardabweichungen der MAE-Werte des CNN-Modells entlang der einzelnen Achsen basierend auf dem Wavelet-Datensatz.

	x / mm	y / mm	z / mm
MAE	5,455	5,511	1,513
Standardabweichung	6,858	7,332	1,500

5 Vergleich mit dem klassischen Ortungsverfahren

Zur Beurteilung der Ergebnisse des Regressionsmodells wird die Quellenlokalisierung mit dem klassischen Ortungsverfahren betrachtet. Für die Ortung von Einzelereignissen kann das vom Eisenblätter et. al. entwickelte automatisches Ortungsverfahren als Grundlage verwendet werden [9]. Dabei wird es davon ausgegangen, dass die Einsatzpunkte entweder optisch oder automatisch bestimmt werden. So können die Ankunftszeiten durch das Picking von Ansätzen der L- und T-Wellen bestimmt werden. Dabei wird der Short-Term-Average (STA) mit dem Long-Term-Average (LTA) verglichen [10,11]. Abhängig davon, welchen Wert das Verhältnis STA/LTA überschreitet, wird ein Onset (L- oder T-Welle) erkannt. Nach der Auswahl von Onsets wird der Least-Square-Algorithmus gemäß [10] auf Basis der Gradientenmethode verwendet, um den Ort der AE-Ereignisse zu bestimmen. Auf der Abbildung 6 sind die Ergebnisse des Ortungsverfahrens graphisch dargestellt.

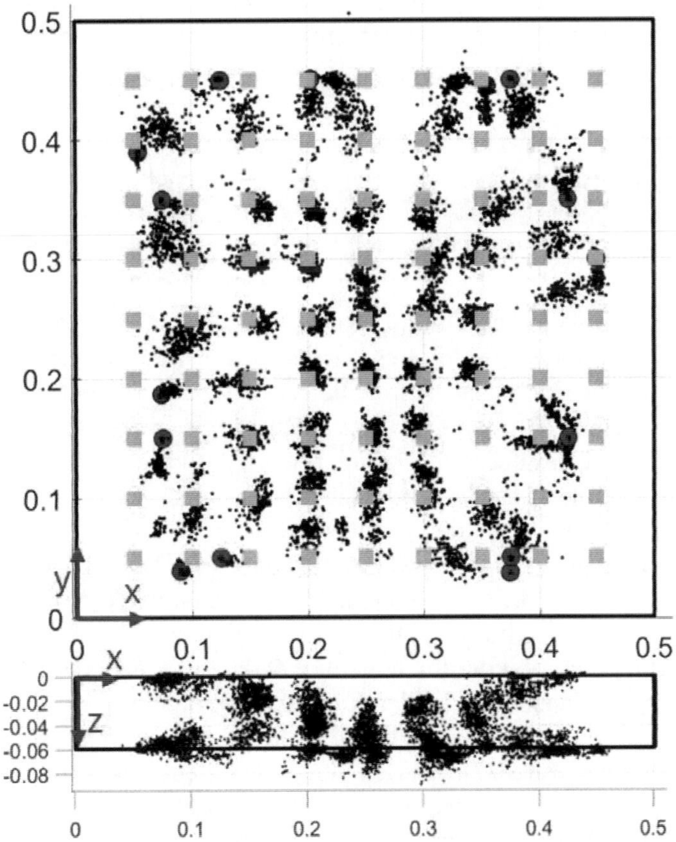

Abb. 4. Graphische Darstellung der Ergebnisse mit dem klassischen Ortungsverfahren. Ansicht der yx-Ebene oben und der xz-Ebene unten.

In der yx- und der xz-Ebene der Platte auf der Abbildung 6 werden drei am weitesten entfernten Punkte nicht dargestellt. Einige dieser Punkte sind über einen Meter vom Rand der Platte entfernt, obwohl die Platte selbst eine Breite und eine Länge von 500 mm aufweist. Sie werden aus dem Grund bei der Darstellung nicht betrachtet. Aus der yx-Ebene wird ersichtlich, dass die SE-Signale an den Rändern kaum erkannt werden. Die meisten Quellen werden näher im Zentrum der Platte lokalisiert. Dies ist auch auf der Darstellung der xz-Ebene zu sehen, wo ein Teil der Ereignisse sowohl näher zur Mitte als auch zur Unterseite der Granitplatte lokalisiert wird. Das Wachstum der Lokalisierungsgenauigkeit in dem von den Sensoren aufgespannten Bereich im Vergleich zu Randbereichen wird auch in [5] beschrieben. Die Verschiebung zu der Unterseite kann durch Richtungsabhängigkeit der Piezoelementen und deren Lage bezüglich der Schallwelle erklärt werden.

Anhand der Werte aus der Tabelle 3 lässt sich erkennen, dass die MAE-Werte des klassischen Ortungsverfahrens das 25-Fache der Werte der Regressionsmodelle betragen. Auch hier ist der MAE-Wert der z-Koordinate am geringsten, denn die SE-Ereignisse werden auf der Oberseite erzeugt und die Dicke der Platte nur ein Siebtel der Breite und Länge beträgt. Die euklidische Distanz zwischen den berechneten Quellenkoordinaten und den Zielkoordinaten liegt bei 230,8 mm. Der Wert entspricht dem 25,8-Fachen der Distanz des Wavelet-basierten und dem 32,5-Fachen des AIC-basierten Regressionsmodells. Ebenso sind die MAE-Werte und die Standardabweichungen um ein Vielfaches höher als die Ergebnisse der Regressionsmodelle. Damit wird die Verbesserung der Lokalisierungsgenauigkeit mit der Anwendung der KNN verdeutlicht.

Tabelle 1. MAE-Werte und Standardabweichungen der MAE-Werte des klassischen Ortungsverfahrens entlang der einzelnen Achsen.

	x / mm	y / mm	z / mm
MAE	133,159	150,412	38,102
Standardabweichung	109,370	101,453	25,197

6 Zusammenfassende Diskussion

In dieser Studie werden zwei Methoden zur Bestimmung der Parameter von SE-Signalen und ihre Anwendung auf KNNs untersucht. Die künstlichen SE-Quellen werden durch das Brechen der Bleistiftminen auf einer Granitplatte erzeugt. Die erste Methode basiert auf der Bestimmung der Ankunftszeiten mithilfe des AIC-Kriteriums und die zweite Methode sucht den Zeitpunkt des größten Energieanstieges. Die Werte der Energieänderung werden mithilfe von Wavelet-Koeffizienten ermittelt. Die ermittelten Zeiten dienen als Eingangsdaten für ein CNN-Regressionsmodell, das überwacht trainiert wird. Anschließend werden die Ergebnisse mit der klassischen Ortungsmethode verglichen.

Die beiden Regressionsmodelle zeigen, dass die SE-Daten sowohl mithilfe der AIC-Methode als auch mit der Wavelet-Analyse lokalisiert werden können. Das mithilfe der AIC-Daten trainiertes Modell zeigt jedoch eine höhere Genauigkeit bei der Quellenlokalisierung. Es weist eine mittlere euklidische Distanz von 7,096 mm zwischen den vorhergesagten Quellenpositionen und den Zielkoordinaten auf, während das Wavelet-basierte Modell eine Distanz von 8,941 mm aufweist. Die beiden Regressionsmodelle erreichen eine bis zum Faktor 32,5 höhere Lokalisierungsgenauigkeit als die klassische Methode. Jedoch handelt es sich um überwachtes Lernen, weshalb die Modelle für andere Sensoranordnungen und Probengeometrien nicht verwendet werden können. Dies macht die beschriebenen CNN-Regressionsmodelle im Vergleich zu der klassischen Methode unflexibel. Die mittlere euklidische Distanz bei der Anwendung der klassischen Methode beträgt nahezu die Hälfte der Plattenbreite, nämlich 230,8 mm.

Somit zeigt der vorgeschlagene Ansatz des Energieanstieges basierend auf der Wavelet-Analyse eine geringere Genauigkeit im Vergleich zum AIC-Kriterium, wenn die Modelle auf Schallemissionsdaten angewendet werden. Aus diesem Grund besteht die Notwendigkeit, die vorgeschlagene Methode auf die natürliche SE-Daten anzuwenden und das Modell für den Einsatz mit unterschiedlichen Probengeometrien und Sensoranordnungen zu optimieren.

Referenzen

[1] Sirbu, I., Manthei, G., Guckert, M., Bulut, E.-B., Classification of Source Coordinates through Wavelet-Analysis and Neural Network: Analysis of Data Preparation and Network Structure, Potsdam, 36th Conference of the European Working Group on Acoustic Emission, Potsdam, Germany, 2024, https://doi.org/10.58286/30272.

[2] Schlittgen, R., Sattarhoff, C., Angewandte Zeitreihenanalyse mit R, Walter de Gruyter GmbH, Berlin/Boston, 2020.

[3] Kalafat, S., Bornschlegl, M., Sause, M. G. R., Localization of acoustic emission sources in complex three dimensional fiber composites using artificial neural networks, Progress in Acoustic Emission XVIII, Kyoto, Japan, 2016.

[4] Bergh, J., Ekstedt, F., Lindberg, M., Wavelets mit Anwendungen in Signal- und Bildverarbeitung, Springer-Verlag Berlin Heidelberg, 2007.

[5] Kalafat, S., Sause, M. G. R., Lokalisierung von Schallemissionsquellen in Faserverbundwerkstoffen mit künstlichen neuronalen Netzwerken. DGZfP, 19. Kolloquium Schallemission, Augsburg, Germany, 2013.

[6] Kalafat, S., Sause, M. G. R., Acoustic emission source localization by artificial neural networks, Structural Health Monitoring, 2015, DOI: 10.1177/1475921715607408.

[7] Li, H., Yang, Z., Yan., W., An imptoved AIC onset-time picking method based on regression convolutional neural network, Mechanical Systems and Signal Processing, China, 2022, https://doi.org/10.1016/j.ymssp.2022.108867.

[8] Goodfellow, I., Bengio, Y., Courville A., Deep Learning. 1 Auflage, mitp-Verlag GmbH & Co. KG, Frechen, 2018.

[9] Manthei, G., Relative Ortungsmethoden in der Schallemissionsanalyse, DGZfP-Berichtsband BB 175, 2021.

[10] Manthei, G., Plenkers, K., Review on In Situ Acoustic Emission Monitoring in the Context of Structural Health Monitoring in Mines, MDPI, 2018, https://doi.org/10.3390/app8091595.

[11] Allen, R., Automatic phase pickers: their present use and future prospects, Bulletin of the Seismological Society of America, 1982, Vol. 72, 225–242.

dgzfp

Anwendung künstlicher Intelligenz zur Quellenlokalisierung von Schallemissionsereignissen durch Untersuchung charakteristischer Signalmerkmale

Erbil Batur BULUT[1], Gerd MANTHEI[2], Ivan SIRBU[3], Michael GUCKERT[4]
THM, University of Applied Sciences, Gießen, Deutschland,
e-mail: [1]erbil-batur.bulut@me.thm.de, [2]gerd.manthei@me.thm.de,
[3]ivan.sirbu@me.thm.de, [4]michael.guckert@mnd.thm.de

Kurzfassung. Im Rahmen dieser Forschung wird der Einsatz künstlicher Intelligenz zur Quellenlokalisierung von Schallemissionsereignissen untersucht. Im Detail wurden drei unterschiedliche Versuchsreihen an einer Platte aus Granit durchgeführt. Schallemissionsereignisse konnten durch das Brechen von Bleistiftminen sowie durch den Fall von Reiskörnern und Stahlkugeln erzeugt werden. Für die Datengenerierung wurden 81 spezifische Positionen mit einem Abstand von jeweils 50 mm in x- und y-Richtung definiert und je 128 Messungen vollzogen. Die Systemantworten wurden mittels acht Schallemissionssensoren aufgezeichnet, welche auf der Plattenoberfläche positioniert worden sind. In weiteren Schritten wurden die Messdaten verarbeitet und die resultierenden charakteristischen Signalmerkmale mittels kontinuierlicher Wavelet-Transformation in Skalogramme umgewandelt. Die generierten Skalogramme wurden im Anschluss so aufbereitet, dass zwei unterschiedliche Datensätze erstellt und als Eingabedaten genutzt werden konnten. Zugleich dienten die entsprechenden Messpositionen als Ziel- bzw. Ausgabewerte. Auf Basis dieser zugeordneten Datensätze wurde die Methode des überwachten Lernens angewandt. Hierfür konnte als primärer Ansatz die Bildklassifizierung mittels gefalteter neuronaler Netze und als sekundärer Ansatz die Regressionsanalyse über unterschiedliche Regressionsmethoden praktiziert werden. Die Datensätze wurden dazu in einem Verhältnis von 70 Prozent zum Training und 30 Prozent zur Validierung aufgeteilt. Weiterhin wurden drei verschiedene Versuchsreihen einzeln und gemeinsam ausgewertet. Im primären Fall der Bildklassifizierung wiesen die Trainings- und Validierungsergebnisse eine signifikant hohe Vorhersagegenauigkeit und eine zugleich geringe Fehlerrate auf. Im Gegensatz dazu konnte im sekundären Fall der Regressionsanalyse lediglich eine vergleichsweise moderat hohe Vorhersagegenauigkeit erzielt werden. Zusammenfassend belegen beide Ansätze eine gute bis hervorragende Anwendbarkeit zur Quellenlokalisierung von Schallemissionsereignissen.

Keywords: Acoustic Emission, Source location, Wavelet transform, Classification, Gaussian process regression

1. Einleitung

Bei Industrieanlagen hat die Sicherheit von Komponenten höchste Priorität, was eine gründliche Untersuchung der eingesetzten Werkstoffe zur Bewertung von Mängeln erfordert, um

https://doi.org/10.58286/30957

das Versagen der Komponenten vorhersagen zu können. Visuelle Inspektionen bei Industrieanlagen sind gängig, jedoch auf die Oberflächenbeschaffenheit beschränkt und oft unzureichend, da kleine Kerben schwer erkennbar sind und unentdeckt Risse verursachen sowie zum Versagen des Gesamtsystems führen können [1-3].
Neben visuellen Inspektionen gibt es weitere zerstörungsfreie Prüfmethoden wie beispielsweise das Farbdurchdringungsverfahren, die Ultraschall- und Röntgenprüfung, die aktive Thermografie sowie die Schallemissionsprüfung (SEP) [3-5]. Letztere ist eine spezielle Methode zur Rissdetektion, die sowohl Oberflächen- als auch innere Fehlstellen identifizieren kann, indem sie Schallemissionsereignisse über hochsensible Sensoren während der Entstehung von Mängeln erfasst. Der Ursprung dieser Signale sind elastische Wellen, die durch Materialumwandlungen, Deformationen und Risse hervorgerufen werden [6]. Kombiniert man die Fähigkeiten der SEP mit den Möglichkeiten von künstlicher Intelligenz (KI), so kann kritisches Strukturverhalten charakterisiert und Versagen sowie die Gefährdung von Menschenleben verhindert werden.

Die nachfolgenden Untersuchungen und Experimente zur Anwendung von KI zur Quellenlokalisierung wurden an der Technischen Hochschule Mittelhessen (THM) durchgeführt und sind eine Erweiterung vorausgehender Forschung [7] um zwei weitere Versuchsreihen sowie der Anwendung von Regressionsmethoden.

2. Methoden zur Quellenlokalisierung

2.1 Triangulationsmethode

Die Lokalisierung von Schallemissionsereignissen ist über mehrere Methoden möglich. Die klassische Methode der Triangulation bedient sich der Analyse der Laufzeitunterschiede zwischen zwei auftretenden Systemantworten. Hierfür werden nach Gleichung (1) die Schallgeschwindigkeit c, die Entstehungszeit t_0, die Ankunftszeit t_i an jeder Sensorposition r_i sowie die Quellenlokation r_0 herangezogen [8-9]

$$\vec{r}_i - \vec{r}_0 = c \cdot (t_i - t_0). \tag{1}$$

Aus der Beziehung $\vec{r}_i - \vec{r}_0$ ergibt sich die jeweilige Distanz von Sensor zur Quelle, während $t_i - t_0$ die Laufzeit zu jeder Sensorposition liefert. Aufgrund der Voraussetzungen des Verfahrens sind zudem für eine zweidimensionale Ortung mindestens drei Sensoren und für eine dreidimensionale Ortung vier Sensoren notwendig [6]. Die Geschwindigkeit ist dabei materialabhängig und muss zusätzlich bestimmt werden. Im Fall von anisotropen (richtungsabhängigen) Materialeigenschaften entfällt eine konstante Geschwindigkeitscharakteristik.

2.2 Regressionsmethoden

Eine weitere Herangehensweise bietet das große Feld der Regressionsmethoden. Eine Regression ist eine statistische Methodik zur Charakterisierung und Analyse empirischer Datensätze mit dem Ziel der Prognostizierung unbekannter Variablen wie Quellenlokationen [10]. Dazu liegt eine große Varianz an Modellklassen zur Regression vor.

Das wohl bekannteste Beispiel hierfür ist die lineare Regression (LR). Diese basiert auf der Annahme eines linearen Regressionsansatzes. Neben der LR wird häufig die leistungsstarke Gauß-Prozess-Regression (GPR) [11], auch Kriging genannt, angewandt, welche als probalistische Technik zur Modellierung und Generierung von Vorhersagen kontinuierlicher Werte fungiert [12-13]. Das Konzept der GPR basiert auf der Annahme einer multivariaten, normalen Gaußverteilung der Zielvorhersagen, welche auf Basis der Trainingsdaten über unterschiedlichste Funktionsansätze bestimmt werden. Die multivariate Gaußverteilung lässt sich über eine Mittelwertfunktion $\mu(x)$ sowie eine Kovarianzfunktion, auch Kernel-Funktion genannt, beschreiben [12]. Häufig wird dazu die radiale Basisfunktion (RBF), auch Gauß-Kernel genannt, zur Darstellung der Abhängigkeit zwischen Punkten genutzt

$$k(x,x') = \sigma^2\, exp\left(-\frac{(x-x\prime)^2}{2l^2}\right). \tag{2}$$

Dabei dient der Skalierungsparameter l zur Längenskalierung der Wellenbewegung einer Funktion und die Standardabweichung σ zur Bestimmung des durchschnittlichen Abstandes einer Funktion von ihrem Mittelwert [14]. Diese Parameter gelten als Hyperparameter.

Die Methode der GPR hat sich für die Anwendung von hochdimensionalen und nichtlinearen Daten sowie Daten mit größer Streuung (eng. Noise) bewiesen [12, 14]. Ein Beispiel hierfür ist eine Veröffentlichung auf dem EWSHM 2024 [12] mit dem Ziel der SE-Quellenlokalisierung. Hierbei wurde eine Betonplatte mit den Maßen 500 x 500 mm gleichmäßig unterteilt in 361 Messpunkte untersucht. Außerhalb des Messbereichs wurden 8 SE-Sensoren platziert. Von jedem Messsignal wurden 16 SE-Parameter wie die Ankunftszeit, die Energie, die Durchschnittsfrequenz uvm. als Eingabeparameter für zwei GPR-Modelle genutzt. Die Ergebnisse dieser Untersuchung ergaben einen minimalen sowie maximalen Fehler RMSE von 9,3 bzw. 80,21 und ein maximales sowie minimales Bestimmtheitsmaß R^2 von 1,0 bzw. 0,66. Dies spricht für eine gute Vorhersagefähigkeit der GPR-Modelle und eine effektive Anwendbarkeit der GPR-Methode zur Lokalisierung von SE-Quellen.

2.3 Neuronale Methoden

Weitere Möglichkeiten zur Quellenlokalisierung von SE bietet das Forschungsfeld der neuronalen Methoden, welches zunehmend mehr Interesse erhält [6, 8-9, 15-18, 19-20]. Die charakteristische Eigenschaft von neuronalen Netzen liegt in ihrer Fähigkeit, eigenständig mit vorgegebenen Beispielen zu lernen und die dadurch erlangten Verbindungen auf bisher unbekannte Szenarien anzuwenden. Dieser Lernprozess beinhaltet die wiederholte Präsentation von Mustern wie beispielsweise Quellenlokationen an das Netzwerk über eine Reihe von Zyklen. Wenn diese Muster bzw. Eingabedaten (eng. features) die korrekten Ausgabedaten (eng. labels) enthalten, spricht man von dem überwachten Lernen (eng. supervised learning).

Die bekannteste Methode des überwachten Lernens ist die Klassifikation. Hierbei wird ein neuronales Netz trainiert, welches im Stande ist, Muster zu erkennen und den Input korrekt zuzuordnen bzw. zu klassifizieren. Die Anzahl der Klassen entsprich dabei der Anzahl der korrekten Ausgabedaten. Sind die Ausgabewerte nicht explizit definiert, erfolgt das unüberwachte Lernen (eng. unsupervised learning) [21].

Es gibt bereits mehrere Ansätze, um die Informationen von SE-Zeitsignalen in ein solches künstliches neuronales Netz (KNN) einzugeben und die Quellenlokationen als angestrebte Ausgabe zu erhalten. Die Veröffentlichung [20] mit dem Ziel der Lokalisierung von hydraulisch erzeugten Schäden an einem massiven Salzstein nutzte die Ankunftszeiten t_i der aufgezeichneten elastischen Longitudinal- und Transversalwellen aus 765 einzelnen Ereignissen. Dabei wurde ein vorwärtsgerichtetes neuronales Netz (eng. feedforward neural network (FNN)) zur Mustererkennung genutzt, um sechs unterschiedliche Schädigungstiefen zu prognostizieren. Die Genauigkeit (eng. accuracy) dieser Untersuchung ergab 91% [20].

Diese und viele weitere Studien zeigen, wie effizient, aber auch unterschiedlich SE-Zeitsignale implementiert werden können, um über verschiedene Arten von KNN die gewünschte Ausgabe wie SE-Quellenlokationen erhalten zu können.

Im Weiteren werden die Versuchsreihen sowie die Generierung und Aufbereitung der Daten, welche zur Anwendung von Regressions- sowie neuronalen Methoden genutzt werden sollen, näher beschrieben.

3. Versuchsreihen, Generierung und Aufbereitung der Daten

3.1 Versuchsaufbau zu den Versuchsreihen

Der Versuchsaufbau belief sich auf die Positionierung einer Granitplatte als Untersuchungsobjekt mit den Maßen 500 mm x 500 mm x 60 mm auf einen stabilen Labortisch. Dabei dienten vier Stützen, welche an die Granitplatte verschraubt wurden, zur Distanzierung sowie akustischen Isolation. Weiterhin wurden acht SE-Sensoren auf der Oberseite der Plattenoberseite gegen den Uhrzeigersinn positioniert. Die Sensorpositionierung sowie ihre aufsteigende Nummerierung von 1 bis 8 sind auf beiden Seiten und die Lokation der Messpunkte 1 bis 81 auf der rechten Seite der Abb. 1 zu ersehen.

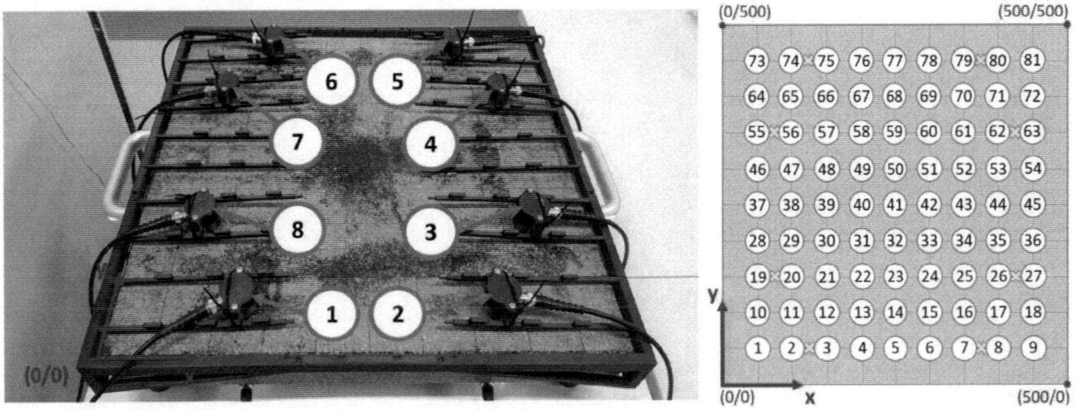

Abb. 1. Positionierung und Nummerierung der SE-Sensoren (linke Seite) sowie Lokation der Messpunkte und SE-Sensoren (rechte Seite). Der Ursprung des Koordinatensystems wird über rote Pfeile dargestellt.

Die Sensorpositionen beliefen sich auf die folgenden Koordinaten in mm:

Sensor 1: (125 / 50)	Sensor 2: (375 / 50)	Sensor 3: (425 / 150)	Sensor 4: (425 / 350)
Sensor 5: (375 / 450)	Sensor 6: (125 / 450)	Sensor 7: (75 / 350)	Sensor 8: (75 / 150)

Weitere Details bezüglich der Versuchsausrüstung, darunter die Materialeigenschaften des Untersuchungsobjekts sowie die Sensor- und Transientenrekordertechnik, sind aus den vorausgehenden Untersuchungen nach Kap. 2.1 „Experimental Equipment“ [7] zu entnehmen.

3.2 Datengenerierung zu den Versuchsreihen

Zur Generierung der Daten wurden die folgenden drei Versuchsreihen (Abb. 2) vollzogen:

Nr. 1 Bruch von Bleistiftminen (0,5 mm/ H2),
Nr. 2 Fall von Reiskörnern (3-8 mm Länge) aus einer Höhe von 250 mm,
Nr. 3 Fall von Stahlkugeln (Ø 3 mm) aus einer Höhe von 10 mm.

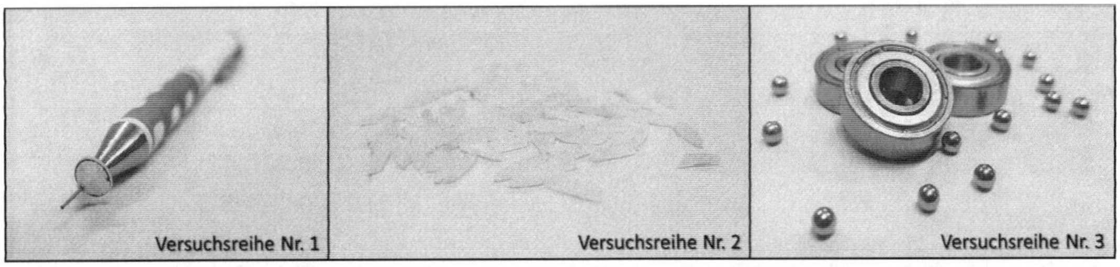

Abb. 2. Darstellung der drei Versuchsreihen: Nr. 1 Bleistiftminen, Nr. 2 Reiskörner sowie Nr. 3 Lagerkugeln.

Für die Messungen wurden an jedem der 81 Messpunkte jeweils 128 Messungen mit einer Abweichung von ±5 mm durchgeführt. Somit liegt eine Gesamtanzahl an 10.368 Testquellen bzw. Testereignissen vor. Diese wurden durch äußere Anregung ausgelöst.

Beispielhaft sind in Abb. 3 die SE-Zeitsignale der acht SE-Sensoren eines Bleistiftminenbruchs dargestellt. Der Bruch erfolgte als erste Messung am Messpunkt 1 (siehe Abb. 1). Zusätzlich enthalten die Zeitsignale die Information bzgl. der Distanz zwischen Quellenlokation und Sensorposition sowie des Einfallwinkels, wobei 90° auf eine Anregung sowie Sensorpositionierung auf gleicher Höhe hinweist.

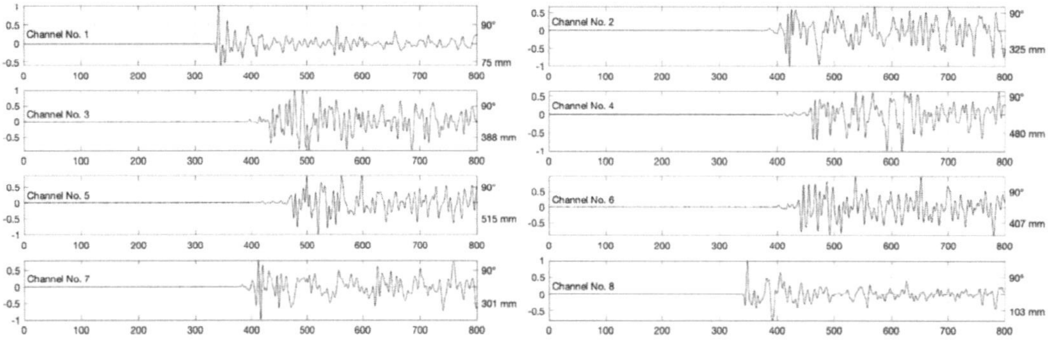

Abb. 3. SE-Zeitsignale der acht SE-Sensoren am Messpunkt Nr.1 über die Versuchsreihe Nr. 1.

Die Signale unterscheiden sich hinsichtlich ihrer zeitlich veränderlichen Frequenzen und Amplituden sowie Ankunftszeiten, was auf die unterschiedlichen Sensorpositionen und Abstände zum Messpunkt zurückzuführen ist.

3.3 Datenaufbereitung zu den Versuchsreihen

Um die Vielzahl an Informationen der aufgezeichneten SE-Zeitsignale verwerten und die gewonnenen Daten aufbereiten zu können, wurde auf die Wavelet-Methode zurückgegriffen. Im Detail konnte über die kontinuierliche Wavelet-Transformation (eng. continuous wavelet transform (CWT)) [15-18, 22-24] die Gesamtinformation jedes einzelnen Sensorsignals in ein individuelles Zeit-Frequenz-Bild (sog. Skalogramm) transformiert werden. Ein Skalogramm ist eine bildliche Darstellung des logarithmischen Frequenzspektrums (Ordinate) über den linearen Zeitverlauf (Abszisse), während die Farbgebung die auftretende Energie oder Amplitude der SE-Signale widerspiegelt. Wie in der Abb. 4 zu sehen ist, reicht der farbliche Verlauf von gelb (hohe Amplitude) bis hin zu blau (geringe Amplitude).

Die generierten Skalogramme wiesen eine Dimension von 541 x 684 x 3 auf, was einer notwendigen Speicherkapazität von 1,1 Megabit entspricht. Um diesen Speicherbedarf zu reduzieren, wurden die Skalogramme in Graustufenbilder konvertiert. Anschließend konnten diese in zwei variierende Datensätze zusammengefasst werden.

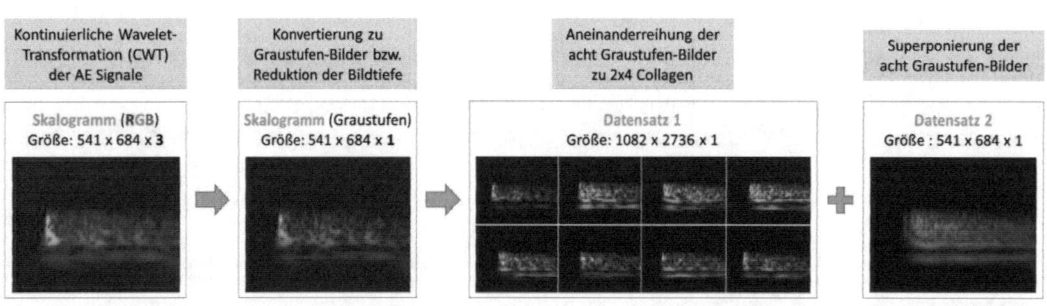

Abb. 4. Aufbereitung der Sensorsignale zu Skalogrammen (linke Hälfte) und Datensätzen (rechte Hälfte).

Die erstellten Bilder beider Datensätze, dargestellt in der rechten Hälfte der Abb. 4, beinhalten die Gesamtinformationen der acht unterschiedlichen SE-Signale für je eine einzelne Messung eines individuellen Messpunkts. Somit liegen 10.368 Bilder je Datensatz vor. Der erste Datensatz (DS 1) entspricht der Aneinanderreihung der acht Graustufen-Bilder zu 2x4 Collagen und der zweite Datensatz (DS 2) ihrer Superponierung.

Um die Ähnlichkeit der Daten aus den drei Versuchsreihen zu bestimmen, wird die probalistische Methode des t-verteilte stochastische Nachbar-Einbettung (t-SNE) [25] herangezogen. Diese dient zur Reduktion von mehrdimensionalen in zweidimensionalen Daten. Hierzu wird eine Wahrscheinlichkeitsverteilung von benachbarten Datenpunkten erstellt, die ihre Ähnlichkeit im mehrdimensionalen Raum erfasst und bestmöglich in einen zweidimensionalen approximiert [25]. Dabei wird der euklidische Abstand dementsprechend approximiert, dass sich ähnelnde Datenpunkte näher zueinander und sich unterscheidende weiter voneinander positioniert werden [25]. Dadurch werden sich ähnelnde Datenpunkte einer Versuchsreihe gruppiert. Durch Anwendung der t-SNE wird in der Abb. 5 erkenntlich, dass sich Messungen zwischen den Daten jeder einzelnen Versuchsreihe ähneln. Jedoch sind die Daten der verschiedenen Versuchsreihen unterschiedlich. Visualisiert wurden jeweils die Daten des Messpunkts 1 (Messung 1) des DS 1 auf der linken und des DS 2 auf der rechten Hälfte. Hierbei zeichnen sich Gruppierungen (eng. Cluster) der einzelnen Versuchsreihen mit moderaten Überschneidungen ab, die als Muster zu deuten sind.

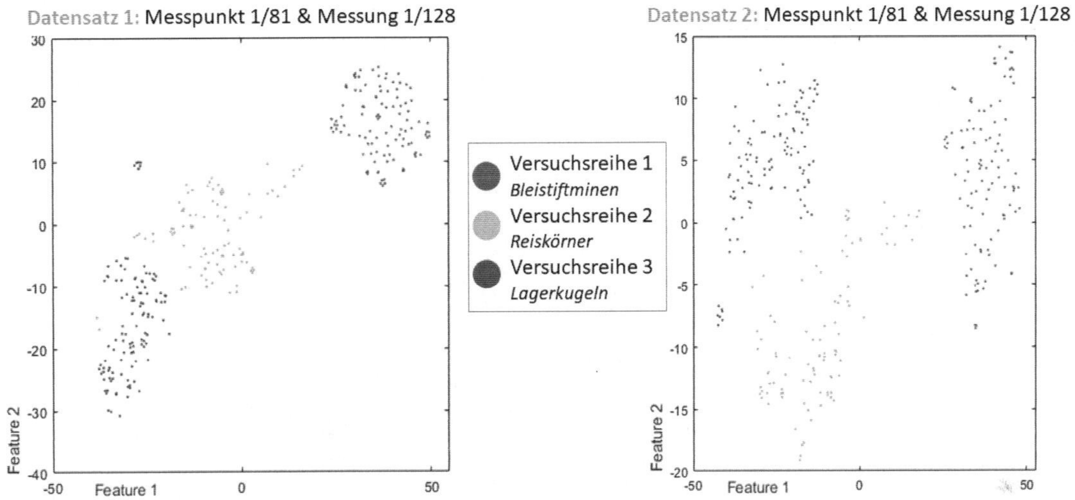

Abb. 5. Reduktion und 2D-Visualisierung der Versuchsreihendaten über die Methode der t-SNE.

Im Rahmen dieser Bewertung ist zu erwarten, dass die Daten für weitere Anwendungen zur Quellenlokalisierung aufgrund ihrer unterschiedlichen Struktur geeignet sind.

4. Anwendung der neuronalen Methoden

Im Weiteren wird die neuronale Methodik der Blidklassifikation als primärer Ansatz zur Quellenlokalisierung der generierten SE-Signale angewandt.

4.1 Klassifikation mittels konvolutionalem neuronalen Netzwerk

Hierzu wurde im Rahmen der Klassifikation zur Dimensionsreduktion der Eingabedaten ein konvolutionales NN (CNN) erstellt. Die CNN-Architektur nach der nachfolgenden Abb. 6 wurde so aufgebaut, dass die Eingabebilder (Datensätze 1 und 2 aller Versuchsreihen) über drei Instanzen gefaltet und jeweils um 99,6% reduziert wurden. Jede Instanz bestand dazu aus einer Konvolution-Schicht (gelber Balken), einer Batch-Normalisierung- und ReLu-Schicht (blauer Balken) sowie einer Pooling-Schicht (orangener Balken).

Details zur Funktion der Schichten sind aus den vorausgehenden Untersuchungen [7] nach Kap. 3.3 „Convolutional Neural Networks“ und 4.2 „CNN Architecture“ zu entnehmen.

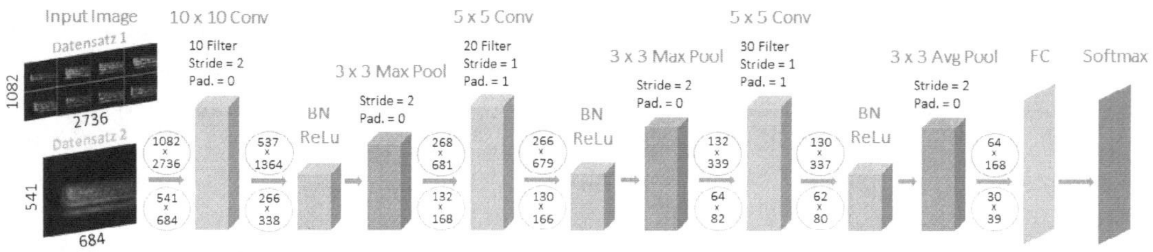

Abb. 6. Entwurf der CNN Architektur mit Konvolution-, Pooling- und vollständig verbundener Schicht (FC).

4.2 Ergebnisse der Klassifikation: Einzelfallbetrachtung

Im Rahmen der Klassifikation wurden beide Datensätze über die Holdout-Methode [11] in Trainingsdaten (70 %) sowie Validierungsdaten (30 %) unterteilt. Diese Methode eignet sich für Datensätze moderater Größe. Trainiert wurde über das stochastische Gradientenabstiegsverfahren mit Momentum (SGDM) [11] mit einer Lernrate (eng. learning rate) von 1e-4. Der Verlust (eng. Loss), der den Fehler zwischen dem vorhergesagten und dem wahren Label darstellt, wurde unter Verwendung der Kreuzentropie-Funktion (eng. cross-entropy loss function) berechnet mit einer Validierung je 50 Iterationen. Zudem belief sich die Epochen-Größe auf 10 für DS 1 sowie 50 für DS 2 bei einer Batch-Größe von jeweils 128.

Die Abb. 7 veranschaulicht die Validierungsergebnisse der Versuchsreihen 1 bis 3 für den DS 1 auf der linken Seite sowie den DS 2 auf der rechten Seite.

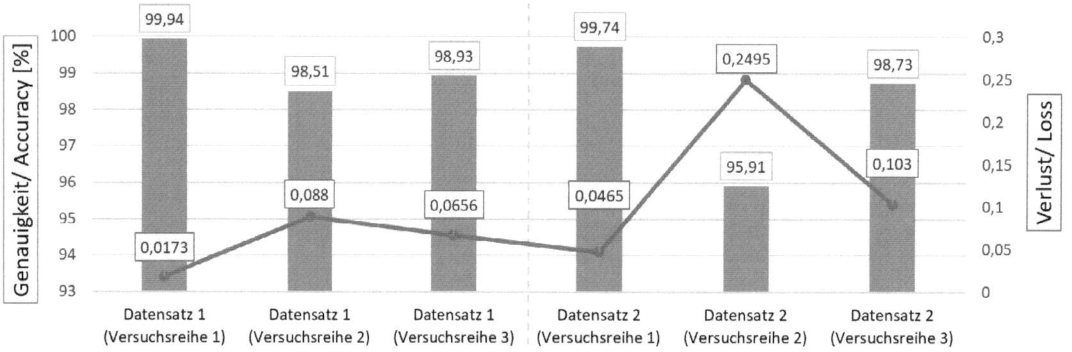

Abb. 7. Klassifikationsergebnisse der Einzelfallbetrachtung über Genauigkeit (blau) und Verlust (orange).

Die Ergebnisse zeigen lediglich geringe Abweichungen zwischen den Versuchsreihen sowie den jeweiligen Datensätzen auf. Während für die Versuchsreihe 1 beider Datensätze der höchste Genauigkeitswert vorliegt und die Versuchsreihe 3 an zweiter Stelle folgt, schneidet die Versuchsreihe 2 am schlechtesten ab. Beim direkten Vergleich der Versuchsreihe 2 liegt zusätzlich ein größerer Unterschied zwischen den Datensätzen vor.

Alle Berechnungen erreichen einen Genauigkeitswert im Bereich von 95,91-99,94 % bei einem Verlust von 0,2495-0,0173. Dabei weist das Verhältnis aus Verlust und Genauigkeitswert eine nicht quantifizierbare Antiproportionalität auf. Die Ursache für die für beide Datensätze identische Hierarchie der Genauigkeitswerte der Versuchsreihen ist noch unklar. Somit kann zwar kein quantifizierbarer Unterschied zwischen den Ergebnissen der Datensätze, jedoch zwischen denen der Versuchsreihen festgestellt werden. Trotz der begrenzten Datenmenge spiegeln die Ergebnisse jeweils eine sehr hohe Genauigkeit wider.

4.3 Ergebnisse der Klassifikation: Überlagerungsbetrachtung

Im nächsten Schritt wurden Überlagerungen der Versuchsreihen vollzogen. Diese umfassten:

- Fall 1: Verdreifachung der Klassen zu 243 Klassen (3x81) mit je 128 Daten,
- Fall 2: Verdreifachung der Eingabebilder je Klasse mit 384 (3x128) Daten für 81 Klassen.

Der erste Fall hat den Vorteil, dass nicht nur zwischen den 81 Messpunkten, sondern ebenso zwischen der Anregungsart (3 Versuchsreihen) differenziert klassifiziert werden kann, während jedoch weiterhin lediglich 128 Daten (Samples) je Klasse vorliegen (vgl. Kap. 3.2). Dem hingegen liegen für den Fall 2 je Klasse 384 Daten vor, was zur Erhöhung des Trainings- und Validierungsdatensatzes führt, wobei jedoch nicht zwischen den Anregungsarten, sondern weiterhin nur zwischen den 81 Messpunkten klassifiziert werden kann. Die Ergebnisse der Überlagerung sind nachfolgend in der Abb. 8 zu sehen. Dargestellt werden auf der linken Seite die Validierungsergebnisse für den DS 1 und auf der rechten Seite für den DS 2.

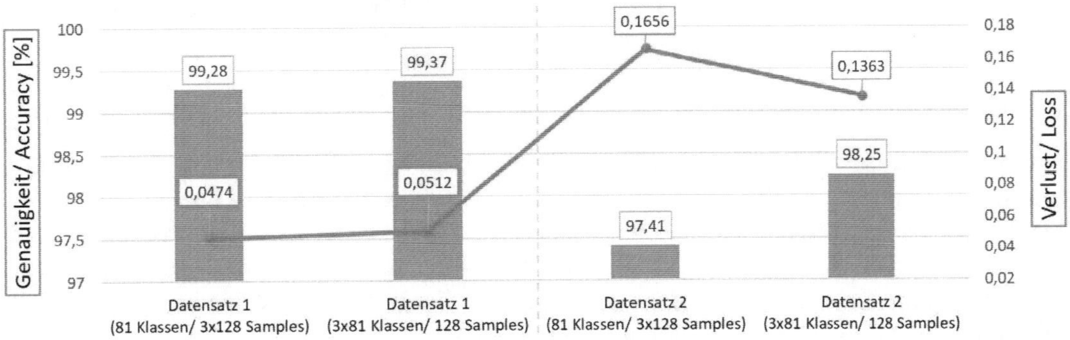

Abb. 8. Klassifikationsergebnisse der überlagerten Betrachtung über Genauigkeit (blau) und Verlust (orange).

Die Ergebnisse weisen ebenfalls lediglich moderate Abweichungen auf und erstrecken sich von 97,41-99,37% an Genauigkeit bei einem Verlust von 0,1656-0,0474. Sie zeigen zugleich, dass der DS 2 schlechter abschneidet als der DS 1, was auf die isolierte Betrachtung nach Abb. 7 und die vergleichsweise geringere Genauigkeit der Versuchsreihe 2 zurückzuführen ist. Somit kann zwischen den Ergebnissen des DS 2 unterschieden und eine höhere Genauigkeit für Fall 1 im Rahmen der isolierten sowie überlagerten Betrachtung konstatiert werden.

5. Anwendung der Regressionsmethoden

Fortführend wird die Regressionsmethodik als sekundärer Ansatz zur Quellenlokalisierung der generierten SE-Signale angewandt.

5.1 Regressionsanalyse mittels LR und GPR

Hierzu wurden für die Analyse über LR sowie GPR für die Vorhersage der x- sowie y-Koordinate der Messpunkte jeweils ein Modell trainiert. Die Datensätze wurden hierzu nach der Holdout-Methode [11] (vgl. Kap. 4.2) unterteilt und über das vortrainierte Netz „AlexNet" (fc-Layer „fc8") auf 1000 Features je Eingabedatei reduziert. Jeder Eingabedatei wurde hierzu die direkte Koordinate als Label zugeordnet statt dem Messpunkt, wodurch lediglich der überlagerte Fall 2 untersucht werden konnte. Zur Bewertung wurden hierzu der mittlere absolute Fehler (MAE) sowie das Bestimmtheitsmaß (R^2) herangezogen. R^2 gibt an, wie gut (nahe 1) oder wie schlecht (nahe 0) die ermittelte Regressionsfunktion die Werte einer (abhängigen) Variable vorhersagen kann, während MAE die gemittelte Abweichung bemisst.

5.2 Ergebnisse der Regression: Überlagerungsbetrachtung

Die nachfolgende Abb. 9 stellt die Validierungsergebnisse des Fall 2 (überlagerte Betrachtung) der LR (blau) und GPR (rot) dar für den DS 1 und 2 auf der linken bzw. rechten Seite.

Die Ergebnisse weisen auf größere Abweichungen der Datensätze hin. Der MAE des DS 1 beträgt 50,7-53,3 mm für die LR und 13,3-14,2 mm für die GPR, während beim DS 2 66-71,5 mm für die LR und 22,5-25 mm für die GPR vorliegen. Somit ist im Vergleich eine Erhöhung des MAE im Schnitt von 30 % (LR) bis 73 % (GPR) beim DS 2 zu konstatieren.

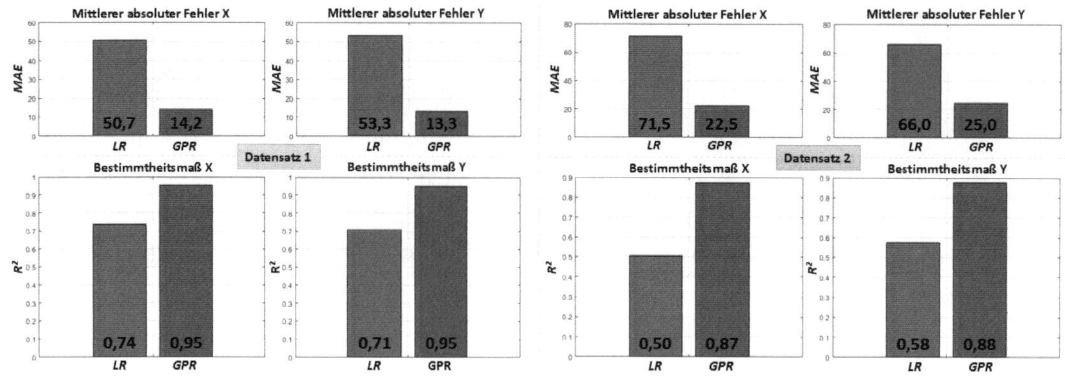

Abb. 9. Regressionsergebnisse der überlagerten Betrachtung über MSE und R^2 für LR (blau) und GPR (rot).

Für das R^2 liegen zum DS 2 durchschnittlich Abweichungen von 35 % (LR) bis 8,5 % (GPR) vor. Somit schneidet der DS 1 wie im Fall der Klassifikation (Kap. 4.3) im Vergleich aller Fälle besser als der DS 2 ab. Die GPR über den DS 1 liefert die beste Vorhersagefähigkeit bzw. Zuordnung der Validierungsdaten. Zur Generierung der Validierungsergebnisse wurde der Hyperparameter der Standardabweichung σ über 50 Iterationen für jedes GPR-Modell optimiert. Die Optima sind weit gestreut und reichen von 1,7596-29,4861.

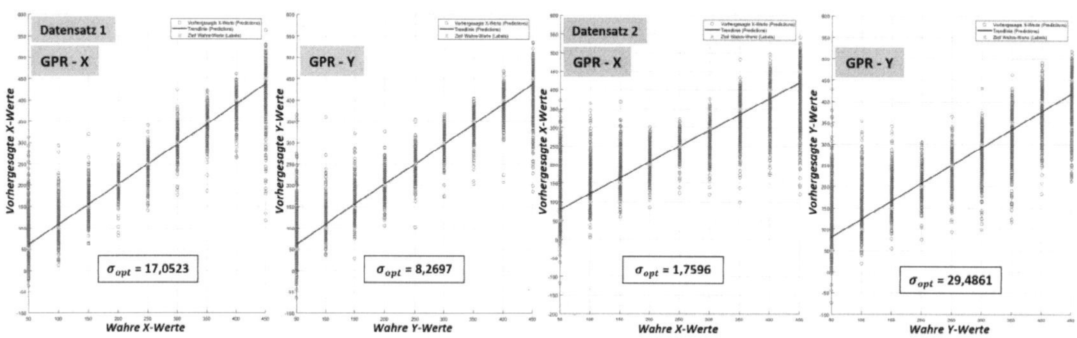

Abb. 10. Plot der vorhergesagten (dunkelblau) und wahren Werte (hellblau) mit Trendlinie (rot) für GPR.

Über den Plot in Abb. 10 der vorhergesagten Werte (dunkelblau) und ihrer Trendlinie (rot) zu den wahren Werten (hellblau) lässt sich die Genauigkeit der GPR-Modelle für beide Datensätze bewerten. Ersichtlich wird über die Trendlinie, dass trotz großer Streuungen die Konzentration der vorhergesagten Werte nahe der wahrten Werte liegt.

6. Zusammenfassung

Die Untersuchungen analysierten die Anwendung von neuronaler sowie Regressionsmethoden zur Lokalisierung von Schallemissionsereignissen auf einer homogenen, isotropen Granitplatte. Es wurden drei verschiedene Versuchsreihen an 81 Messpunkten mit je 128 Messungen durchgeführt, um SE-Signale zu erzeugen und diese mittels Wavelet-Methode in Zeit-Frequenz-Bilder umzuwandeln. Die Bilder wurden in zwei unterschiedliche Datensätze zusammengefasst und in ein KNN zur Klassifikation der Messpunkte sowie LR- und GPR-Modelle zur Vorhersage der x- und y-Koordinaten implementiert.

Die Klassifikation über ein KNN ergab für die einzelne Betrachtung der Versuchsreihen eine Genauigkeit von 99,94-95,91 % und bei der überlagerten Betrachtung der Versuchsreihen 97,41-99,37 %, wobei der DS 1 stets besser als der DS 2 abgeschnitten hat. Im Fall der überlagerten Betrachtung über die LR betrug die R^2 0,5-0,74 bei einem MAE von 50,7-71,5 mm und über die GPR 0,87-0,95 bei einem MAE von 13,3-25 mm. Hierbei schnitt die GPR deutlich besser als die LR ab und zugleich der DS 1 besser als der DS 2.

Im Vergleich zeigte die neuronale Methode eine hohe Zuordnung der vorhergesagten zu den wahren Messpunkten und konnte Anregungsarten differenzieren, während GPR eine ausreichende Genauigkeit in der Zuordnung der Koordinaten der Messpunkte trotz breiterer Streuung bot, aber eine kontinuierliche Vorhersagefähigkeit außerhalb der Messkoordinaten ermöglicht. Obwohl beide Methoden erfolgreich angewendet wurden, können sie lediglich für diese spezifischen experimentellen Bedingungen eingesetzt werden. Diese beschränken sich auf die exakte Anzahl und Anordnung der Sensoren, das Material und die Abmessungen der Granitplatte sowie die Art der Anregung.

Danksagung. Diese Arbeit wurde unterstützt durch den Strategischen Forschungsfonds der Technischen Hochschule Mittelhessen.

References

[1] Manthei, G.; Walther, M.; Koob, M.; Minnert, J.: Analysis of the Structural Behavior of Reinforced Concrete Components with Acoustic Emission Analysis, e-Journal of Nondestructive Testing, 20th World Conference on Non-Destructive Testing, 2024, Juni, Incheon, Korea.

[2] Manthei, G.; Walther, M.; Koob, M.; Minnert, J.; Blatt, M.: Schallemissionsprüfung an großmaßstäblichen Laborproben aus Beton, Journal ZfP 174, 2021, April, S. 34–41.

[3] Grosse, C. U.; Ohtsu, M.; Aggelis, D. G.; Shiotani, T.: Acoustic Emission Testing - Basics for Research – Applications in Engineering, Springer-Verlag, 2. Auflage, 2022, Berlin, Heidelberg.

[4] Erhard, A.: Aufgaben und Abgrenzung der Zerstörungsfreien Prüfung, German Society of NDT, 2007, Fürth, Deutschland. www.ndt.net/?id=4970

[5] Hoffmann, D.; Pfeffer, P.; Kolb, C.; Mayr, M.; Hochrein, T., Bastian, M., Schober, G.: Vergleich zerstörungsfreier Prüfmethoden zur Ermittlung von charakteristischen Defekten in faserverstärkten Kunststoffen, DGZfP Jahrestagung 2019, Mai, Friedrichshafen, Deutschland. www.ndt.net/?id=24622

[6] Mizutani, Y.; Inagaki, N.; Kholish, K.R.; Zhu, Q.; Todoroki, A.: Source Location of Acoustic Emission for Anisotropic Material Utilizing Artificial Intelligence World Congress on Condition Monitoring, 2019, Dezember, Singapur. doi.org/10.1007/978-981-15-9199-0_54

[7] Bulut, E. B.; Manthei, G.; Sirbu, I.; Guckert, M.: Research of acoustic emission characteristics and applicability of artificial intelligence for souce localization, 36th Conference of the European Working Group on Acoustic Emission, 2024, Potsdam, Deutschland. www.ndt.net/search/docs.php3?id=30243

[8] Kalafat, S.; Sause, M.G.R.: Lokalisierung von Schallemissionsquellen in Faserverbundwerkstoffen mit künstlichen neuronalen Netzwerken, 19. Kolloquium Schallemission, 2013, September, Augsburg, Deutschland. www.ndt.net/?id=15897

[9] Sause, M.G.R.: In Situ Monitoring of Fiber-Reinforced Composites, Springer, 2016, Schweiz.

[10] Fahrmeir, L.; Kneib, T.; Lang, S.: Regression Modelle, Methoden und Anwendungen, Springer Berlin Heidelberg, 2. Auflage, 2009, Berlin, Heidelberg. doi.org/10.1007/978-3-642-01837-4

[11] Bishop, C.M.: Pattern Recognition and Machine Learning, Springer, 7. Auflage, 2007, New York.

[12] Inderyas, O.; Tayfur, S.; Kaya, A.; Alver, N.: Machine learning-based improvement of crack localization in concrete structures, Proceedings of the 10th European Workshop on Structural Health Monitoring (EWSHM 2024), Juni 10-13, 2024, Potsdam, Deutschland. doi.org/10.58286/29597

[13] Qian, Z.; Shen, G.; Liu, C.; Xu, J.; Sarris, A.: Applications of Regression Kriging and GIS in Detecting the Variation in Leaf Nitrogen and Phosphorus of Spruce in Europe, 2009 WRI World Congress on Computer Science and Information Engineering, pp. 336-340, 2009, Los Angeles, CA, USA. https://ieeexplore.ieee.org/document/5171355

[14] Sun, S.; Zhou, D.; Yusa, N.; Song, H.: An Eddy Current Method to Evaluate Local Wall Thinning of Carbon Steel Pipe, 24th International Workshop on Electromagnetic Nondestructive Evaluation, Studies in Applied Electromagnetics and Mechanics, vol. 45, IOS Press BV, pp. 15-20, 2019, Chengdu, China. doi.org/10.3233/SAEM200005

[15] Song, Z.; Zhang, Z.; Zhang, G.; Huang, J.; Wu, M.: Identifying the Types of Loading Mode for Rock Fracture via Convolutional Neural Networks, Journal of Geophysical Research: Solid Earth, 2022, Februar. doi.org/10.1029/2021JB022532

[16] Potočnik, P.; Misson, M.; Šturm, R.; Govekar, E.; Kek, T.: Deep Feature Extraction Based on AE Signals for the Characterization of Loaded Carbon Fiber Epoxy and Glass Fiber Epoxy Composites, Applied Sciences.; 12(4):1867. doi.org/10.3390/app12041867

[17] Ai, L.; Zhang, B.; Ziehl, P.: A transfer learning approach for acoustic emission zonal localization on steel plate-like structure unsing numerical simulation and unsupervised domain adaptation, Mechanical Systems and Signal Processing, Volume 192, 2023, Juni. doi.org/10.1016/j.ymssp.2023.110216
[18] Sirbu, I.; Manthei, G.; Guckert, M.; Bulut, E.B.: Classification of Source Coordinates trough Wavelet – Analysis and Neural Network: Analysis of Data Preparation and Network Structure, 36th Conference of the European Working Group on Acoustic Emission, 2024, Potsdam, Deutschland.
[19] Gumpfer, N.; Grün, D.; Hannig, J.; Keller, T.; Guckert, M.: Detecting myocardial scar using electrocardiogram data and deep neural networks, Biol. Chem. 402, 911–923, 2020, Oktober.
[20] Manthei, G.; Guckert, M.: Classification of Located Acoustic Emission Events Using Neural Network, Journal of Nondestructive Evaluation, Springer Nature, 2023. doi.org/10.1007/s10921-022-00913-x
[21] Seeberger, C.: Anwendung von künstlichen neuronalen Netzen in der Analyse zweidimensionaler NMR-Spektren, Dissertation, University of Hamburg, 2002, April, Hamburg, Deutschland.
[22] Baccar, D.: Development, Implementation, and Validation of an Acoustic Emission-based Structural Health Monitoring System, Dissertation, University of Duisburg-Essen, 2015, Essen, Deutschland.
[23] Debnath, L.; Shah, F. A.: Wavelet Transforms and Their Applications, 2. Auflage, 2015, New York.
[24] Niederholz, J.: Anwendungen der Wavelet-Transformation in Übertragungssystemen, Dissertation, University of Gerhard-Marcator, 1998, November, Essen, Deutschland.
[25] Hinton, G. E.; Roweis, S.: Stochastic neighbor embedding. In Advances in Neural Information Processing Systems, volume 15, pp. 833-840. MIT Press, 2002. api.semanticscholar.org/CorpusID:20240

Damage monitoring of hydrogen composite pressure vessels using acoustic emission technique and machine learning

Ali GHAZNAVI [1], Emanuel D. KÄSTLE [1], Bartosz POPIELA [1], Eric DUFFNER [1]
[1] Federal Institute for Materials Research and Testing (BAM), 12205 Berlin, Germany
ali.ghaznavi@bam.de

Abstract. A good understanding of the structural stability of hydrogen composite overwrapped pressure vessels (COPV) is important for the cost-effective design and safe operation of hydrogen storage systems. Acoustic emission (AE) monitoring is a non-destructive method sensitive to microstructural damages such as e.g. fiber breakage, and matrix cracking in COPVs. This study proposes a novel approach for damage monitoring by integrating acoustic emission techniques with machine learning (ML) algorithms to classify and predict damage types in COPVs. However, training accurate classification models requires extensive labeled datasets, which are very challenging to generate due to the nature of AE signal data and the lack of in-situ observations of microscopic failures in COPVs.

Our research overcomes this limitation by automating the labeling process of AE signal data for different COPVs using unsupervised ML methods. The most representative features were extracted and then selected from recorded AE signals. Different unsupervised clustering algorithms were utilized based on various extracted feature combinations. The most stable clustering result was achieved and later used as appropriate labels for training classification algorithms. A deep neural network-based deep learning (DL) architecture was used to train discriminative models on AE data, identify patterns, and classify damage types into different classes with improved accuracy and speed for each COPV.

Results demonstrate the potential of the proposed combined deep learning approach to train predictive models in identifying failure patterns. The trained models based on individual COPVs show high training, validation, and test accuracy for unseen datasets and offer enhanced predictive capabilities by following advanced DL techniques compared to traditional monitoring methods. The proposed method highlights its potential to improve the efficiency and safety of hydrogen storage systems.

Keywords: Acoustic Emission, Composite Overwrapped Pressure Vessels, Damage monitoring, Machine Learning, Deep Learning, Deep Neural Network, Sequential Neural Network

https://doi.org/10.58286/30958

Introduction

Composite Overwrapped Pressure Vessels (COPVs) are typically constructed using lightweight and high-strength carbon fibers to accommodate the high storage pressures of transported gases [1]. Traditional energy sources are progressively being substituted with new alternatives like hydrogen. With the ongoing energy transition and the transformation of the energy sector, the demand for COPVs is expected to rise, leading to a significant increase in their quantity [2]. Moreover, the design and production of COPV vessels are improved over time using innovative advancements in filament winding technologies [3].
Recent studies have investigated the mechanical behaviour of COPVs by performing different types of tests [4, 5]. Latest research [4, 5, 6, 7] demonstrates that COPV failure occurs progressively rather than suddenly for instance by aging, primarily leading to various failure modes, including matrix cracking, fiber/matrix interface debonding, and fiber breakage. Hence, regular inspection of COPVs to monitor the progression of failure reasons in their structure is essential to assess their safety [8, 9]. The acoustic emission (AE) monitoring is a well established, non-destructive testing method, which has been used to study the damage mechanisms in COPVs [9, 10].

Machine learning algorithms (ML) are a branch of artificial intelligence (AI) methods focused on developing statistical models to identify patterns and make predictions based on data, without explicit programming [11]. The combination of AE methods with ML techniques has gained significant attention due to their combined ability to enhance damage monitoring, detection, and localization in structural health monitoring systems. AE methods capture elastic waves generated by damage events, while ML algorithms analyze and interpret these complex datasets to identify patterns that traditional methods might overlook. This combination improves the accuracy and efficiency of diagnostic processes, especially in COPVs [12, 13].

The ML algorithms are classified into unsupervised and supervised methods. The unsupervised algorithms identify latent patterns within high-dimensional datasets without the need of labels for training data [14], while supervised methods use labeled training data to construct a mathematical model that maps new, unseen data samples to the corresponding outputs [15]. Shateri et al. [16] proposed AE events detection algorithms using the root mean square (RMS) method together with fuzzy c-means clustering algorithm (FCM) to monitor damage progression in test specimens. The cluster results discovered patterns in failure progression, with specific cluster ratios serving as reliable predictors of stress levels associated with fiber-reinforced polymer (FRP) rod failure under increasing load conditions. The proposed method exhibits an error rate of 7.5%, and requires a comprehensive physical validation to correlate the clusters with distinct damage types. Marec et al. [17] utilize the FCM method combined with principal component analysis (PCA) to classify AE events and correlate clusters with damage mechanisms. Time-scale descriptors derived from wavelet transforms enhance the discrimination of mechanisms such as matrix cracking and fiber-matrix debonding, offering improved damage characterization for various composite materials. However, defining these descriptors requires significant effort and expertise. Sause et al. [18] introduce a novel method to identify natural clusters in acoustic emission signals using exhaustive screening of all feature combinations and k-means clustering. The proposed method was validated on artificial datasets and applied to signals from carbon fiber-reinforced test specimens. However, the computational cost of the clustering steps can increase dramatically by including more features, and the generalizability of the proposed method remains uncertain, as it has not been extensively tested under different material or structural conditions. Kästle et al. [19] investigated the use of AE data to characterize damage in COPVs following [18] to classify failure mechanisms into different classes such as matrix cracking, delamination, and fiber breakage using the HK-means clustering method. The results show that AE activity is significantly higher in cases of severe damage and is concentrated around the damage zone. However, the proposed method faced the complication of identifying the accurate failure mechanism from the clustered AE signals, since in-situ observations were not available, and the signal features were strongly altered during propagation dependent on distance, direction, and material damping.

The main objective of this research is to propose a highly accurate and fully automated damage monitoring framework based on a deep neural network (DNN) algorithm to classify and predict damage types in different COPV datasets by combining AE techniques with ML algorithms. Several unsupervised clustering algorithms were examined to achieve the best clustering performance using the Gaussian mixture model (GMM) method to classify failure mechanisms into different classes. The results of the GMM clustering were utilized as a self-labeling step to generate ground truth and automating the labeling process of AE signal data for different COPVs. A Support Vector Machine (SVM) method was utilized as a traditional ML multi-class classification method to train predictive models for each COPVs dataset. Later, a DL-based framework was developed and examined for each COPVs to find the best architecture and achieve the most accurate multi-class classification result.

1. Materials and Methods

1.1 Test setup and AE data acquisition

The number of nine COPVs with identical properties from two different manufacturers were used for AE measurements under internal pressure loading under the Delfin project [20]. Prior to AE measurements, the vessels were damaged with a blunt impact, either in the dome or the cylindrical section, with impact energies ranging between 1–5 kJ [19] (Figure 1). The severity of the damage was further influenced by the internal pressure during impact. CT imaging showed that this led to matrix cracking and delamination of the composite layer stacks. Initial fiber breaks are also very likely.

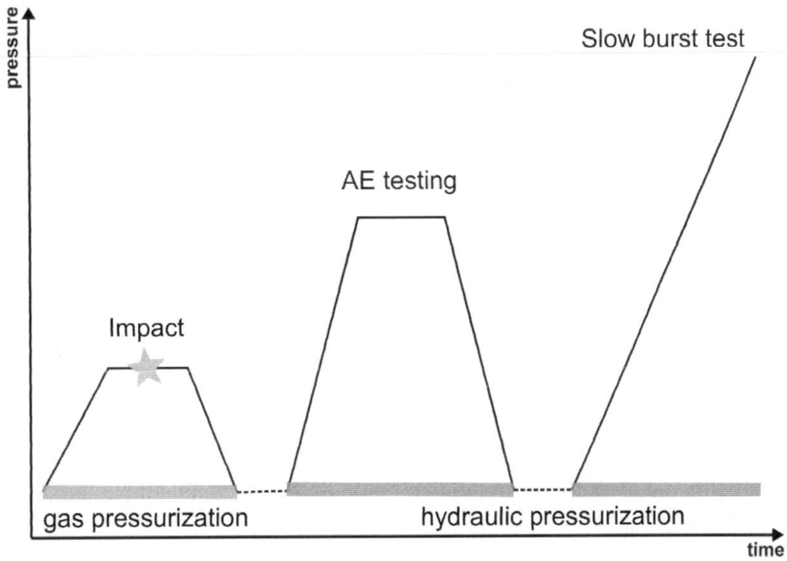

Figure 1. Schematic overview of test setup. Each vessel undergoes three pressurization phases (1) gas pressurization and impact damaging, (2) pressure ramp followed by a 10 min pressure plateau and (3) slow burst test according to Mair et al. [21]. AE measurements are only taken during phase (2). In some cases, the vessels are left unpressurized during impacting.

The AE data acquisition system uses up to 21 wideband sensors with the type of AE1045 and manufactured by Fujicera, connected to Vallen AEP5 external preamplifiers. The amplified signals are processed using a Vallen AMSY-6 measurement system equipped with ASIP-2 signal processing modules. The sensors were securely mounted with hot glue on the surface of the vessels. 2 - 3 sensors were fixed in the dome section, while 15 sensors were positioned along the cylindrical section. Signals stronger than the 40 dB threshold with 20 MHz sampling rate and the total duration of 2048 samples (approximately 100 μs duration) were captured. The recorded signals frequency range was from 75 kHz to 1250 kHz. The COPVs are gradually pressurized to a specified test pressure, followed by a 10-minute pressure plateau phase (Fig. 1). The duration of each AE experiment varied between 20 and 30 minutes, depending on the specified maximum test pressure.

1.2 Pre-processing and data labeling

The representative features were extracted from the recorded AE signals from the first hits of all events. The frequency-based features proposed by [18] together with more diverse representative features [22] were extracted. A total number of sixteen features were extracted for further processing: Amplitude, Energy, Duration, Rise Time, Counts, Average Frequency, Reverberation Frequency, Initiation Frequency, Peak Frequency, Frequency Centroid, Weighted Peak Frequency, Spectral Bandwidth, and Partial Powers 1 – 4 (75 – 150 kHz, 150 – 300 kHz, 300 – 450 kHz, 450 – 600 kHz). The Spearman rank correlation coefficient method [23] was utilized to evaluate the correlation between feature pairs and select the correlated features based on specific correlation thresholds to include correlated and diverse features together for further processing. Eight features were considered for the further processing steps: Energy, Duration, Peak Frequency, Frequency Centroid, Weighted Peak Frequency, Spectral Bandwidth, Partial Powers 1, and Partial Powers 4.

Table 1. The optimal feature combinations for the best clustering result of each dataset.

COPV	Dataset size	Best feature combination
– 1979	– (817,8)	– Peak Freq, Partial Powers 4, Freq Centroid
– 1983	– (3019,8)	– Weighted Peak Freq, Peak Freq, Partial Powers 1
– 0038	– (7609,8)	– Peak Freq, Duration, Energy
– 0005	– (540,8)	– Peak Freq, Duration, Energy
– 0007	– (12596,8)	– Weighted Peak Freq, Peak Freq, Energy
– 0014	– (4857,8)	– Spectral Bandwidth, Weighted Peak Freq, Freq Centroid
– 0020	– (2721,8)	– Spectral Bandwidth, Peak Freq, Partial Powers 4, Freq Centroid
– 0029	– (424,8)	– Spectral Bandwidth, Weighted Peak Freq, Freq Centroid, Partial Powers 1
– 0059	– (8483,8)	– Spectral Bandwidth, Peak Freq, Partial Powers 4, Freq Centroid

The GMM is a probabilistic clustering algorithm that models data as a mixture of multiple Gaussian distributions [24]. It uses the Expectation-Maximization (EM) algorithm to iteratively estimate the parameters of the Gaussians and assign data points to clusters based on maximum likelihood. In this study, the GMM clustering algorithm, together with the cluster screening approach introduced by [18] was utilized to evaluate all 219 feature combination groups, ranging from 3 to 8 features to determine the optimal number of clusters within the range of 3 to 6. Later, the voting step proposed in [18] was used to evaluate the clustering result based on calculated metrics and determine the best feature combination and the number of clusters for each COPV (Table 1).

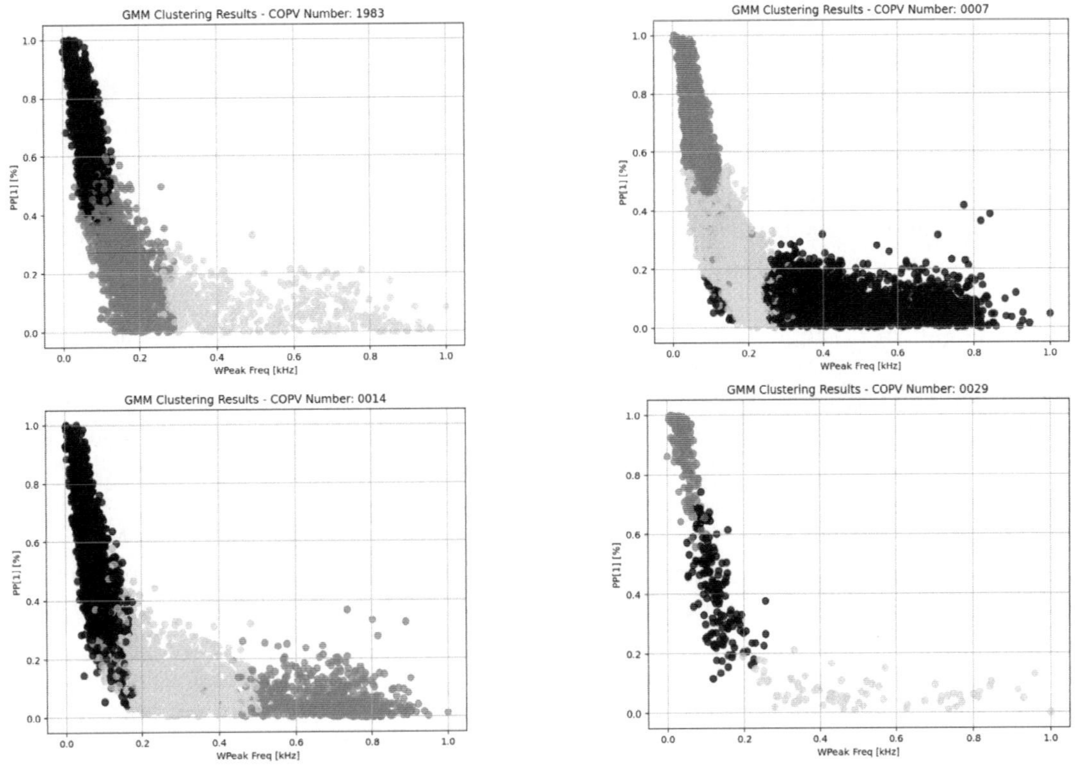

Figure 2. Clustering result achieved by GMM clustering method with three clusters based on weighted peak frequency and partial power 1 features.

The clustering analysis results, summarized in Table 1, identify the optimal feature combinations for the best clustering result of each COPV. The results achieved by the cluster screening approach indicate that the optimal feature combination varied for each COPV. Nevertheless, the optimal number of clusters identified for all COPVs was consistently determined to be three. Figure 2 illustrates clustering results based on two selected features, highlighting three distinct clusters for four different COPVs. The three clusters could represent different failure mechanisms, in accordance with previous studies that implemented similar approaches [18, 25]. Based on the frequency content from low to high, matrix cracking, interface failure and fiber breakages are likely attributions to the three clusters. While this attribution remains uncertain, as discussed in [19], it is not important for the methods discussed in the following. The clustering predictions obtained for each COPV, consisting of the three classes, are therefore used as labels for training the predictive supervised models.

1.3 Supervised model training

The Support Vector Machine (SVM) is a supervised ML method developed for classification and regression tasks. It operates by identifying the optimal hyperplane that maximally separates data points into distinct classes, ensuring the largest possible margin between classes [26]. The SVM was used to train multiclass classification models for each COPVs. After data pre-processing and labeling steps, the primary datasets for each COPV were divided into training (80%) and test (20%). A part (20%) of the training set was used for model validation in the training process to avoid overfitting and achieve higher performance. The number of nine SVM models was trained based on the datasets for each COPV. All SVM models were effectively trained, as represented by the resulting learning curves in Figure 3.

The performance of each trained model was evaluated using common representative evaluation metrics, including accuracy, precision, and recall. The accuracy represents the proportion of correctly classified samples to the total number of samples in all classes. The precision metric measures the proportion of correctly predicted positive instances for a class out of all predictions made for that class. The recall is the proportion of correctly predicted positive instances for a class out of all actual samples belonging to that class [27]. All metrics were calculated for each class individually and later the overall values of each metric were extracted. Table 2 shows the evaluation result of the predictions for trained SVM models for each COPV.

As shown in Figure 3, certain SVM models demonstrated effective training and achieved strong performance across evaluation metrics (Table 2), particularly for datasets 0007, 1983, and 0014. These models exhibited a steady improvement in both training and validation accuracy, a minimal gap between training and validation scores, and well-converging learning curves. Additionally, the low variance (small shaded area) indicates stable and consistent performance. However, the learning curve for COPV 0029 presents significant challenges in model performance, indicating that the trained SVM model struggles with potential issues such as the complexity of data distributions or insufficient training data. These factors contribute to a persistent gap between training and validation scores, as well as high variance in the early stages of learning.

A Deep Neural Network (DNN) is a type of artificial neural network (ANN) with multiple hidden layers between the input and output layers. It enables modeling of complex patterns and high-dimensional data, by utilizing non-linear transformations and hierarchical feature extraction [28].

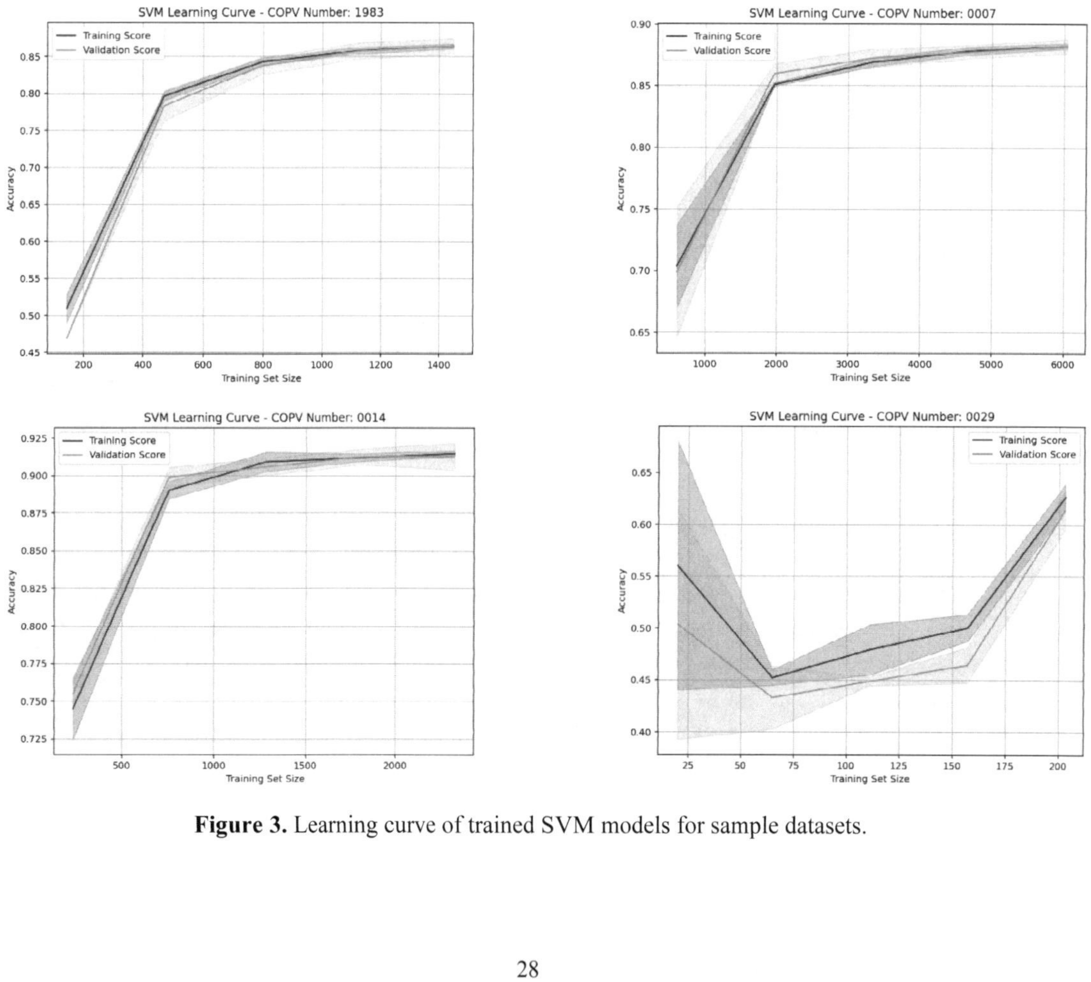

Figure 3. Learning curve of trained SVM models for sample datasets.

Table 2. The performance of the SVM Models evaluated by the different metrics for each COPV as overall metric values.

COPV	Accuracy	Precision	Recall
– 1979	– 0.7546	– 0.7463	– 0.5804
– 1983	– 0.8940	– 0.9296	– 0.8267
– 0038	– 0.8942	– 0.9638	– 0.4293
– 0005	– 0.7752	– 0.5866	– 0.4545
– 0007	– 0.8836	– 0.9196	– 0.8489
– 0014	– 0.8907	– 0.9160	– 0.8516
– 0020	– 0.8807	– 0.9068	– 0.8762
– 0029	– 0.7294	– 0.8037	– 0.6531
– 0059	– 0.9245	– 0.9393	– 0.9344

The DNN-based multiclass classification architecture was used to train improved predictive models compared to traditional ML methods for each COPV. The DNN input layer flattens the input data to a one-dimensional format suitable for dense layers. The architecture is equipped with three fully connected dense blocks with progressively fewer neurons (64, 32, and 16). Each layer employs the 'LeakyReLu' activation function to capture and refine features hierarchically. Regularization was implemented through batch normalization, which normalizes the output of the layers and improves the stability of the training. Dropout layers were used to prevent overfitting by randomly deactivating neurons during training. The final layer is a dense output layer with a Softmax activation function, which ensures probability distributions between three target classes. The models were trained with an 'Adam' optimizer (learning rate = 0.001), using categorical cross-entropy as the loss function for multiclass classification and accuracy as the evaluation metric. The maximum number of training epochs was considered as 100 and, early stopping hyperparameters with the patient value of 10 were applied during the model training to avoid overfitting. This architecture strikes a balance between complexity and efficiency, ensuring robust performance for multiclass problems.

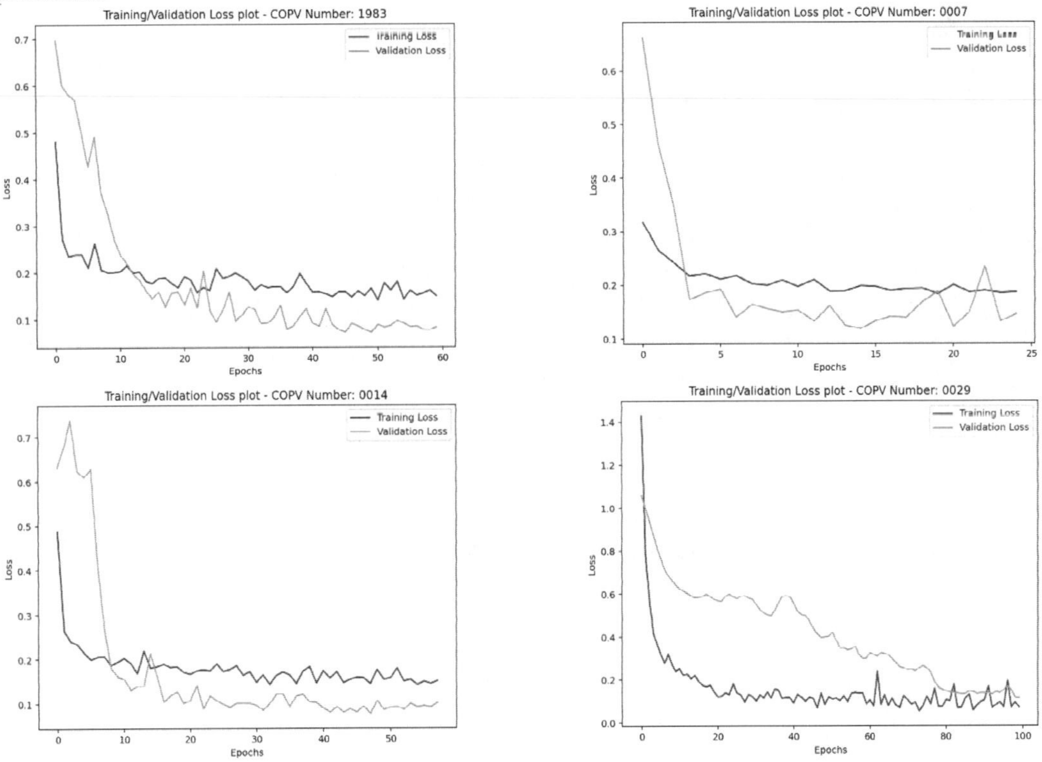

Figure 4. The training/validation loss plots of trained DNN models for sample datasets.

The sample models presented in Figure 4 were trained and converged according to training and validation loss plots. This plot demonstrating effective learning with a significant reduction in loss throughout the training process, as observed in datasets 0007, 1986, and 0014. Furthermore, the close alignment of training and validation losses suggests minimal overfitting. The training progress for COPV 0029 starts with a very high initial training and validation loss and drops steeply within the first few epochs. The steep decline in the first few epochs suggests that the model is effectively learning from the data. However, since the validation loss remains consistently higher than the training loss and fluctuates towards the end, this suggests that the model may be slightly overfitting to the training data, likely due to the limited size of the training dataset and the data hungry nature of deep learning methods. Table 3 represents the performance results for each trained DNN model achieved by different evaluation metrics. The reported result represents an improvement in terms of the metric values for each COPV compared to the trained SVM models (Table 2).

Table 3. The performance of the DNN Models evaluated by the different metrics for each COPV as overall metric values.

COPV	Accuracy	Precision	Recall
– 1979	– 0.8818	– 0.8887	– 0.9110
– 1983	– 0.9517	– 0.9450	– 0.9560
– 0038	– 0.9695	– 0.9670	– 0.9150
– 0005	– 0.8930	– 0.9440	– 0.8102
– 0007	– 0.9541	– 0.9560	– 0.9421
– 0014	– 0.9470	– 0.9372	– 0.9236
– 0020	– 0.9269	– 0.9234	– 0.9241
– 0029	– 0.9241	– 0.9437	– 0.9173
– 0059	– 0.9510	– 0.9551	– 0.9514

2. Discussion

In this study, the GMM clustering algorithm was used to automatically generate labels for the AE signal data corresponding to each COPV, serving as a self-labeling step. Later, supervised ML- and DL-based methods were employed to train predictive models to distinguish various types of failures in COPVs. Figure 5 represents the classification results achieved by trained SVM and DNN models and evaluated on three COPV sample test sets. Figure 5-left column represent the self-labeling result obtained by the GMM method. We anticipate that each of those three classes represents different types of failure, including matrix cracking, interface failure, and fiber breaks in each of the COPVs. However, in some cases, the results of automatic labeling exhibit unclear boundaries between clusters and misclassified data points into incorrect classes.

The middle column of the Figure 5 shows the classification results obtained from trained SVM models and evaluated on the three COPVs test sets. The results indicate that the boundaries of certain classes have shifted due to the misclassification of data points (middle columns for COPV 0007 and 1983) in comparison with the labels classes. The evaluation results of the SVM models reported in Table 2 represent low metric values for some COPVs in terms of accuracy, precision, and recall. The high complexity of data distributions, the inherent limitations of SVM in handling multiclass classification problems, and in some cases, insufficient training data are effective as primary factors in reducing the performance of trained SVM models.

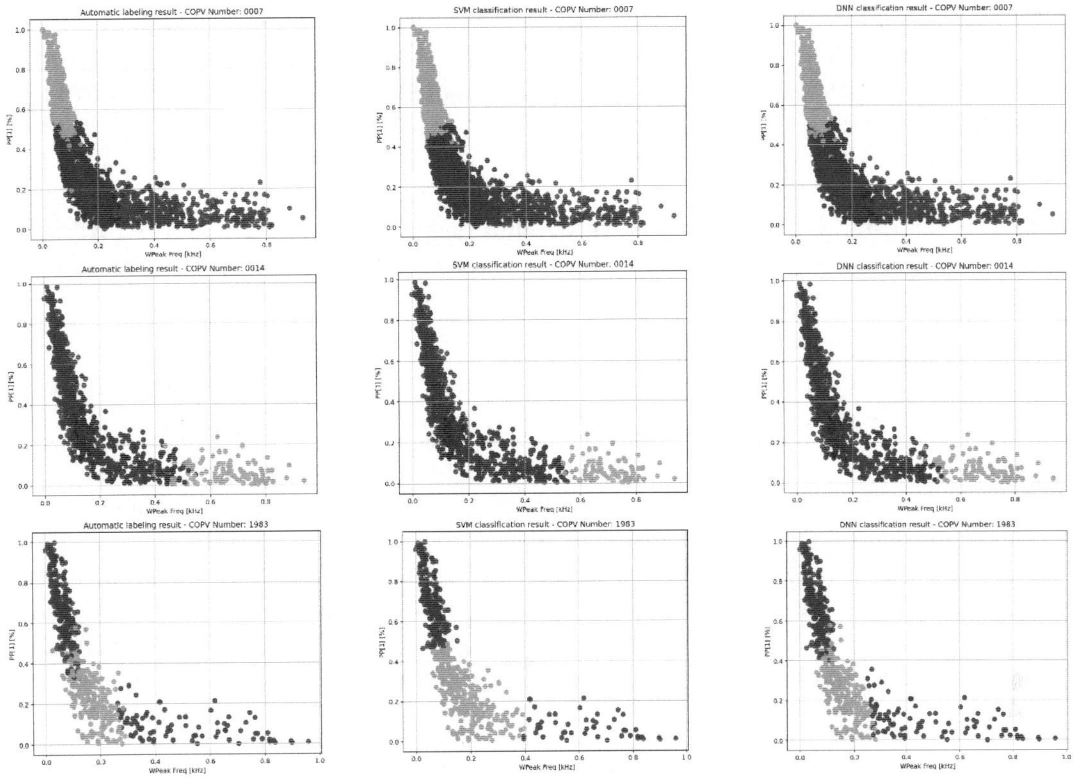

Figure 5. The visualization of the classification result obtained by SVM and DNN models based on weighted peak frequency and partial power 1 features.

Therefore, we utilized the DNN-based method to improve the multiclass classification results. Figure 5-right column demonstrate the classification results obtained by trained DNN models. The DNN results demonstrate a classification pattern more aligned with the initial self-labeling step, suggesting better adaptability to complex data distributions. The significant improvement in the reported evaluation results of the DNN models in Table 3 justify the fact that DL-based methods outperform traditional ML models in terms of evaluation metrics, improved class boundary definition, reduction in misclassified data pints, better alignment with automatic labels, and handling the complexity of data distribution.

3. Conclusion

This research proposed a damage monitoring method by combining the AE and ML techniques to identify the types of failure in COPVs. Developing accurate classification models requires large, well-labeled datasets, which are difficult to generate due to the inherent complexity of acoustic emission (AE) signal data. To address this limitation, a self-labeling approach was employed using the GMM clustering algorithm to generate labels for different COPVs automatically. The resulting labels categorize the data points into three distinct classes, each being interpreted as a different failure mode in COPVs. Later, supervised ML- and DL-based approaches were employed to train highly predictive multiclass classification models, enabling the learning of complex data patterns and the accurate differentiation of various failure types in COPVs. The experimental results demonstrate that the proposed DNN method managed the complexity of the data distribution more efficiently and achieved superior evaluation metrics by reducing misclassified data points.

Future research can incorporate pseudo-labeling techniques to enhance the accuracy of the automatic labeling phase. By leveraging semi-supervised learning approaches, pseudo-labeling can help refine cluster boundaries, reduce mislabeling errors, and improve the overall reliability of the generated labels, ultimately leading to more robust and accurate classification models. Furthermore, the generalization capability of the trained models can be enhanced by incorporating advanced deep learning techniques, such as ensemble deep learning by combining multiple classifiers to reduce variance and bias and transfer learning by knowledge extraction from pre-trained models, facilitating better feature representation and adaptation to new datasets.

Acknowledgement

We want to thank the project partners and colleagues involved in the DELFIN project. Particularly those of divisions 3.3 “Safety of Transport Containers”, 3.5 “Safety of Gas Storage Systems” and 8.5 “X-ray Imaging” of the BAM who helped conducting the AE measurements, the burst and impact tests, and with whom we had many helpful discussions. This project is part of the DELFIN program (Erforschung alternativer Materialien und Fertigungsprozesse für kosten- und gewichtsreduzierte Druckbehälter aus endlosfaserverstärktem Kunststoff, Förderkennzeichen: 03B10104E/2), which was funded by the NIP II research program of the German Federal Ministry for Digital and Transport.

References

[1] N. Takeichia, H. Senoha, T. Yokotab, H. Tsurutab, K. Hamadab, H. T, Takeshitac, H. Tanakaa, T. K. T. Takanod, N. Kuriyamaa, "hybrid hydrogen storage vessel”, a novel high-pressure hydrogen storage vessel combined with hydrogen storage material," *International Journal of Hydrogen Energy,* vol. 28, pp. 1121-1129, 2003.

[2] N. Dutta, “A review on production, storage of hydrogen and its utilization as an energy resource,” *Journal of Industrial and Engineering Chemistry,* vol. 20, p. 1148–1156, 2014.

[3] P. Xua, J. Zheng, H. Chenb, P. Liu, “Optimal design of high pressure hydrogen storage vessel using an adaptive genetic algorithm,” *international journal of hydrogen energy,* vol. 35, p. 2840–2846, 2010.

[4] M. Bertin, F. Touchard, M.-C. Lafarie-Frenot, “Experimental study of the stacking sequence effect on polymer/composite multi-layers submitted to thermomechanical cyclic loadings,” *international journal of hydrogen energy,* vol. 35, p. 11397–11404, 2010.

[5] J. P. B. Ramirez, D. Halm, J.-C. Grandidier, S. Villalonga, F. Nony, “700 bar type iv high pressure hydrogen storage vessel burst – simulation and experimental validation,” *international journal of hydrogen energy,* vol. 40, p. 13183–13192, 2015.

[6] J.-H. Hong, M.-G. Han, S.-H, “Chang, Safety evaluation of 70 mpa-capacity type iii hydrogen pressure vessel considering material degradation of composites due to temperature rise,” *Composite Structures,* vol. 113, p. 127–133, 2014.

[7] P. S. P. F. R. A. S. D. Leh, “Villalonga, A progressive failure analysis of a 700-bar type iv hydrogen composite pressure vessel,” *International Journal of Hydrogen Energy,* vol. 40, p. 13206–13214, 2015.

[8] I. MacIntyrea, A. Tchouvelevb, D. Hayc, J. G. J. Wongd, P. Benard, "Canadian hydrogen safety program," *International Journal of Hydrogen Energy,* vol. 32, p. 2134–2143, 2007.

[9] F. Dahmene, S. Yaacoubi, M. E. Mountassir, C. Langlois, O. Bardoux, "Towards efficient acoustic emission testing of copv, without felicity ratio criterion, during hydrogen-filling," *International Journal of Hydrogen Energy,* vol. 41, p. 1359–1368, 2016.

[10] H. Chou, A. Mouritz, M. Bannister, A. Bunsell, "Acoustic emission analysis of composite pressure vessels under constant and cyclic pressure," *Compos Part A,* vol. 70, pp. 111-120, 2015.

[11] C. M. Bishop, Pattern Recognition and Machine Learning, Springer, 2006.

[12] Y. Zhang, V. Adin, S. Bader, B. Oelmann, "Leveraging acoustic emission and machine learning for concrete materials damage classification on embedded devices," *IEEE Transactions on Instrumentation and Measurement,* vol. 72, pp. 1-8, 2023.

[13] G. Ciaburro, G. Iannace, "Machine-learning-based methods for acoustic emission testing: A review," *Applied Sciences, MDPI,* vol. 12, 2022.

[14] G. Hinton, T. Sejnowski, Unsupervised Learning: Foundations of Neural Computation, MIT Press, 1999.

[15] S.J. Russell , Artificial Intelligence: A Modern Approach, third ed Edition, Prentice Hall, 2010.

[16] M. Shateri, M. Ghaib, D. Svecova, D. Thomson, "On acoustic emission for damage detection and failure prediction in fiber reinforced polymer rods using pattern recognition analysis," *Smart Materials and Structures,* vol. 26, 2017.

[17] A. Marec, J.-H. Thomas, R. E. Guerjouma, "Damage characterization of polymer-based composite materials: Multivariable analysis and wavelet transform for clustering acoustic emission data," *Mechanical Systems and Signal Processing,* vol. 22, pp. 17-23, 2008.

[18] M. Sause, A. Gribov, A. Unwin, S. Horn,, "Pattern recognition approach to identify natural clusters of acoustic emission signals," *Pattern Recognition Letters,* vol. 33, pp. 17-23, 2012.

[19] E. D. Kastle, A. Ghaznavi, E. Duffner, "Failure monitoring and classification from acoustic emission tests on impact damaged hydrogen composite pressure vessels," in *EWGAE, 36th Conference of the European Working*, Potsdam, 2024.

[20] "Project, Delfin," [Online]. Available: https://www.now-gmbh.de/projektfinder/delfin/.

[21] MAIR, G.W. ; DUFFNER, E. ; SCHOPPA, A. ; SZCZEPANIAK, M., "Aspekte der Restfestigkeitsermittlung von Composite-Druckgefäßen mittels hydraulischer Prüfung," *Technische Sicherheit 1,* vol. 9, pp. 50-55, 2011.

[22] C. Barile, C. Casavola, G. Pappalettera, V. P. Kannan, "Application of different acoustic emission descriptors in damage assessment of fiber reinforced plastics: A comprehensive review," *Engineering Fracture Mechanics,* vol. 235, 2020.

[23] J. Zar, "Biostatistical Analysis," 2013.

[24] D. Reynolds, Biostatistical Analysis, Boston: Springer, 2009.

[25] M. Saeedifar, D. Zarouchas, "Damage characterization of laminated composites using acoustic emission: A review,," *Composites Part B: Engineering,* vol. 195, 2020.

[26] C. Cortes, V. Vapnik, "Support-vector networks," Boston, Springer, 1995.

[27] M. Sokolova, G. Lapalme, "A systematic analysis of performance measures for classification tasks," *Information Processing & Management,* vol. 45, pp. 427-437, 2009.

[28] Y. LeCun, Y. Bengio, G. Hinton, "Deep learning," *nature,* vol. 521, pp. 436-444, 2015.

Vergleichende Analyse mittlerer Schädigungsgrößen bei quasi-statischen Mode I Bruchmechanikversuchen an GFK-Laminaten mit und ohne nanomodifizierter Epoxid-Matrix

Andreas J. BRUNNER [1]
[1] ehemals Empa, Eidgenössische Materialforschungs- und Prüfanstalt, Dübendorf, Schweiz, andreas.brunner@empa.ch

Kurzfassung. Schallemissionssignale der Überwachung quasistatischer, bruchmechanischer Versuche an GFK-Laminaten wurden bereits mehrfach verwendet, um die Grössenordnung mikro- bzw. mesoskopischer Schädigung grob abzuschätzen. Deren Durchmesser liegen zwischen einigen 10 bis einigen 100 Mikrometern mit einer bezüglich der logarithmischen Amplituden-Skala in dB_{AE} etwa symmetrischen Verteilung. Die untere nachweisbare Grenze wird von der Messschwelle bestimmt. In diesem Beitrag werden erstmals diese Grössenordnungen für zwei GFK-Epoxidlaminate verglichen, die sich nur durch eine Matrixmodifikation unterscheiden. In einem Laminat wird ein unmodifiziertes, im anderen ein mit Nanopartikeln modifiziertes Epoxid verwendet. Nanomer 1.22E ist ein Montmorillonit-basierten organo-modifizierten Tonschichtsilikat. Die Bruchzähigkeit bzw. der Delaminationswiderstand des nano-modifizierten Laminats ist, entgegen der Erwartung, deutlich geringer (10% bei Initiierung und 30% bei Delaminationswachstum) als jener des unmodifizierten Referenzlaminats. Die Schallemissionsanalyse deutet darauf hin, dass die mittlere Schadensgrösse pro Schallemissionssignal (und somit pro Schädigungsereignis) im nano-modifizierten GFK-Laminat wahrscheinlich leicht grösser ist. Das würde die geringere Bruchzähigkeit erklären.

Keywords: Glasfaserverstärktes Epoxidlaminat, Bruchmechanik, Delaminationswiderstand, Mikroskopische Schädigung, Schallemissionsüberwachung

Einführung

Faserverstärkte Kunststoffe (FVK) werden für viele Strukturen oder last-tragende Komponenten, u.a. in Flugzeugen, Automobilen, Brücken, Rohrleitungen, Lager- und

https://doi.org/10.58286/30961

Transportbehältern, sowie in der Energieproduktion (z.B. Windrotorblätter) und Energieübertragung (z.B. Isolatoren) verwendet. Ein Nachteil dieser Werkstoffe, die im Wesentlichen aus übereinander geschichteten Faserlagen bestehen, ist deren geringe Festigkeit senkrecht zu den Faserlagen. Diese kann zur Bildung interlaminarer Defekte, sogenannter Delaminationen, führen. Seit vielen Jahren werden unterschiedliche Materialmodifikationen für eine Verbesserung des Delaminationswiderstands von FVK untersucht. Einer dieser Ansätze ist die Modifikation der Polymermatrix des Verbundwerkstoffs mit Nanopartikeln [1,2]. Das Verständnis der relevanten mikroskopischen Schädigungsmechanismen ist wesentlich für die Suche nach effektiven Verbesserungsansätzen. Die Schallemissionsanalyse (SE-Analyse) bruchmechanischer Versuche an FVK-Prüfkörpern kann Informationen für mikroskopische Schädigungsmodelle liefern. Dies wird vergleichend am Beispiel eines glasfaserverstärkten Kunststofflaminats (GFK) diskutiert, bei dem bei der Hälfte der Prüfkörper der Epoxidmatrix ein Tonschichtsilikat (nanoskaliges Montmorillonit) beige-mischt wurde. Der Delaminationswiderstand beider GFK wurde mit einem standardisierten quasi-statischen Mode I Versuch, d.h. unter öffnender Zugbelastung, bestimmt [3].

1. Material und Prüfmethoden

1.1 Material

Die Epoxidmatrix der Laminate ist ein Bisphenol A Harz mit einem Anhydrid Härter (Typ CY225 and HY925 von Huntsman, Basel) verstärkt mit Glasfasergewebe (200 g/m^2, Typ 92112, EC 9-136/EC 9-136 von Suter Kunststoffe AG, Jegenstorf). Die Herstellung der Laminate mit 22 Lagen Glasfasergewebe ist in [3] detailliert beschrieben. Nach der Herstellung wurde der Glasfasergehalt bestimmt, dieser beträgt 63.5±0.5 und 64.5±0.5 Gewichts-% für das unmodifizierte bzw. nano-modifizierte Laminat. Als Anriss nach ISO15024 [4] wurde ein Perfluorethylenpropylen-Film (Typ Diatex Halar P3 von Suter Kunststoffe AG, Jegenstorf) mit 12.5 µm Dicke in der Mitte zwischen den Glasfaserlagen einlaminiert.

1.2 Prüfmethoden

Die quasi-statischen Bruchmechanikversuche wurden nach ISO 15024 [4] auf einer Prüfmaschine (Typ Zwick Z010) in einem klimatisierten Prüflabor (+23°C und 50% relative Feuchtigkeit) durchgeführt. Die Belastung erfolgte mit einer Deformationsrate von 5 mm/min. Die Rissausbreitung wurde visuell bestimmt. Die SE-Analyse zeichnet Parameter der SE-Signale mit einem Gerät (Typ AMSY-6 von Vallen Systeme GmbH) auf. Verwendet wurden je zwei Sensoren pro Prüfkörper (Typ SE150-M), um die Signalquellen linear entlang dem Prüfkörper zu orten. Die Schwelle war bei 40 dB_{AE}.

1.3 Datenauswertung

Der Ansatz für die Bestimmung der Schätzwerte der mikroskopischen Schadensgrößen geht davon aus, dass jede mikroskopische Schädigung am Quellenort ein SE-Signal produziert. Diese Signale breiten sich dann im Prüfkörper aus und werden, sofern sie nicht zu niedrige Amplituden haben, von den SE-Sensoren aufgezeichnet. Mit der visuell bestimmten Risslänge und der Prüfkörperbreite wird ein Schätzwert der aus den mikroskopischen Schädigungen entstandenen Bruchfläche ermittelt. Diese Bruchfläche geteilt durch die Anzahl aufgezeichneter SE-Signale ergibt eine Schätzung der Größenordnung der mittleren Schädigung [5].

Selbstverständlich müssen beide Werte, aus denen diese mittlere Schadensgröße bestimmt wird, korrigiert werden, um einen genaueren Schätzwert zu erhalten. Folgende Korrekturen für die Anzahl SE-Signale sind möglich: Da um die Spitze der Delamination eine sogenannte Schädigungszone entsteht, innerhalb der sich die mikroskopischen Matrixrisse und eventuell auch mikroskopische Faser-Matrixablösungen bilden, können SE-Signale mit Quellenortung außerhalb dieser Schädigungszone ausgeschlossen werden. Dasselbe gilt für SE-Signale mit andern Quellenmechanismen. Beispiele dafür sind sogenannte Störsignale von Reibung zwischen den Bruchflächen, Reibung zwischen losen Fasern und Matrix oder nicht-relevante Mechanismen wie Faserbrüche. Andererseits können durch die Signalausbreitung im Prüfkörper die Amplituden von Signalen mit geringer Magnitude am Quellenort so gedämpft werden, dass diese beim Sensor unterhalb des Schwellwerts liegen und daher nicht erfasst werden. Der Anteil nicht-relevanter Signale ist bei den verwendeten Prüfkörperdimensionen in den meisten Fällen höher als jener, die wegen Signalschwächung nicht erfasst werden. Daher ist die relevante Anzahl SE-Signale tendenziell geringer als jene der insgesamt aufgezeichneten Signale.

Bessere Schätzwerte für die relevante Anzahl Signale können auch durch Ortung der Signalquellen kombiniert mit einem Amplitudenfilter ermittelt werden, siehe z.B. [6]. Wenn Wellenformen der SE-Signale aufgezeichnet werden, können mit Mustererkennung Schadensmechanismen unterschieden [7] und z.B. nur identifizierte Matrixrisse, oder, sofern ebenfalls als relevant beurteilt, auch Faser-Matrixablösungen gezählt werden. Für die Beurteilung der Relevanz von Faser-Matrixablösungen kann Fraktografie der Bruchflächen genutzt werden. Die Kombination beider Ansätze - Identifikation relevanter Schädigungsmechanismen und deren Quellenortung - wurde bisher aber noch nicht für die Abschätzung der mittleren Schadensgrößen benutzt. Da für die hier diskutierten Versuche keine Wellenformen aufgezeichnet wurden, ist Mustererkennung für die Identifikation der Schädigungsmechanismen nicht möglich. Der Effekt, wenn nur Signale identifizierter Matrixrisse und Faser-Matrix-ablösungen verwendet werden, kann aber mit Literaturwerten grob abgeschätzt werden [7].

Für die Bruchfläche ist der aus Risslänge und Prüfkörperbreite bestimmte Wert eine untere Grenze. Die effektive Bruchfläche kann eine gewisse Korrugation aufweisen und daher größer als die Projektion sein. Mit Fraktografie der Bruchflächen kann eine entsprechende Korrektur abgeschätzt werden [6]. Wird die minimale Bruchfläche, d.h. die Projektion ohne Korrektur für Korrugation durch die totale Anzahl der SE-Signale (mit oder ohne die oben erwähnten Korrekturen) geteilt, ergibt dies einen unteren Grenzwert für die mittlere Schadensgröße.

2. Resultate und Diskussion

2.1 Bestimmung der Schätzwerte für Schallemissionssignale

Fig. 1 zeigt die Amplitudenverteilungen je eines Prüfkörpers ohne bzw. mit nano-modifizierter Matrix für die zwei Sensoren. Auf den ersten Blick sind die Unterschiede gering, bei beiden Laminattypen werden von Sensor 1 (näher bei der Rissspitze) mehr Signale als von Sensor 2 (näher am Prüfkörperende) erfasst. Bei der nano-modifizierten Matrix werden aber von Sensor 2 im Vergleich zum Referenzlaminat ein höherer Anteil Signale aufgezeichnet (relativ zu Sensor 1 im Mittel 88% gegenüber 75%). Dies ist ein Hinweis darauf, dass die Signaldämpfung im nano-modifizierten Laminat möglicherweise geringer ist. Daher werden beim nano-modifizierten Laminat auch mehr Signalquellen geortet. Fig. 2 vergleicht diese Quellenortung der Signale entlang dem Prüfkörper für die zwei Laminattypen. Für jeden Laminattyp werden sämtliche über die Länge eines

Prüfkörpers georteten Signale dargestellt, im Mittel sind das ohne Amplitudenfilter ca. 32600 gegenüber ca. 31000 beim Referenzlaminat.

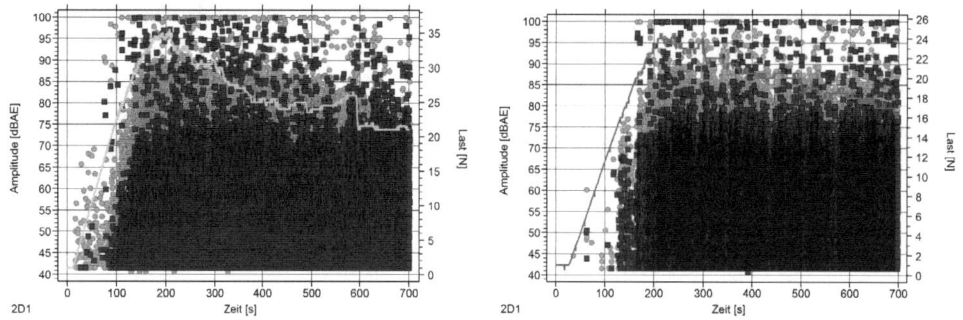

Abb. 1. Amplitudenverteilung und Lastkurve für je einen Referenz- (links) und einen nanomodifizierten Prüfkörper (rechts).

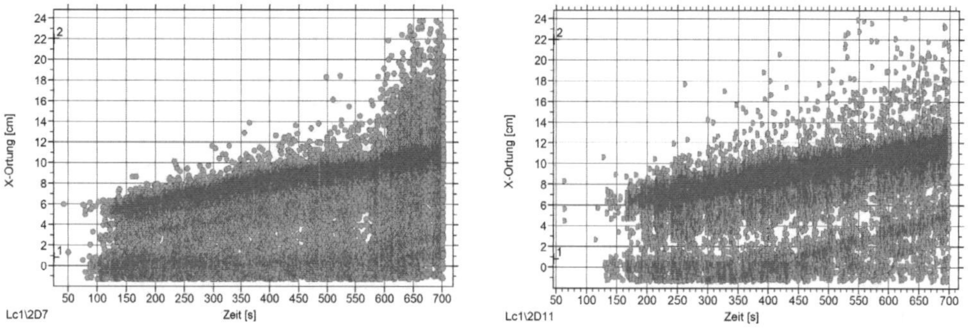

Abb. 2. Ortung der Signalquellen ohne Amplitudenfilter entlang dem Prüfkörper in Funktion der Versuchsdauer für je einen Referenz- (links) und einen nanomodifizierten Prüfkörper (rechts).

In Fig. 3 sind dieselben Signalortungen wie in Fig. 2, aber mit einem Amplitudenfilter von 60-90 dB_{AE} dargestellt. Dieser Filter hebt die Schädigungszone klarer hervor. Allerdings werden auch mit Amplitudenfilter beim nanomodifizierten Laminat deutlich mehr Signalquellen im Bereich hinter der Rissspitze geortet als beim unmodifizierten Epoxid. Möglicherweise treten dort Schädigungsmechanismen wie Faserbrüche oder Faserauszug in höherem Mass auf, die für die Abschätzung der mittleren Schadensgröße nicht berücksichtigt werden sollten. Daher ist die relevante Anzahl Signale für die Abschätzung beim nanomodifizierten Laminat geringer als beim unmodifizierten Laminat. Damit ist die mittlere Schadensgrösse beim nanomodifizierten Laminat etwas höher als beim Referenzlaminat.

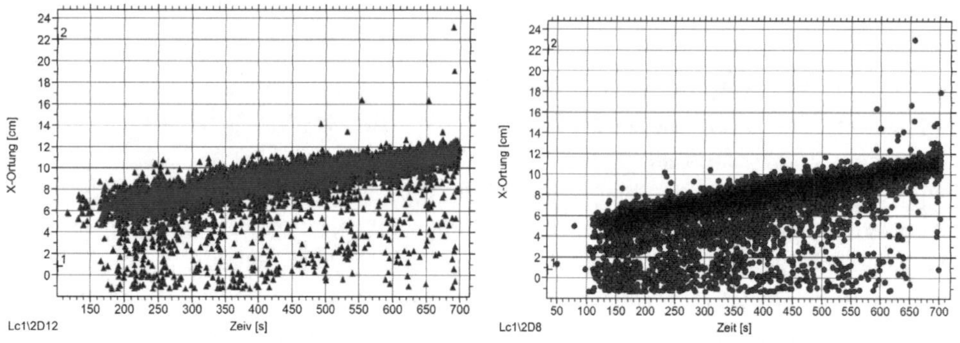

Abb. 3. Ortung der Signalquellen mit Amplituden zwischen 60 und 90 dB_{AE} entlang dem Prüfkörper in Funktion der Versuchsdauer für je einen Referenz- (links) und einen nanomodifizierten Prüfkörper (rechts).

2.2 Bestimmung der effektiven Bruchflächen

Die aus Delaminationslänge und Prüfkörperbreite berechnete Bruchfläche stellt, wie erwähnt, einen unteren Grenzwert dar. Die effektive Bruchfläche kann, je nach Korrugation, deutlich größer sein. Untersuchungen an Bruchflächen vergleichbarer Glasfaser-Epoxid-Prüfkörper mit einem digitalen Lichtmikroskop (Keyence VHX7000) haben (180±25)% höhere Werte als die Projektionsfläche ergeben [6]. Wenn die Projektionsfläche dann durch die unkorrigierte Gesamtzahl der SE-Signale geteilt wird, ist diese mittlere geschätzte Schadensgröße ebenfalls ein unterer Grenzwert.

2.3 Abschätzung und Diskussion der mittleren Schadensgrößen

Tab. 1 und 2 stellen nun die Schadensgrößen der beiden Laminattypen vergleichend dar. Der mittlere Durchmesser der Schädigungen wird als Quadratwurzel der geschätzten Fläche berechnet. Werden die Projektion der Bruchfläche und sämtliche SE-Signale von Kanal 1 für die Abschätzung verwendet, ergibt das nanomodifizierte Laminat im Mittel leicht höhere Werte (146 µm gegenüber 109 µm, bei je 5% Streuung). Werden dagegen nur die SE-Signale mit georteten Signalquellen ohne Amplitudenfilter (Fig. 2) verwendet, ist der Unterschied marginal (240 µm gegen-über 244 µm, mit Streuungen zwischen 5% und 11%).

Tabelle 1. Mittlere Schädigungsgröße für unmodifiziertes Referenzlaminat

Prüfkörper	Bruchfläche [mm²]	SE-Signale Kanal 1 [-]	Geortete SE-Signale 60-90 dB$_{AE}$ [--]	Mittlerer Durchmesser Schädigung für SE-Signale Kanal 1 [µm]	Mittlerer Durchmesser Schädigung für geortete SE-Signale [µm]
Ref-02	1063.71	84952	13263	112	283
Ref-03	1101.68	93199	19928	109	235
Ref-04	1083.78	84294	19739	113	234
Ref-05	1052.63	99120	21475	103	221
Mittelwert	**1075**	**90391**	**18601**	**109**	**244**
Standard-abweichung	21.7	7091	3643	5	**27**

Tabelle 2. Mittlere Schädigungsgröße für nano-modifiziertes Laminat

Prüfkörper	Bruchfläche [mm²]	SE-Signale Kanal 1 [-]	Geortete SE-Signale 60-90 dB$_{AE}$ [--]	Mittlerer Durchmesser Schädigung für SE-Signale Kanal 1 [µm]	Mittlerer Durchmesser Schädigung für geortete SE-Signale [µm]
Nano-02	1025.10	55070	17767	136	240
Nano-03	1014.90	42944	18640	154	233
Nano-04	983.92	49110	16375	142	245
Nano-05	988.02	43386	16741	151	243
Mittelwert	**1003**	**47628**	**17381**	**146**	**240**
Standard-abweichung	20.1	5701	1026	8	5

Wenn nun berücksichtigt wird, dass beim nanomodifizierten Laminat (Fig. 3) mehr Signal-quellen ausserhalb der Schädigungszone geortet und nicht gezählt werden, ist die mittlere Schadensgrösse beim nanomodifizierten Laminat doch einige Prozent grösser als im unmodifizierten Laminat. Unter Berücksichtigung der effektiven Bruchfläche (siehe 2.2), die aber für diese Laminate nicht bestimmt wurden, sind die mittleren Schätzwerte eventuell bis zu einem Faktor zwei größer als in Tab. 1 und 2 angegeben.

Sause et al. 2012 [7] identifizieren für ein ähnliches GFK-Laminat keine klare Tendenz der relativen Anteile der Schädigungsmechanismen in Funktion der Bruchzähigkeit. Diese liegen für Matrixrisse zwischen 17-30% und für Faser-Matrixablösung zwischen 65-88%, beide zusammen jeweils ca. 95%, da die Faserbrüche nur knapp 4% beitragen. Welche Mischung dieser beiden Schädigungsmechanismen relevant für die Abschätzung der mittleren Schadensgröße ist, kann nur mit vertieften Untersuchungen der Bruchflächen geklärt werden. SEM-Bilder der GFK-Laminate zeigen, dass beide Anteile interlaminarer Delamination durch Matrixrisse, aber auch Bruchflächenanteile mit Faser-Matrixablösungen aufweisen. Die relativen Anteile der beiden Mechanismen können mit den verfügbaren Bildern aber nicht genügend genau quantifiziert werden. Die Tatsache, dass beide Mechanismen beobachtet worden sind, bedeutet aber auch, dass die interlaminare Bruchzähigkeit und die Faser-Matrixhaftung etwa von vergleichbarer Größenordnung sind.

Dass die Schädigung in den standardisierten FVK-Prüfkörpern (Breite 20 mm, Dicke 3-5 mm, Länge 150-200 mm) die meisten SE-Signale in einem Amplituden-Bereich zwischen ca. 60 und ca. 85 dB_{AE} ergibt, ist für andere Laminattypen in [5] dokumentiert. Die empirische Beobachtung, dass schnellere Delaminationsgeschwindigkeit mit höherer Anzahl SE-Signale korreliert, wird ebenfalls in [5] diskutiert. Dies wird als Hinweis darauf gedeutet, dass die mittlere Schadensgröße nur wenig von der Variation der Delaminationsgeschwindigkeit beeinflusst wird. Dies ist ein Beispiel für einen möglichen Vergleich mit mikromechanischen Modellen, welche z.B. die Ratenabhängigkeit der Belastung untersuchen. Für die Versuche hier wurde eine konstante Deformationsrate verwendet, die resultierende Delaminationsgeschwindigkeit kann aber auch bei konstanter Deformationsrate variieren.

Das nanomodifzierten Laminat weist, anders als auf Grund der Vorversuche an unverstärktem reinem und nano-modifizierten Epoxid erwartet, eine niedrigere Bruchzähigkeit auf [3]. Die Initiierungswerte, bestimmt über die Nichtlinearität der Last-Verformungskurve sind ca. 10-15% niedriger, die Propagationswerte sind ca. 30% niedriger. Die niedrigeren Propagationswerte lassen sich vermutlich mit den höheren Schadensgrößen des nanomodifizierten Laminats erklären. Ob bei der Rissinitiierung von der Starterfolie aus, bereits unterschiedlich große Mikrorisse entstehen, ist nicht bekannt.

3. Schlussfolgerungen

Die SE-Analyse liefert Information der mikroskopischen Schädigungsgrößen bei Delaminationsversuchen an GFK-Laminaten. Die Auswertung früherer Versuche hatte gezeigt, dass höhere Delaminationsgeschwindigkeit aus deutlich höherer Anzahl Schädigungsereignisse und nur geringfügig aus größerer Variation der Verteilung der Schädigungsgrößen resultiert. Die vergleichende Auswertung des Delaminationsverhaltens zweier GFK-Laminate mit reiner bzw. nano-modifizierter Epoxidmatrix zeigt, dass niedrigerer Delaminationswiderstand möglicherweise mit durchschnittlich größerer mikroskopischer Schädigung korreliert. Die mittleren Schädigungsgrößen liegen im Bereich der Mesoskala, bei Durchmessern von etwa Einhundert bis wenigen Hundert Mikrometern. Ein wesentlicher Faktor sind dabei die effektiven Bruchflächen, die unter der Annahme, dass sie mit jenen ähnlicher Laminate, die gemessen wurden, vergleichbar sind [6], geschätzt werden. Ob diese Schätzwerte durch die Dicke der einzelnen Laminatlagen (typisch in der

Größenordnng von 100-200 Mikrometern) bestimmt oder wenigstens beeinflusst werden, ist nicht klar. Es kann vermutet werden, dass dabei auch eingefrorene Spannungen im Laminat eine wichtige Rolle spielen [8]. Diese hängen aber von den Herstellungs- und Einsatzbedingungen ab und sind nur mit großem Aufwand und relativ hoher Streuung quantifizierbar [9]. Detaillierte mikromechanische Modellierung des Bruchverhaltens von FVK-Laminaten könnte zur Klärung der relevanten Einflüsse beitragen.

Referenzen

[1] F.H. Gojny, M.H.G. Wichmann, B. Fiedler, W. Bauhofer, K. Schulte. Influence of nano-modification on the mechanical and electrical properties of conventional fibre-reinforced composites. Composites: Part A 36, 1525–1535 (2005).

[2] A.B. Rashid, M. Haque, S.M. Mohaimenul Islam, K.M. Rafi Uddin Labib. Nanotechnology-enhanced fiber-reinforced polymer composites: Recent advancements on processing techniques and applications. Heliyon 10, e24692 (2024).

[3] M. Barbezat, A.J. Brunner; A. Necola, M. Rees, Ph. Gasser, G.P. Terrasi, Fracture Behavior of GFRP Laminates with Nanocomposite Epoxy Resin Matrix. Journal of Composite Materials, 43, No. 9, 959-976 (2009).

[4] Standard ISO 15024, Fiber-reinforced Plastic Composites – Determination of Mode I Interlaminar Fracture Toughness, GIC, for Unidirectionally Reinforced Materials, pp. 1-24 (2001).

[5] A.J. Brunner. Correlation between acoustic emission signals and delaminations in carbon fiber-reinforced polymer-matrix composites: A new look at mode I fracture test data Proceedings 32nd Acoustic Emission Conference (EWGAE), Vol. 1 (Eds. P. Mazal, L. Pazdera), Czech Society for Non-destructive Testing, paper Nr. 55, 55-63 (2016).

[6] M. Gfrerrer, V. Koss, G. Pinter, A.J. Brunner. AE based crack size estimates from delamination propagation in fiber reinforced thermoset composites. Proceedings 36th European Conference on Acoustic Emission, ewgae36, eJNDT, 29, No. 10, Paper No. 1043, 1-10 (2024).

[7] M.G.R. Sause, T. Müller, A. Horoschenkoff, S. Horn. Quantification of failure mechanisms in mode-I loading of fiber reinforced plastics utilizing acoustic emission analysis. Composites Science and Technology, 72, 167–174 (2012).

[8] A.J. Brunner. Quantification of delamination resistance data of FRP composites and its limits. Proceedings of the Institution of Mechanical Engineers, Part L, Journal of Materials: Design and Applications (Special Issue MDA2024), im Druck (2025).

[9] M.A. Umarfarooq, P.S.S. Gouda, N.R. Banapurmath, M.I. Kittur, T. Khan, I.A. Badruddin, S. Kamangar, M. Hussien. On the Residual Stresses and Fracture Toughness of Glass/Carbon Epoxy Composites. Materials (Basel) 15, 7135 (2022).

Simulation des Knochen-Prothesenverbundes unter äußerer Belastung bei der Implantation einer Hüftprothese

Jörg SUBKE [1], Martin PITZER [1], Benedict SCHNEIDER[1], Alexander JAHNKE[2], Jörg GOLLNICK [1], Hans-Joachim SCHWALBE [1]
[1] Technische Hochschule Mittelhessen, Gießen, Germany
[2] Universität Gießen, Gießen, Germany
Für die Autoren: joerg.subke@lse.thm.de

Kurzfassung. L Das Ziel ist, ein grundlegendes Verständnis der Frakturentstehung im Knochen bei der Implantation von Prothesen zu erhalten. Hintergrund ist die Fragestellung, mit welchen Kräften ein Operateur eine Endoprothese in einen Knochenhohlraum einbringen soll, um einen soliden Verbund zwischen Knochen und Prothese herzustellen bzw. um eine Fraktur des Knochens zu vermeiden. Hierbei ist die Mikrorissbildung im Knochen für das Einwachsen des Implantats notwendig. Durch die Entwicklung eines Prüfstands und den Einsatz der Finite-Elemente-Methode wird eine systematische Untersuchung der Frakturentstehung im Knochen durchgeführt. Der Prüfstand besteht aus einer servohydraulischen Materialprüf-maschine der Fa. Schenck PSA und einem Schallemissionsmesssystem Physical Acoustics Corporation, Mistras (Messsystem AE-Node) mit einer piezoelektrischen Differenzsonde. Der Knochen-Prothesenverbund ist zweiteilig. Das in den Knochen einzusetzende Ende der Prothese wird durch einen maßgetreuen Konus mit glatter Oberflächenstruktur ersetzt, der im oberen Teil der Prüfmaschine eingespannt wird. Der Knochen wird durch einen Hohlzylinder aus Kunststoff (Technovit 4071, Fa. Kulzer) nachgebildet, dessen Außen- und Innenmaße dem Implantationsbereich eines Oberschenkelknochens entspricht. Der Hohlzylinder verfügt über eine Vorrichtung zur Adaption der piezoelektrischen Sonde um einen optimalen Übergang des Schalls von Probe zur Sonde zu gewährleisten. Die Lastzunahme ist linear mit in den Versuchen unterschiedlichem Gradienten. Von den insgesamt 36 hergestellten Proben werden 28 Proben ausgewertet. Es zeigen sich verschiedene Bruchformen, die nicht nur bei einer eingestellten Lastzunahme auftreten. Die Rissentwicklung, die anhand der Impulssumme und Energie der Schallsignale bewertet werden, gibt Information zur Rissentstehung und der Dynamik der Rissentwicklung bis hin zum Bruch. Eine systematische Veränderung der Impulssumme in Übereinstimmung mit der äußeren Belastung wird nicht festgestellt. Hier ist davon auszugehen, dass die Randbedingungen in den Experimenten wie das Gussverfahren der Proben und die Ausrichtung der Proben zu dieser Variabilität der Ergebnisse führen.

Keywords: Amplitudenanalyse, Fraktur, Implantation, Endoprothese, Kunstknochen, Rissbildung, Schallemission

https://doi.org/10.58286/30969

Einführung

Die Hüftarthrose ist eine der häufigsten Erkrankungen in Deutschland [1], die im Extremfall durch den Einsatz von Endoprothesen invasiv therapiert wird. Dazu wird der Gelenkkopf und der Oberschenkelhals entfernt, die Markhöhle des verbliebenen Knochens für den Einsatz des Prothesenschaftes vorbereitet und die Endoprothese in den Hohlraum des Oberschenkelknochens mit einem Hammer eingetrieben. Die Belastung, die auf den Restknochen während des Einhämmerns wirkt, hängt individuell von dem Operateur und seiner Erfahrung ab [2]. Welche Auswirkungen die unterschiedlichen Lasten während des Einhämmerns der Prothese auf den Knochen hat, ob sich Risse im Knochen durch Überlast bilden, wird beim Operationsvorgang nicht geprüft.
Ziel dieser Arbeit ist es, eine Prozedur zu entwickeln, um am Oberschenkelknochen die Überlastschäden der Implantation zu bewerten. Mit den daraus gewonnenen Erkenntnissen sollen weitere Therapiemaßnahmen abgeschätzt werden, die zu einer erfolgreichen Rehabilitation führen. Die Rissentwicklung im Knochen bei der Implantation von Hüftendoprothesen ist ein komplexer Vorgang. Eine Untersuchung der Rissentwicklung erfordert aufgrund der Variabilität der Knochen in Geometrie und Materialeigenschaften eine hohe Zahl von humanen Präparaten. Um eine systematische Untersuchung durchführen zu können, werden Proben mit gleichartigen Eigenschaften benötigt, die bei den realen Knochen nicht vorliegen. Aus diesem Grund wird ein Ersatzmodell des Knochens entwickelt, um die grundlegenden Vorgänge der Rissentwicklung bei Implantation der Prothesen zu untersuchen. Aufbauend auf diesen Erkenntnissen sollen später die Experimente mit Knochenpräparaten vorbereitet und die Anzahl der benötigten Präparate verringert werden. Im Rahmen dieser Pilotstudie werden axiale Lastvorgänge am Ersatzknochen untersucht, um Erfahrungen zum Aufbau einer Prozedur zu sammeln.

1. Material & Methoden

Anhand der anatomischen und prothetischen Vorlagen werden Ersatzmodelle des Knochens und der Prothese entwickelt. Die Proben des Kunstknochens werden im ersten Schritt mit einem Kunststoff hergestellt, der bei der Materialprüfung als Einbettungswerkstoff genutzt wird. Der Implantationsvorgang wird mit einer servo-hydraulischen Zug-Druckmaschine durchgeführt, wobei hier der Prozess des Einhämmerns näherungsweise durch die Aufteilung der Kinematik in eine Anzahl von Phasen bezüglich der Geschwindigkeit in Einzelversuche getrennt betrachtet wird. Die Methode der Schallemissionsanalyse wird eingesetzt, um die Rissbildung in den Proben zu dokumentieren. Der experimentelle Vorgang zwischen Ersatzknochen und Prothese wird in einem theoretischen Finite-Elemente-Modell FEM abgebildet, um eine weitere Bewertung der Versuche zu ermöglichen. Folgende Werkzeuge und Komponenten wurden verwendet:

- Servo-hydraulische Zug-Druck-Maschine, 40kN, Schenck PSA, Instron Darmstadt
- Messsystem AE-Node, Physical Acoustics Corporation, Mistras
- Piezosensor R6D, 0-200kHz, Physical Acoustics Corporation, Mistras
- Technovit 4071, Fa. Kulzer Gmbh, Hanau
- Ersatzprothese - Stahlkonus
- Ersatzknochen - Gussproben aus Technovit 4071
- Finite-Elemente Software, DynaSim

1.1 Ersatzmodell des Knochens und der Prothese, FEM-Modellbildung

Es wird ein Knochenersatzmodell zur Erfassung der Spannungsverteilung beim Implantieren konstruiert, dass die Maße des mittleren Röhrenbereichs eines Femurs (Außen- und Innendurchmesser) aufweist. Als Form wird ein Hohlzylinder gewählt, dessen Wandungsdicke einer typischen Kortikalisdicke eines Femurs im mittleren Schaftbereich entspricht. Für die Anbindung der Schallsonde wird das Ende der homogen isotropen Kunstknochenprobe aus Technovit 4071 als Vollmaterial mit einer ebenen Kontaktebene konstruiert.

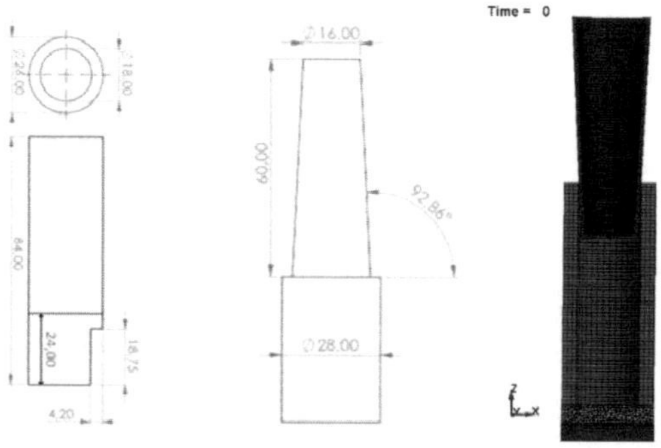

Abb. 1. Konstruktion des Ersatzknochens als Hohlzylinder (links) und Konstruktion der Prothese als Konus (Mitte) nach [3]; Finite-Elemente-Modell von Konus und Ersatzknochen (rechts).

Um eine Serie von Proben aus Kunststoff zu gießen, wird ein Prototyp des Knochenmodells mit Hilfe eines 3D-Druckers erstellt, der zum Aufbau einer Gussform aus Silikon verwendet wird. Als Gussmaterial wurde Technovit 4071 (Kulzer GmbH, Hanau) verwendet, dass typischerweise zur Einbettung von Knochenproben eingesetzt wird und eine homogene Struktur ohne Beeinflussung der Spannungsverteilung aufweist (siehe Datenblatt Technovit 4071, Kulzer GmbH, Hanau).

Der Kunststoff wird aus zwei Komponenten (Pulver und Flüssigkeit) gemischt, in die Gussform eingebracht und bis zur Aushärtung in der Form belassen. Die fertige Probenform lässt sich durch die seitliche Öffnung der Silikonform entnehmen.

Abb. 2. Urform der Probe (schwarz) und Gussproben des Kunstknochens für den Lastversuch [3].

Zur Bestimmung der Materialeigenschaften des Technovits 4071 werden im selben Mischungsverhältnis Zugproben gegossen und in der Prüfmaschine hinsichtlich des Spannungs-Dehnungsverhaltens geprüft. Es ergibt sich ein mittlerer E-Modul von 1707 MPa [3]. Die Geometrie der Technovitprobe simuliert näherungsweise die des realen Knochens.

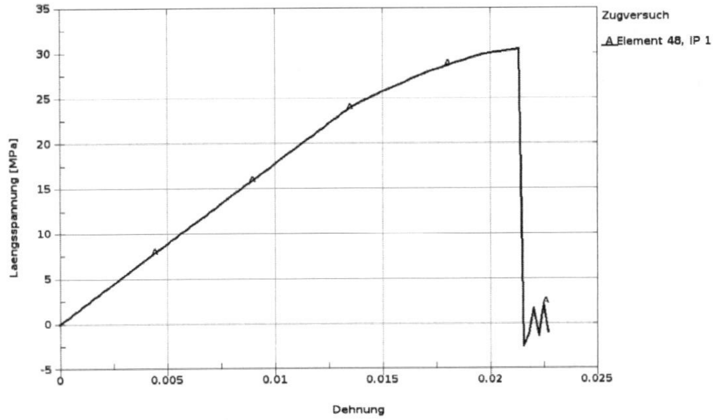

Abb. 3. Materialgesetz aus den Zug-Messungen der Technovit 4071-Proben nach [3]; Verwendung der Daten als Materialkarte in der Finite-Elemente-Simulation.

Für den Belastungsvorgang Prothese-Knochen ist der Schaft von Bedeutung, der in den Hohlraum der Probe eingebracht wird. Aus diesem Grund wird der Prothesenschaft als Konus konstruiert, der über eine glatte Oberfläche verfügt. Die Maße des Schaftes werden von einer im Labor vorhandenen Endoprothese übernommen und als Grundgrößen für die Versuche in der Pilotstudie eingesetzt. Am Ende der konischen Form ist der Modellschaft zylindrisch für die Fixierung an der Prüfmaschine geformt. Entsprechend den Materialeigenschaften einer Endoprothese ist der Konus aus Stahl, der aus einem Rundkörper gefräst ist.

Für die Simulation wird das FEM-Modell der Knochenprobe und des Konus anhand der geometrischen Daten des Prototyps als Hohlzylinder generiert. Hierzu werden 75.000 Hexaeder-Elemente verwendet, die empfindlich auf die Kontaktierung zwischen Konus und Probe reagieren. Die Zylinderwandung wird mit 3 Elementen modelliert.
Im unteren Bereich wird das Modell als Vollmaterial mit der Sondenaufnahme aufgebaut. Dazu werden 7.000 Tetraeder-Elemente verwendet, da hier eine Kontaktierung zwischen Konus und Probe nicht stattfindet.

Die Eigenschaften des Technovits 4071 (Abb. 3) werden für die Simulation in eine Materialkarte eingetragen. In der Simulation wird die Knochenprobe fixiert und der Konus mit einer konstanten Geschwindigkeit in den Knochen eingepresst. Erreichen die FE-Elemente die Bruchlast, werden sie aus dem FE-Netz gelöscht und bilden damit keinen weiteren Widerstand. Auf diese Weise wird das Bruchverhalten nachgestellt. Für das Reibungsverhalten werden die Reibungskoeffizienten 0.1 und 0.3 verwendet und ein Gleitverhalten angenommen. Ein Stick-Slip-Verhalten wird in der FE-Simulation gängigerweise durch einen gemittelten Prozess simuliert, um die hohe Rechenzeit zu reduzieren.

1.2 Implantation und Rissentwicklung

1.2.1 Modellentwicklung des Implantationsvorgangs

Der Implantationsvorgang, das Einhämmern der Prothese, ist aus kinematischer Sicht ein Wechselspiel der Geschwindigkeiten, das man in drei Phasen zerlegen kann: die Beschleunigungsphase, die Trägheitsphase und die Abbremsphase. Für eine systematische Untersuchung wird mit der Trägheitsphase begonnen, da diese Phase mit einer konstanten

Geschwindigkeit angenommen wird und für die experimentelle Realisierung einen guten Einstieg in die Entwicklung der Prozedur darstellt.
Es werden verschiedene Geschwindigkeiten ausgewählt, da der Operateur keine exakt wiederholbaren Hammerschläge auf die Prothese ausübt. Es wird dabei die Bewegungsrichtung der Prothese und die Kraftwirkrichtung auf den Knochen betrachtet.

Für den experimentellen und theoretischen Zugang wird dieser komplexe Prozess durch ein Einpressen der Prothese in den Schaft in erster Näherung mit einer konstanten Geschwindigkeit modelliert. Mit der Zug-Druck-Prüfmaschine (PSA Schenck) wird dies mit einer konstanten Verfahrgeschwindigkeit des Impaktors realisiert. Es wird eine Verschiebung der Prothese in den Knochen von 20 mm bei einer Geschwindigkeit im hier vorgestellten Fall von 0.667 mm/sec vorgegeben. Die einwirkende Kraft und die Verschiebung zwischen Kunstknochen und Prothese werden dabei aufgenommen.
Hier wird der axiale Belastungsfall betrachtet, d.h. die Längsachsen von Kunstknochen und Prothese liegen auf einer Linie. Vom theoretischen Ansatz liefert dieser Spanungsfall bei der Bruchgrenze axiale Risse aufgrund maximaler tangentialer Beanspruchung, die im Experiment erwartet werden.

1.2.2 Rissentwicklung und Schallemission

Die Belastung der Prothese auf den Kunstknochen führt zu einem Bruch, dessen Entwicklung mit Hilfe der Schallemissionsverfahren analysiert wird. Es wird das Messsystem von Physical Acoustics Corporation, Mistras „AE-Node“ mit der differentiellen Piezosonde R6D (Resonanz bei 50kHz und Bandpassfilterung 50-770 kHz) verwendet, um das Risswachstum in der Probe zu verfolgen.
Dazu werden der Umgebungsschall am Prüfstand durch geeignete Schallisolierungsmaßnahmen von der Probe abgekoppelt und die Schalldämpfung mit dem Hsu-Nielsen Test (ASTM E976) geprüft.
Zur Bewertung der Schallsignale wird die Amplitudenanalyse angewendet, um die Signale nach ihrer Energiefreisetzung differenzieren zu können [4, 5], denn bei Rissbildung wird höhere Energie als bei tribologischen Ereignissen freigesetzt. Dieses Verhalten zeigt sich im Abklingverhalten der Schallsignale, was über die Amplituden im abfallenden Bereich der Signale analysiert wird [5]. Hierzu wird die Verteilung der Amplitudenhöhe des Signals in Abhängigkeit der Diskriminatorschwelle D berechnet. Die Amplituden des Rauschbandes werden dabei nicht betrachtet, so dass die erste Diskriminatorschwelle oberhalb des Rauschbandes liegt. Mit zunehmendem D wird die Anzahl der Überschwingungen geringer, so dass eine abfallende Verteilungsfunktion entsteht, deren Verhalten mit Formel (1) beschrieben werden kann [4, 5].

$$I = I_0 * D^{-n} \quad (1)$$

mit

- I:= Impulssumme
- I_0:= Konstante
- D:= Diskriminatorschwelle
- n:= Energiefreisetzungs-Kennzahl

Nach Eisenblätter [4] und Schwalbe [5] beschreibt der Exponent n der Funktion I die emittierte Schall-Energie der Signale (Hits), die unabhängig von der Dispersion und Dämpfung ist, so dass die Signale relativ zueinander bewertet werden können. Ein kleinerer n-Wert eines Signals 1 im Vergleich zu einem höheren n-Wert eines Signals 2 bedeutet, dass das Signal 1 eine höhere Energie aufweist als Signal 2. Anhand der experimentellen Ereignisse und Auswertungen der n-Werte lassen sich die Signale hinsichtlich Rissentwicklung und tribologischer Phänomene für das betrachtete Experiment unterscheiden und bewerten.

1.2.3 Vorbereitung der Probe

Um den axialen Spannungsfall experimentell zu realisieren, muss die Probe frei von Momenten positioniert und belastet werden. Dies gelingt, indem die Probe nicht eingespannt wird, sondern plan reibungsarm auf einer Unterlage geräuschgedämmt steht und axial zur Prothese ausgerichtet wird. Der Schall wird am unteren Ende mit dem R6D Schallaufnehmer, der am unteren Ende der Probemittels Ultraschallgel angebracht ist, erfasst. Die Prothese ist dabei im oberen Bereich an der Kraftmessdose der Prüfmaschine fixiert. Für den Beginn der Belastung wird die Probe zur Prothese gefahren, bis sich die Prothese kontaktlos in der Probe bei der Tiefe von 13 mm befindet. Die Abkopplung von Störgeräuschen durch die Lastaufbringung wird mit dem Hsu-Nielsen Test (ASTM E976) überprüft.

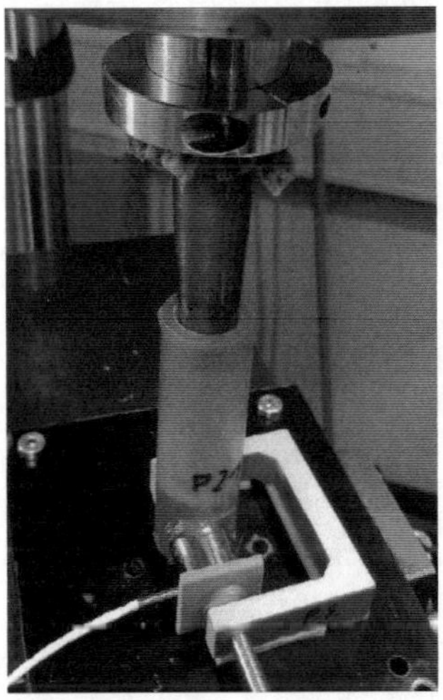

Abb. 4. Probe 21 – Prüfmaschine PSA und Probenvorbereitung des Lastversuchs nach [3].

2. Ergebnisse und Diskussion

2.1 Auswahl der Proben

Die sechs Proben der Serie v=0,667 mm/sec zeigen 3 verschiedene Formen von Zerstörungen. Davon zeigt die Probe 9 keine Beschädigungen, die Probe 21 einen axialen Riss und die Proben 11, 12, 22 und 23 Bruchsysteme, bei denen im oberen Bereich der Probe Teile der Form ausgebrochen sind, was eine Mehrachsigkeit der Beanspruchung belegt.
Für die weitere Diskussion der Ergebnisse sind die Proben 21 und 22 relevant, die axialen Rissstart zeigen, das durch die axiale Verschiebung des Konus erzeugt wird. Die axialen Risse garantieren, dass im Versuch die theoretisch maximal wirkenden Tangentialspannungen auch versagensbestimmend waren.

Abb. 5. Proben aus der Serie v=0,667 mm/sec; Probe 21 mit einem axialen Riss nach Belastung; Probe 22 mit einem axialen Bruchsystem.

2.2 Axiale Lastfälle nach Versuchsdesign

Die Probe 21 zeigt einen axialen Riss, während die Probe 22 zwei Risse aufweist. Die beiden Risse der Probe 22 zeigen zu Beginn axiale Verläufe am oberen Rand, deren Startpunkte gegenüberliegen. Im unteren Bereich der Probe laufen die Risse bei weiterem Verfahrweg des Konus aufeinander zu und bilden eine parabelartige Form.

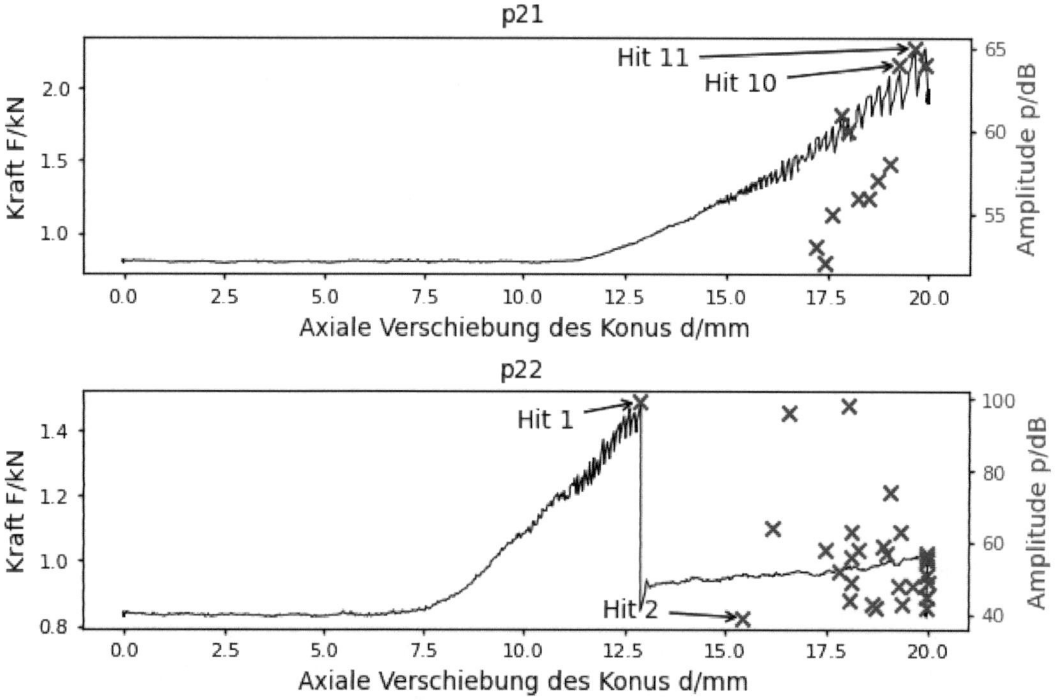

Abb. 6. Last-Verschiebungs-Diagramme des axial verschobenen konusförmigen Stempels (Konizität, siehe Abb.1) mit synchronisierten Schallsignalen der Probe 21 oben und Probe 22 unten. Die bei der radialen Aufweitung der Proben entstandenen Schallsignale sind synchron zur Verschiebung durch ein rotes Kreuz und durch den Wert der Maximalamplitude gekennzeichnet.

Die Lastverläufe der beiden Proben haben in Abbildung 6 unterschiedliche Anstiege, die eine höhere Nachgiebigkeit der Probe 21 im Vergleich zur Probe 22 zeigen. Während die Lastkurve bei Probe 21 bis zum Ende der Konus-Verschiebung von 20 mm ansteigt, bricht bei Probe 22 die Lastkurve bei der Konus-Verschiebung von ca. 13 mm ein. Nach dem Bruch steigt die Lastkurve bei stabilem Rissfortschritt nicht mehr steil an.
Die Oszillationen in den Lastkurven (Abb. 6) zeigen das Wechselspiel zwischen Haft- und Gleitreibung (Stick-Slip) [7, 8] in beiden Versuchen.

Für die Amplitudenanalyse wird ein Abklingbereich des Signals ausgewählt, in dem kein zusätzliches Ereignis auftritt. Der ausgewählte Bereich beginnt in den Abbildungen 7 und 8 ab der roten Zeitmarke bis die Amplituden unterhalb der Rauschgrenze (blaue Linie) liegen.

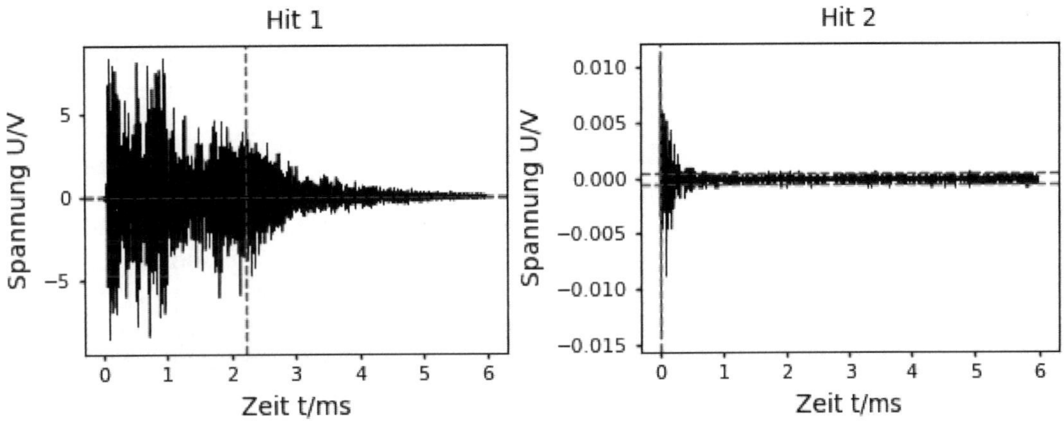

Abb. 7. Probe 22: Amplitudenanalyse der Signalabfälle mit $I = I_0 * D^{-n}$: n-Wertberechnung von roter Zeitmarke bis zum Rauschband (blaue horizontale Linien). Hit 1 mit Energiefreisetzung n_1=1.3 Risssignal; Hit 2 mit Energiefreisetzung n_2= 2.0 Rissuferreibung.

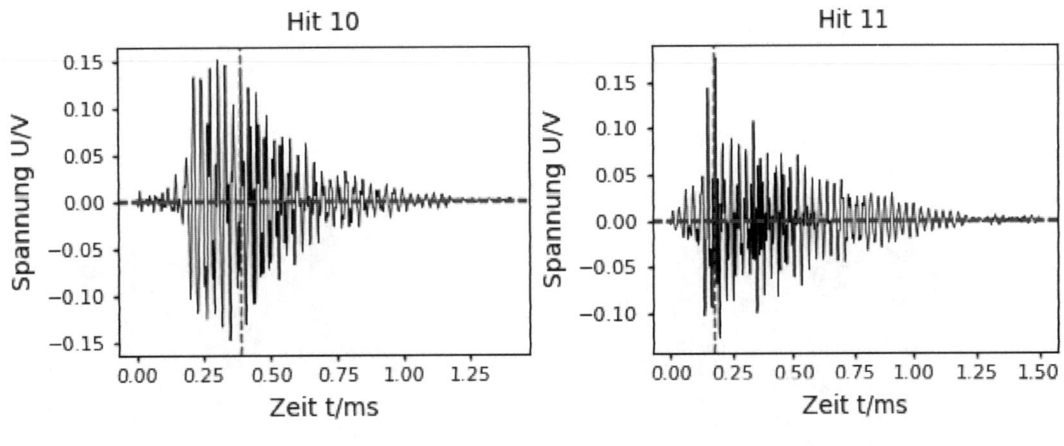

Abb. 8. Probe 21: Amplitudenanalyse der Signalabfälle mit $I = I_0 * D^{-n}$: n-Wertberechnung von roter Zeitmarke bis zum Rauschband (blaue horizontale Linien). Hit 10 mit Energiefreisetzung n_{10}=1.1 Risssignal; Hit 11 mit Energiefreisetzung n_{11}= 1.8 Stick-Slip-Geräusch.

Für die Analyse der Schallemission bei Probe 22 ist der Hit 1 mit Hilfe der Lastkurve und der Darstellung des Bruchereignisses offensichtlich das Risssignal. Für eine genauere Bewertung der Signale liefert die Amplitudenanalyse für Hit 1 n_1=1.3 und den nachfolgenden Hit 2 den n-Wert von n_2=2.0 (Abb. 7). Der n-Wert für Hit 1 zeigt die höhere

Energiefreisetzung und ist damit das Risssignal im Vergleich zu dem folgenden Hit 2. Der n-Wert von Hit 2 ist höher als bei Hit 1 und zeigt die niedrigere Energiefreisetzung durch Reibung an. Die weiteren Hits (3 bis 30) werden aufgrund des gebrochenen Zustands der Probe nicht mehr betrachtet.

Für die Probe 21 wird ebenfalls die Amplitudenanalyse angewendet, um mit Hilfe der Energiefreisetzung das Risssignals zu identifizieren und die Signale hinsichtlich der tribologischen Eigenschaften zu bewerten. Betrachtet man dazu die n-Werte der Hits 10 und 11 vor dem Ende des Eindringens der Prothese in die Probe, so wird bei Hit 10 mit n_{10}=1.1 die größte Energie freigesetzt (Abb. 8). Beim nachfolgenden Hit 11 wird eine reduzierte Energie freigesetzt, da sich der n-Wert auf n_{11}=1.8 erhöht. Hier wird die erhöhte Nachgiebigkeit nach der Rissbildung (Hit 10) sichtbar.

Das Widerstandsverhalten beim Einpressen der Prothese zeigt, dass sich die Proben in den Reibungseigenschaften unterscheiden, jedoch beide Proben axiale Risse ausbilden.

2.3 Finite-Element-Simulation der Abweichung vom axialen Lastfall

Anhand der Lastkurven der Proben 21 und 22 sieht man den Einfluss der Abweichung von der Normgeometrie der Proben, die bei gleicher Verschiebung der Prothese einen unterschiedlichen Widerstand erzeugen. Welchen Einfluss die Lage des Konus zur Probe auf deren Belastung hat, wird mit einer FEM-Simulation gezeigt, in der eine Neigung der Längsachse des Konus zur Längsachse der Probe von einem Grad eingestellt wird. An der FEM-Probe ist zu erkennen, dass sich die Druckmaxima bei einem schrägen Einpressen der Prothese mit v=0,667 mm/sec nicht wie im axialen Fall ausbilden (Abb. 9, zweiter Verschiebungszustand des Konus links und rechts). Ebenso fallen die FE-Elemente in einer jeweils anderen Reihenfolge aus. Die Anzahl der FE-Elemente, die aufgrund der Bruchgrenze eliminiert werden, liegen im schrägen Fall gehäuft auf der rechten Seite der Probe in der Schnittbilddarstellung Abb. 9. Zudem bilden sich im Vergleich zum axialen Fall bei gleichen Verschiebungstiefen Druckbelastungen aus, die deutlich unsymmetrisch zur Längsachse der Probe sind. Dies ist ein Indiz dafür, dass die Proben in der Grenzbelastung keine axialen Risse, sondern Fraktursysteme mit 45 Grad Brüchen ausbilden, an denen man die Schubspannung erkennen kann. Eine Schrägstellung des Konus zur Probe erzeugt somit eine Mischbelastung aus Drehmomenten und axialen Kräften.

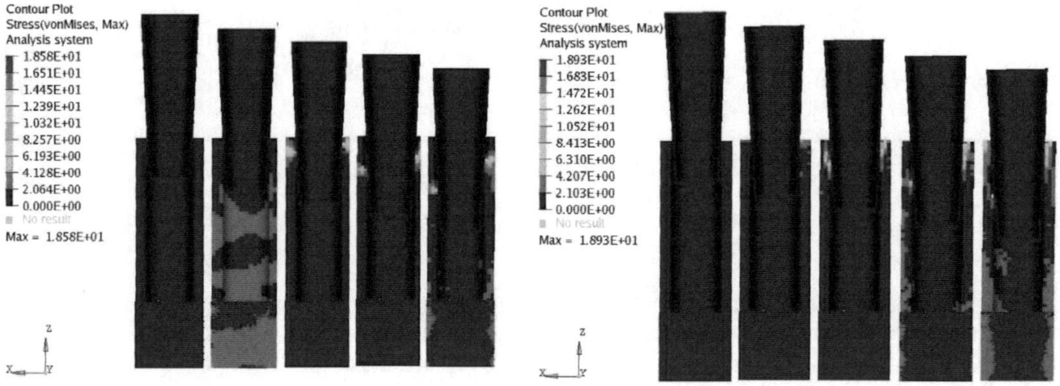

Abb. 9. Simulation der Belastung des Kunstknochens axial (links) und unter einem Winkel von 1 Grad (rechts); vertikales und schräges Einpressen der Prothese mit der Geschwindigkeit v=0,667 mm/sec und Reibungszahl 0.3.

3. Zusammenfassung und Fazit

Um eine Rissbildung der Proben gut analysieren zu können, sind möglichst viele zeitlich zueinander abgestimmte Informationen, wie die Lastkurve, die Verschiebung, die Schallsignale und die Amplitudenanalyse heranzuziehen.
Eine Variation in den Proben und Randbedingungen erzeugt eine Breite an Ergebnissen, die statistisch bewertet werden muss. Um die Anzahl humaner Knochenproben zu reduzieren, hilft eine Grundlagenuntersuchung mit Ersatzmodellen, die möglichst viele Aspekte von Lastbedingungen und Probeneigenschaften berücksichtigt, so dass bei Experimenten mit humanen Knochen die Variabilität in den Ergebnissen gut bewertet werden kann.
Die Auswirkungen von Abweichungen, wie im Fall der axialen Lasteinleitungen auf die Belastung der Probe, werden mit FEM-Simulationen nachgestellt, die Erklärungen für die Bewertung hinsichtlich der Überlasten in den Proben zusätzlich möglich macht.
Für die Erklärung der dynamischen Bruchentwicklung muss aber die Schallemissionsanalyse eingesetzt werden, da diese Informationen nicht von der FEM-Simulation geliefert werden.

Die Ergebnisse der Pilotstudie zeigen, dass mehrere Faktoren, wie Abweichungen in der Probengeometrie und Ausrichtung der Probe hinsichtlich der Längsachse des Konus eine Variabilität im Bruchverhalten erzeugt. Für die systematische Untersuchung des Bruchverhaltens sind diese Faktoren so weit wie möglich zu reduzieren. Hinsichtlich der Experimente mit humanen Knochenproben geben die Ergebnisse Hinweise auf die experimentellen Herausforderungen, die sich durch Schwankungen in der Probengeometrie und Materialeigenschaften sowie Probenausrichtung ergeben.

Referenzen

[1] Grimberg, A, Kirschner S, Lützner J, Melsheimer O, Morlock M, Steinbrück A. Endoprothesenregister Deutschland (EPRD). Mit Sicherheit und Qualität EPRD-Jahresbericht 2024

[2] Fonseca Ulloa CA, Schreynemackers S, Harz T, Lang FW, Fölsch C, Rickert M, Jahnke A, Ishaque BA. Acoustical determination of primary stability of femoral short stem during uncemented hip implantation. Clin Biomech (Bristol, Avon). Epub 2023

[3] Schubert P. Untersuchung des Bruchverhaltens eines Röhrenknochenmodells aus Kunststoff mittels Schallemissionsanalyse und einer Finite-Elemente-Simulation: Bachelorarbeit Fachbereich Life Science Engineering, Technische Hochschule Mittelhessen, 2019

[4] Eisenblätter J, Becht J, Fischer T, Heide W, Jöst H, v. Klot R, Jax P, Schwalber HJ. Einführungskursus Schallemission. Batelle Institut Frankfurt / Main 1975, 1976 und 1978

[5] Schwalbe H-J. Risszähigkeit glasfaserverstärker Kunststoffe. Fakultät Maschinenbau, Rheinisch-Westfälische Technische Hochschule RWTH Aachen, 1981

[6] Ferrer C, Slas F, Pascual M, Orozco J. Discrete acoustic emission waves during stick-slip friction between steel samples. Tribology International 43 (2010) 1-6

[7] Ding L, Zhao Y, Pan Y, Fan Y. Investigation on acoustic emission characteristics of fault stick-slip under different lateral pressures. Scientific Reports (2024) 14:6718

Mini Digital Twins in Acoustic Emission Testing of Pressure Equipment

Apostolos TSIMOGIANNIS[1], Timo STÜBEN[2]
[1] GMA-MISTRAS, Stade, Germany, a.tsimogiannis.ext@mistrasgroup.com
[2] GMA-MISTRAS, Stade, Germany, t.stueben@gma-group.com

Abstract

Pressure equipment testing and evaluation by Acoustic Emission is a well-established technique used for decades world-wide. The need for more detailed information and potentially better understanding of vessel behaviour during AE tests has promoted the use of planar type localization methods. These are included in several standards with specific requirements for accuracy and verification. Although requirements for collecting the data are in place, no detailed requirements for communicating the data have been established. Given the volume of data generated by Non Destructive Testing (NDT) methods, communicating and using this data is becoming increasingly significant.

With the expanded use of mini digital twins i.e. vessel models, which include a significant amount of detail, AE localization results' presentation and communication can be improved significantly allowing for easier understanding of results, therefore better and faster follow-up NDT, saving time and unnecessary communications or site visits, thus potentially affecting the economics of the complete inspection effort.

In this presentation we will present the use of mini digital twins in AT and cases where visualization of localized data during an AE test can help vessel operators to focus follow-up NDT and better understand report content.

Keywords:
Acoustic Emission, Digital Twins, Pressure Vessel

MISTRAS

One Source for Asset Protection Solutions®

Mini Digital Twins in Acoustic Emission Testing of Pressure Equipment

APOSTOLOS TSIMOGIANNIS BEng MSc CEng AE Level III

MISTRAS

- **Digital Twins**
  - The term digitalization describes changes in a workflow or process enabled by using digital technology.
  - Digital twins are digital models of a real structure containing additional information apart from the geometry.
  - Digital twins can hold significant information over the lifecycle of the structure.
  - Complex digital twins can contain and continuously update structural information for the ongoing assessment of the structure.
  - In general, mini digital twins are simpler models that contain enough information for specific tasks.

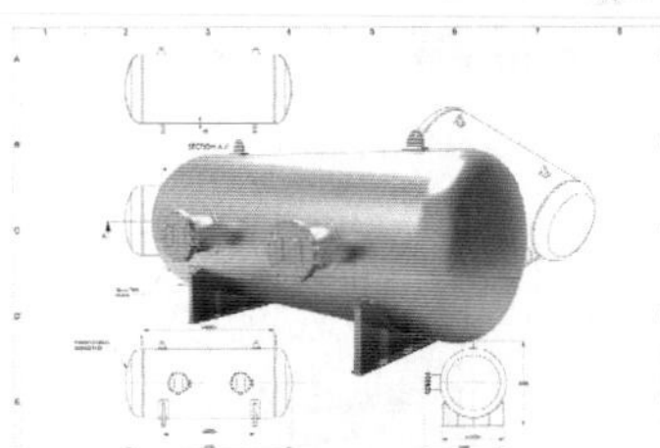

Image from internet

Image from:
Science and Technology of Nuclear Installations

2

▶ Digital twins in NDT

- NDT methods utilize digital twins to present and store information.
- Asset management software can also operate as a form of digital twin in holding NDT information for processing in other processes e.g. RBI.
- Use of digital twins is increasing in NDT for inspection planning, execution and reporting.

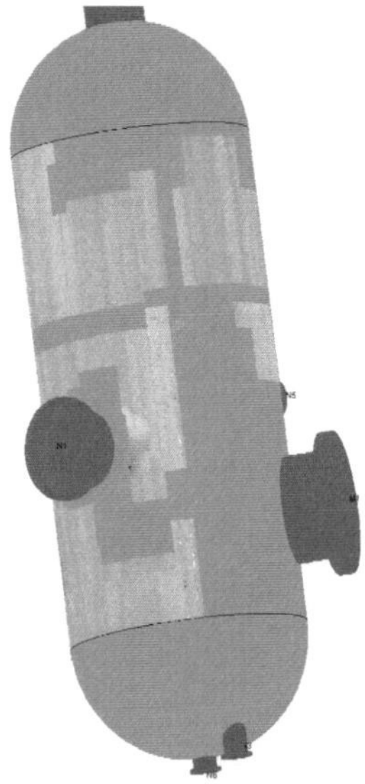

3

Mini Digital Twins in Acoustic Emission Testing of Pressure Equipment

▶ Localization in Standards

- Acoustic Emission Testing (AET) of pressure equipment is the most well-established AE technique.
- International standards available for most types of vessels (ASME, ASTM, EN, ISO).
- Standards had mostly relied on zonal evaluation which provides a robust methodology with criteria and grading over an area around each sensor.
- Zonal evaluation, providing a large follow up area, was one of the factors leading to standards moving to a localization method, based on surface (planar) location.

4

MISTRAS

- **Localization in Standards**
  - EN, AFIAP and ASME all include planar location techniques and specifically the latest ASME requires the use of a planar capable array of sensors.
- **Digitalization of Processes**
  - The industry is moving to a digitalized environment.
  - The more fields moving in this directions the more comprehensive data can be and therefore useful.
  - Other NDE methods are digitalized to some extend.
  - The use of mini digital twins has increased, and techniques are developed to integrate with digital twins from the start.

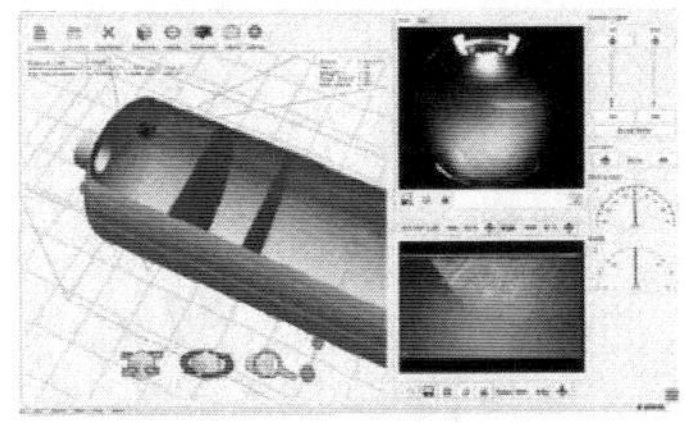

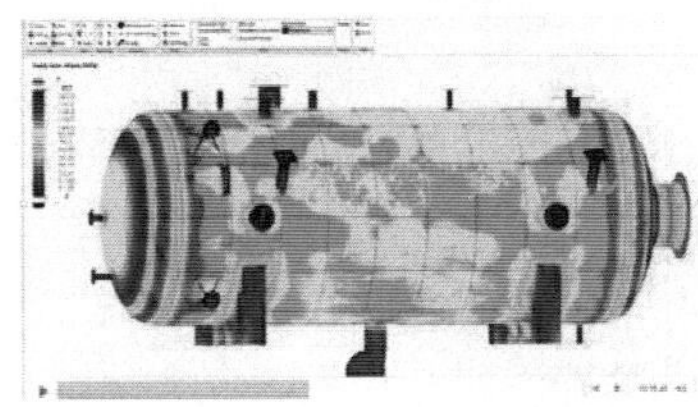

5

Mini Digital Twins in Acoustic Emission Testing of Pressure Equipment

MISTRAS

- **Moving from 2D space to 3D space**
  - AET has traditionally been working on a 2D space.
  - Several years ago, basic 3D models of some structures had appeared.
  - Over time full 3D models can be created which bridge the gap between a 2D screen and the real object.

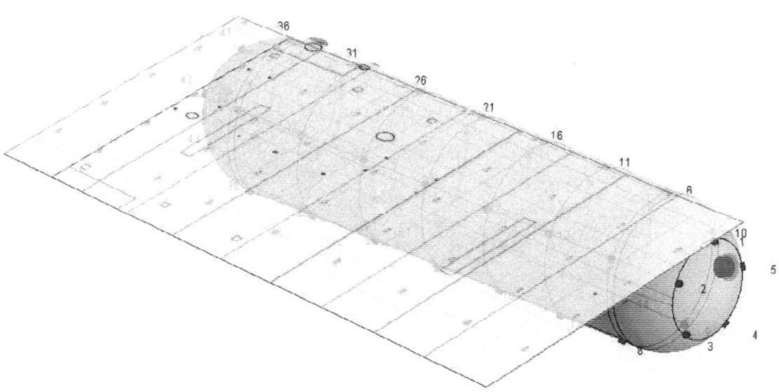

6

Mini Digital Twins in Acoustic Emission Testing of Pressure Equipment

MISTRAS

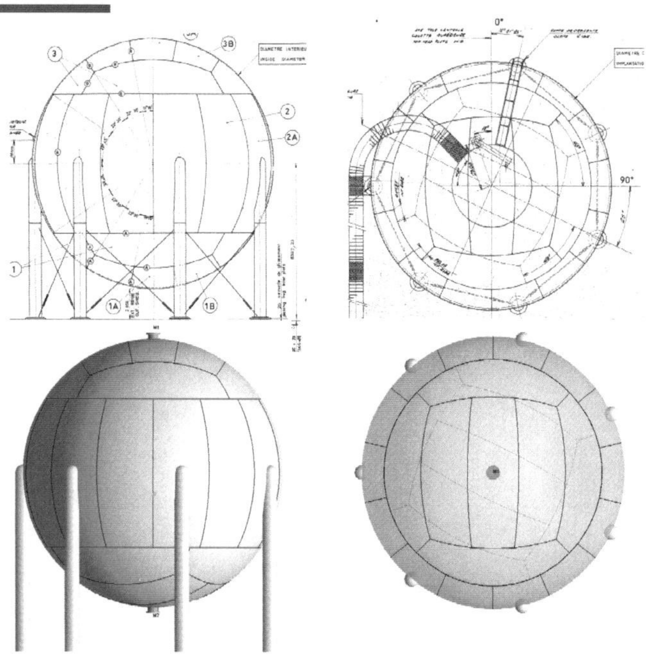

- **Visualization 3D Models**
- **Sphere Example**
  - Drawings from 1972
  - 3D Visualization model generated using 9 pieces of information.
  - Software predicts some parameters since they are standard in sphere design (e.g. plate distribution)
  - Generation time ~5mins
  - Additional details (plate thicknesses, nozzles,) can be added in a short time (minutes)

Mini Digital Twins in Acoustic Emission Testing of Pressure Equipment

MISTRAS

- **Communicating Results**
  - One of the perceived drawbacks of AET has been the way results are communicated.
  - Often results are seen as more complex to interpret for those who are not familiar with AET more closely.
  - This raises the need to communicate in a clearer manner all AET results, including source data.

Zone severity grading	Definition	Further actions recommended
A	Very low activity	None, note for future reference
B	Low activity	
C	Medium activity	Follow up with NDT
D	High activity	Follow up with extensive NDT
E	Intense activity	Immediate action

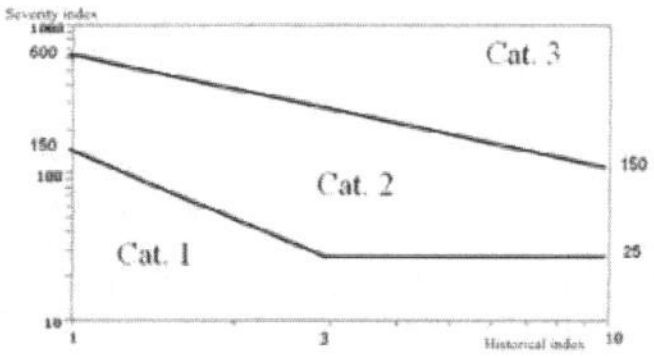

EN 15495 severity grading (left) and AFIAP Categories.

Mini Digital Twins in Acoustic Emission Testing of Pressure Equipment

- **Visualization 3D Models**
  - Easier to identify data on models when on an accurate representation.
  - Data can be linked to geometries, features etc.
  - Intuitive man-machine communication.
  - Easier to communicate to non-NDE personnel.

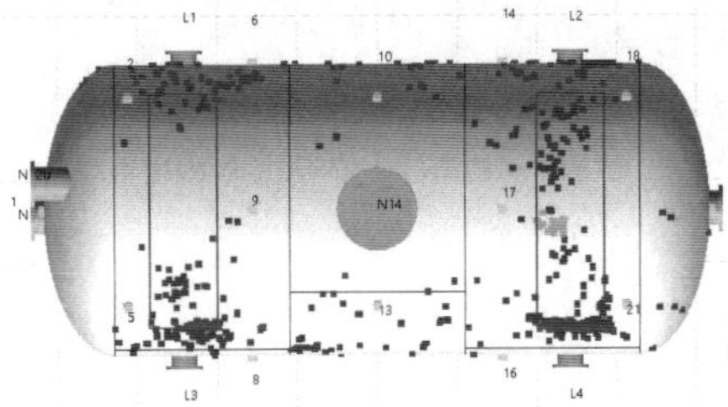

TSA vessel AE test data visualization. Bottom view. Significant AE sources on supports from corrosion.

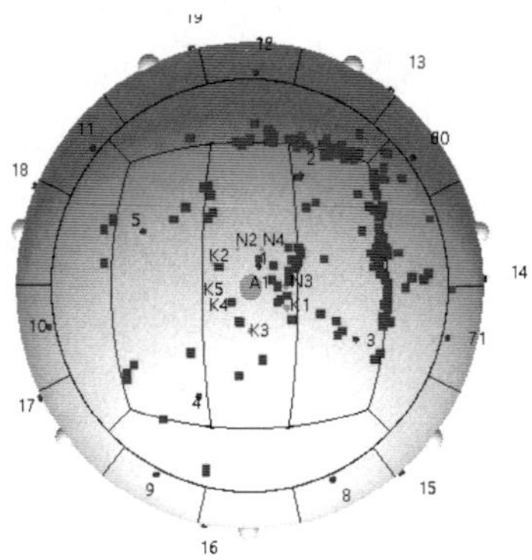

LPG sphere in-service test. Activity on welds.

9

Mini Digital Twins in Acoustic Emission Testing of Pressure Equipment

- **Visualization 3D Models**
  - Communication of results becomes intuitive.
  - Easily identify position of grades in a zonal type test.
  - Due to the presence of all geometric features, identifying sensor positions and results becomes easier.

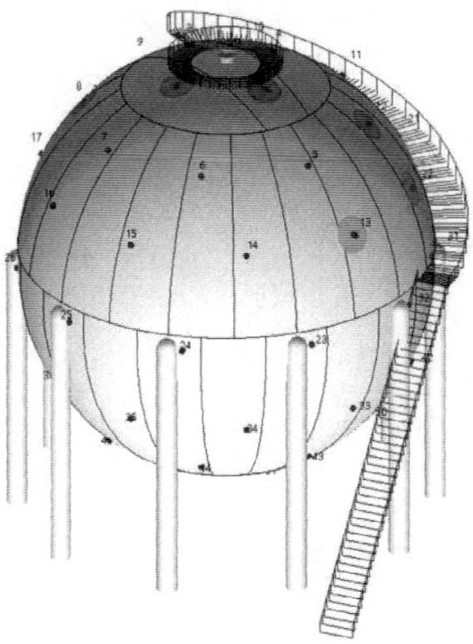

10

MISTRAS

- **Example: Insulated Vessels**
  - Surface hidden from view.
  - Knowledge of accurate position of sources is critical for reduced insulation removal during follow up inspections.
  - Advantages also during installation with more accurate planning.

Mini Digital Twins in Acoustic Emission Testing of Pressure Equipment

MISTRAS

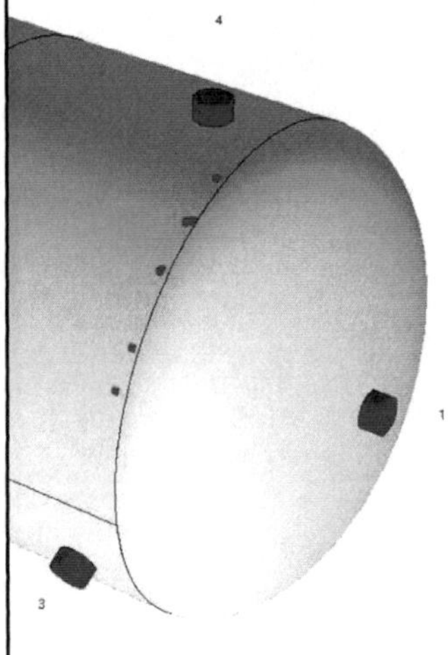

- **Location Accuracy Evaluation**
  - Standards require the evaluation of location accuracy.
  - Using 3D models the accuracy can be evaluated faster and easier.
  - Most importantly, location accuracy can be evaluated in a more precise manner.

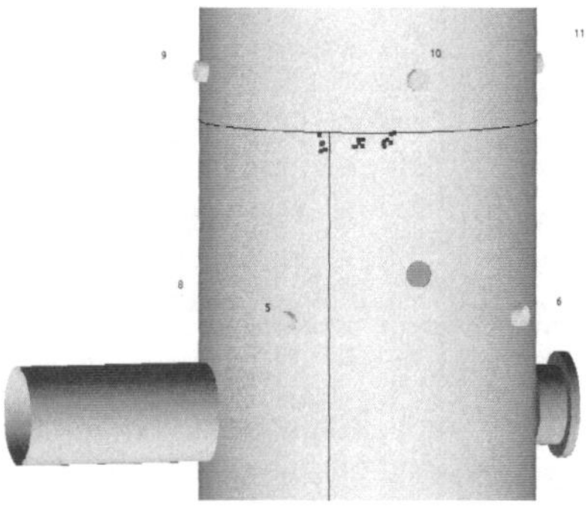

Mini Digital Twins in Acoustic Emission Pressure Equipment Testing

MISTRAS

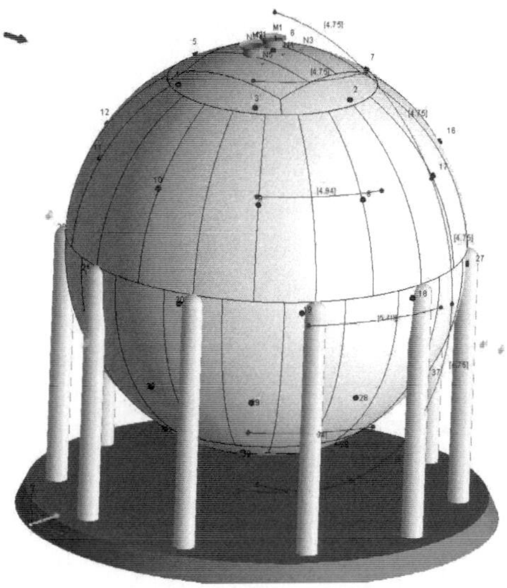

- **Retrieving Information from Digital Twins**
  - Models can work to generate information and not just present it.
  - Inspection planning with visual aid the model itself.
  - Coordinates and references are readily available.
  - Distance measurement possible (within accuracy limitations of an ideal model).

13

Mini Digital Twins in Acoustic Emission Testing of Pressure Equipment

MISTRAS

- **Installation Planning (Coverage)**
  - Due to the lack of precise calculation capability nearly all standards require a crude approximation to structure coverage.
  - There is a need to evaluate sensor coverage area accurately and present results (e.g. ASME 2023).
  - AE is 100% volume test therefore visualizing results is a challenge without 3D models.
  - 2D approximations can be used but are not ideal.

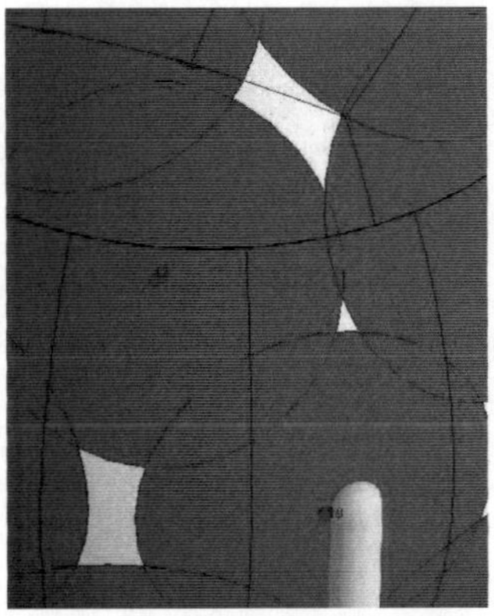

AE sensor coverage on a spherical vessel.
Exaggerated to show areas with lower sensitivity than required in standards.
Section of a 3D representation shown.

14

MISTRAS

- **Conclusions**
  - Using mini digital twins improves and simplifies communication with end user.
  - Increases certainty and facilitates location accuracy evaluation.
  - Promotes non-ambiguity and complex to locate results, including source clusters.
  - Assists in better planning and executing tests.
  - Challenges with as-built drawings availability but information can be collected on site.
  - Potential integration of AET results with larger digital twins.

MISTRAS

APOSTOLOS TSIMOGIANNIS
a.tsimogiannis.ext@mistrasgroup.com

mistrasgroup.com

OpenAE in action: From open datasets to shareable machine learning models

Lukas BERBUER[1], Horst TRATTNIG[2]
[1] Vallen Systeme GmbH, Wolfratshausen, Germany, lukas.berbuer@vallen.de
[2] Vallen Systeme GmbH, Wolfratshausen, Germany, horst.trattnig@vallen.de

Abstract. Data-based analysis of acoustic emission (AE) data typically relies on features extracted from the time and frequency domains. These features form the input vector for machine learning models. For a trained model to be used by other parties or in different environments, it is essential that the input vector can be reproduced accurately. This requires the feature extraction computations to be consistent and standardized. When standardization is achieved, models can be shared, reproduced, and deployed seamlessly across various applications and environments.

OpenAE is an initiative to address these challenges by establishing open standards for data-based AE analysis. It is designed as a collaborative platform based solely on GitHub repositories for easy contribution. It provides standardized definitions and implementations of feature extraction algorithms as well as open data sets. In the future, OpenAE should also serve as a platform for publishing and sharing trained models, further promoting transparency and collaboration.

This paper provides an overview of the current status of the OpenAE project and presents an end-to-end application, starting with an open dataset available on the OpenAE platform. The OpenAE library is used to extract features from the measurement data, which are then used to train and export a machine learning model. The results are compared to a model trained exclusively with standard AE features.

Keywords: open standard, acoustic emission, feature extraction, machine learning, artificial intelligence

Introduction

Advancing acoustic emission (AE) applications with machine learning is more relevant than ever. Deep learning has been a transformative breakthrough in artificial intelligence, enabling models to learn directly from raw data without the need for handcrafted feature extraction. In domains like speech recognition, deep learning models process raw audio data with minimal preprocessing (e.g., resampling, normalization). However, training such models from scratch requires large labeled datasets, which are often scarce in AE applications. Transfer learning addresses this limitation by adapting pre-existing models to new tasks, requiring only partial retraining while leveraging previously learned knowledge [1]. This

Medien- und Publikationspartner

https://doi.org/10.58286/30966

approach accelerates training, enhances model performance, and improves generalization, making it a promising method for AE applications.

Due to the high data rates of AE (approximately 100 times that of audio) and limited amounts of labeled data sets, deep learning is not (yet) applicable to acoustic emission. Instead, the raw data is transformed into a set of meaningful and representative features that can be used for further analysis. This feature extraction process aims to reduce the complexity of the data while preserving the crucial information relevant to the task at hand.

However, this adds complexity to the AE data and machine learning pipeline (see Figure 1), making it highly dependent on the selected algorithms, their implementation details and parameters. Additionally, the acquired data is influenced by factors such as structure, coupling, sensor type, and acquisition settings like input range, threshold, and filter settings. To reuse a trained model, such as for transfer learning, the model's input (feature vector) must be reproducible, including the exact feature extraction algorithms. If the model's input cannot be consistently reproduced across environments, the model's output becomes unreliable.

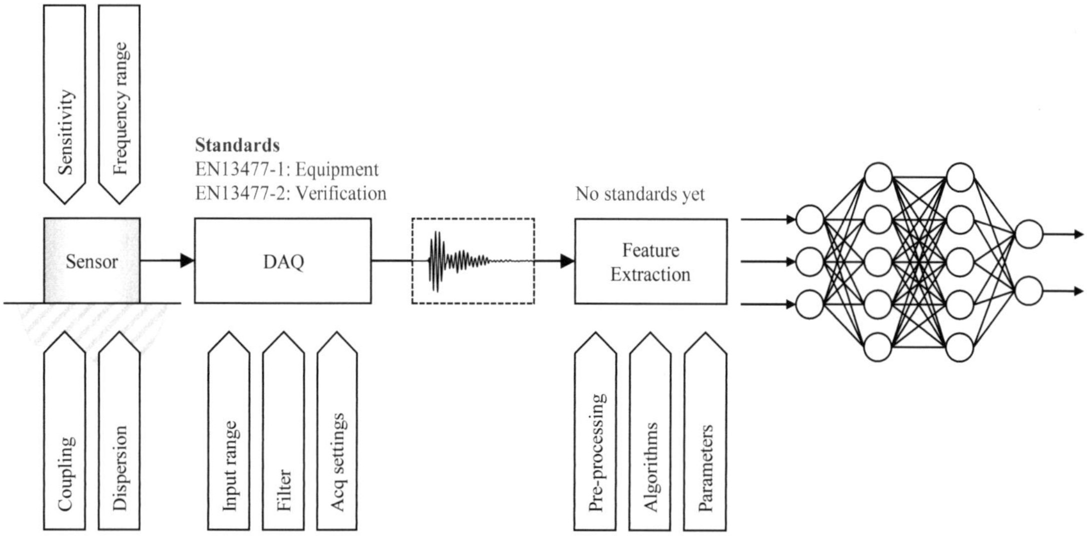

Figure 1: AE data and machine learning pipeline with influencing factors

1. OpenAE project

The OpenAE project (openae.io) addresses these challenges. OpenAE is an open, community-driven platform to support research and development with standardized tools, algorithms, and datasets for consistent, reproducible AE signal processing and analysis. By offering open standards for feature extraction and providing reference implementations, OpenAE ensures that AE data can be analyzed reliably across different environments and applications. OpenAE embraces the principle of *standing on the shoulders of giants*, enabling researchers to build on existing work rather than starting from scratch, ultimately fostering innovation and accelerating progress in data-driven AE applications. The whole project is organized via the GitHub organization github.com/openae-io to allow easy and transparent collaboration.

1.1 Open standard of feature extraction algorithms

German, European and international standards define AE features such as amplitude, duration, rise time, counts and energy [2][3]. These features, which focus on time-domain characteristics of the signal, are typically computed directly by acoustic emission measurement systems and can be processed in real-time, even with technology from 40 years ago.

However, research has shown that incorporating advanced features including the frequency domain can significantly improve model robustness and accuracy in applications like condition monitoring [4][5] and structural health monitoring [6][7]. Many of the features are directly inspired by research from fields such as vibration analysis, speech recognition, and music information retrieval.

OpenAE defines a collection of popular feature extraction algorithms specifically tailored for acoustic emission (see Table 1). These algorithms are selected based on the following criteria:

- Algorithms should yield consistent results regardless of the sampling rate used during data acquisition.
- Algorithms should handle signals of varying lengths or durations, supporting threshold-based, duration-adapted acquisition.
- Algorithms should be robust: Minor variations in the signal should not significantly impact the results.
- Algorithms that describe frequency domain characteristics should remain independent of the signal's total amplitude and energy.

Table 1: OpenAE feature extraction algorithms

ID	Name	Parameters	Domain
`clearance-factor`	Clearance factor		Time
`crest-factor`	Crest factor		Time
`energy`	Energy		Time
`impulse-factor`	Impulse factor		Time
`kurtosis`	Kurtosis		Time
`partial-power`	Partial power	fmin, fmax	Frequency
`peak-amplitude`	Peak amplitude		Time
`rms`	RMS		Time
`shape-factor`	Shape factor		Time
`skewness`	Skewness		Time
`spectral-centroid`	Spectral centroid		Frequency
`spectral-flatness`	Spectral flatness		Frequency
`spectral-kurtosis`	Spectral kurtosis		Frequency
`spectral-peak-frequency`	Spectral peak frequency		Frequency
`spectral-rolloff`	Spectral rolloff	rolloff	Frequency
`spectral-skewness`	Spectral skewness		Frequency
`spectral-variance`	Spectral variance		Frequency
`zero-crossing-rate`	Zero-crossing rate		Time

1.2 Open-source library

OpenAE offers an open-source library (github.com/openae-io/openae-lib) that implements its standards and is released under the MIT license. The goal is to provide a single, high-performance implementation that is accessible to researchers using Python or MATLAB while also being suitable for real-time applications even on resource-constrained embedded devices. The library is written in C++ for best performance and includes bindings for popular programming languages to enable seamless integration across different environments (see Table 2).

Table 2: Available languages/bindings of the OpenAE library

Language	Status	Integration
C++	Done	CMake or vcpkg
Python	Done	Download and install from PyPI https://pypi.org/project/openae/
MATLAB	In progress	Download package from GitHub releases https://github.com/openae-io/openae-lib/releases
C	Planned	CMake or vcpkg
WebAssembly / Node.js	Planned	Download and install from https://npmjs.org

1.3 Open datasets

OpenAE offers high-quality acoustic emission datasets under the CC BY 4.0 license at openae.io/datasets. Each dataset includes comprehensive descriptions of the experimental setup and measurements, providing a valuable resource for researchers, engineers, and developers to test methods, compare results and advance data-driven acoustic emission analysis. Inspired by Open Guided Waves [8], a platform for ultrasonic guided wave datasets, OpenAE follows a similar open-access approach.

Datasets are managed via GitHub, with measurement data hosted externally due to its large volume. Contributions are welcomed through GitHub pull requests, and users can request assistance by opening an issue or discussion.

2. End-to-end example

This chapter demonstrates how to build a model using an open dataset and OpenAE features. The focus is on presenting the complete process in a clear and accessible manner, without delving into advanced machine learning techniques and optimizations. A simple dataset with different AE sources is used to train a linear classification model capable of distinguishing between these sources. The results are then compared to a model just trained with the standard AE features. The full example is available as Jupyter notebooks, which can be accessed here: https://github.com/openae-io/datasets/tree/main/pmma-plate-sources.

2.1 Dataset

The pmma-plate-sources dataset consists of AE signals generated by different sources on a polymethyl methacrylate (PMMA) plate with the dimensions of 300 x 300 x 9.7 mm: Four sensors of the type VS150-RSC are mounted in the corners of the plate with 50 mm distance to the each edge (see Figure 2). The PMMA plate is excited by three distinct AE sources:

- Pencil-lead breaks (Hsu-Nielsen source with 0.5 mm leads)
- Pulsing using the AMSY-6 acoustic emission measurement system with 30 Vpp
- Salt trickling from a saltshaker, positioned approximately 20 cm away

The data is acquired with a Vallen AMSY-6 measurement system with ASIP-2A signal processor cards using the following acquisition settings:

- Filter: 95-300 kHz
- Threshold: 40 dBAE

- Duration discrimination time: 1000 µs
- TR samplerate: 2500 kHz
- TR pretrigger samples: 100
- TR post-duration samples: 1000

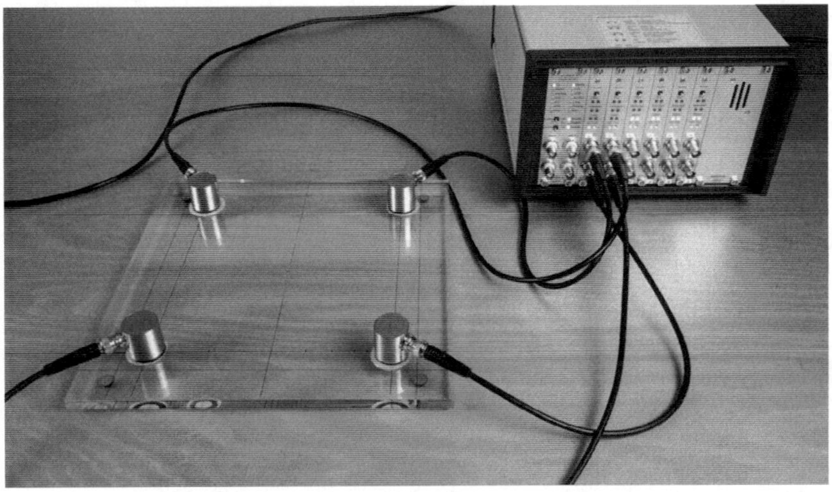

Figure 2: Setup of pmma-plate-source dataset

The dataset consists of three measurements, one for each AE source, with 260-300 hits per source. Further information and download links to the SQLite3 measurement files can be found here: https://openae.io/datasets/pmma-plate-sources/.

2.2 Extract features

In this example, feature extraction is performed in two ways. First, standard AE features – amplitude, energy, duration, rise time and counts – are directly used as computed by the AE measurement system and stored in primary SQLite3 database files (.pridb). Second, OpenAE features are extracted from the raw data stored in transient SQLite3 database files (.tradb) using the OpenAE Python library.

Figure 3 shows the distributions in form of boxen plots of the standard AE features for each class – pencil-lead breaks (plb), pulsing (pulse) and salt trickling (salt). The distributions of the extracted OpenAE features are shown in Figure 4.

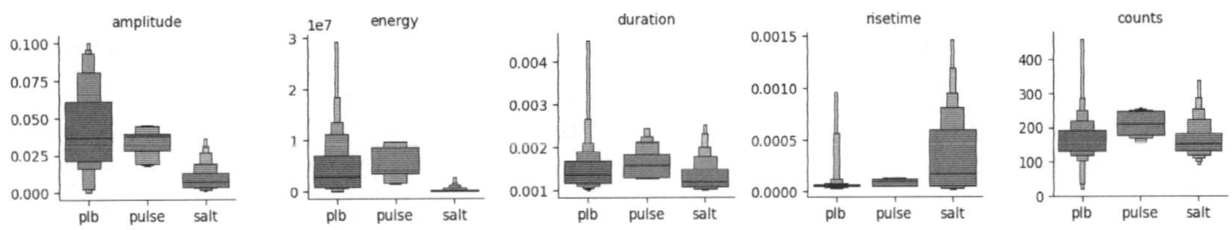

Figure 3: Distribution (boxen plots) of standard AE features for each source: pencil-lead breaks (blue), pulsing (orange) and salt trickle (green)

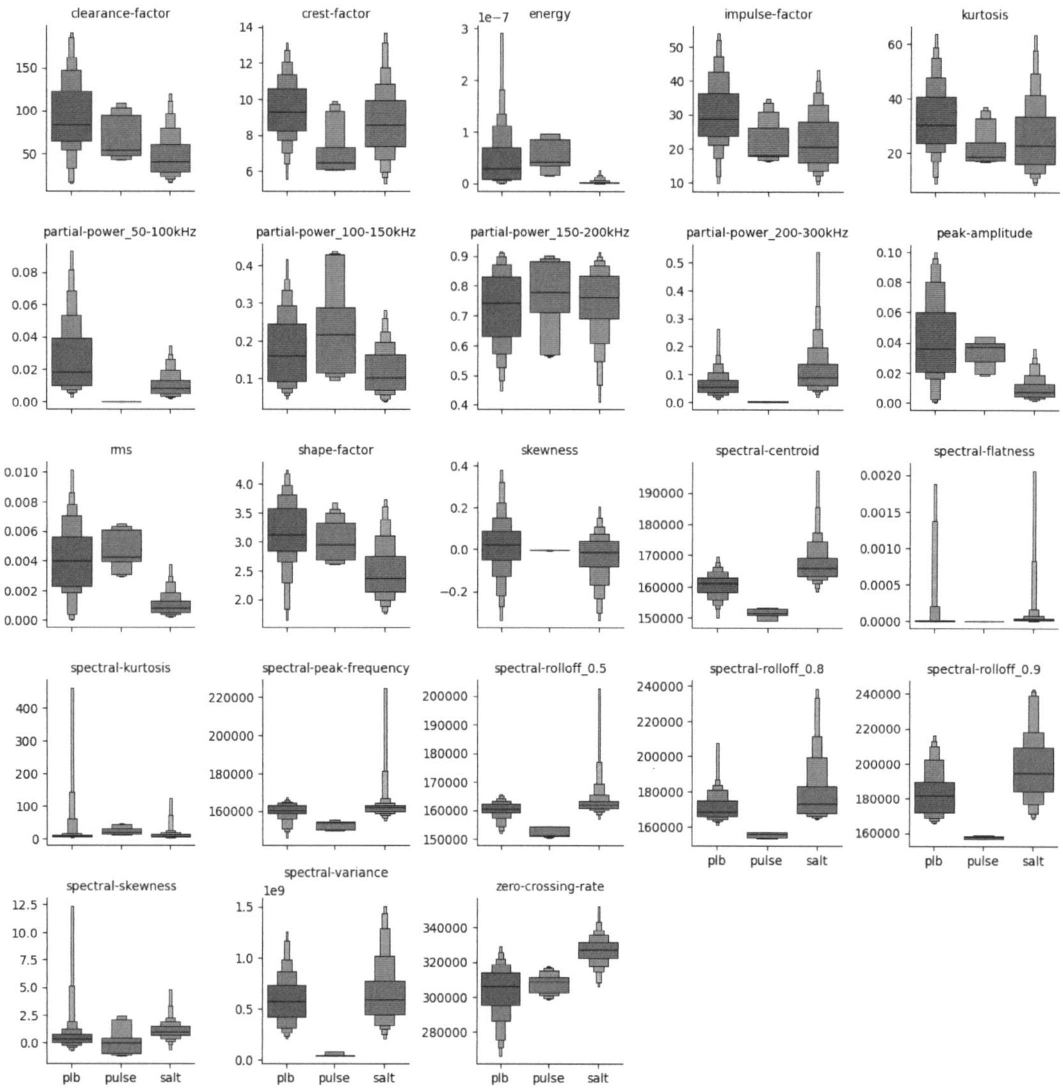

Figure 4: Distribution (boxen plots) of extracted OpenAE features for each source: pencil-lead breaks (blue), pulsing (orange) and salt trickling (green)

2.3 Train SVM classifier

A linear classification model is trained using the support vector machine (SVM) classifier from the Python library scikit-learn. Since most machine learning algorithms perform better with normalized features, a standard scaler is applied to rescale each feature to a mean of 0 and a standard deviation of 1. The dataset was split randomly into training and testing sets, with 75% of the data used for training and the remaining 25% used for testing. As shown in Figure 5, the test accuracy for the model trained with standard AE features is 77%, while the model trained with OpenAE features achieved a test accuracy of 97%. These results highlight the improved performance of the model when using OpenAE features for acoustic emission classification tasks.

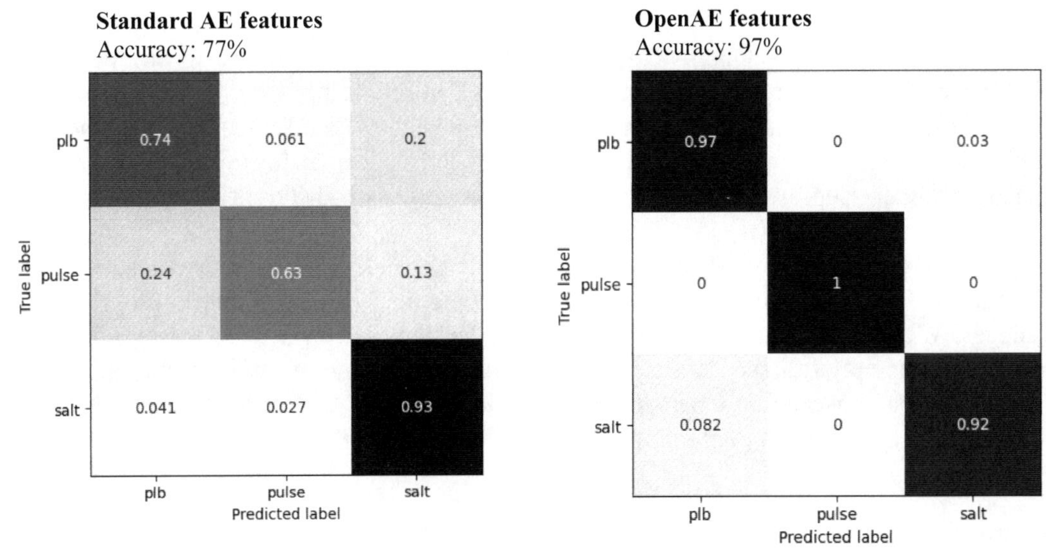

Figure 5: Confusion matrices of the classification model trained with standard AE features (left) and OpenAE features (right)

2.4 Export to ONNX

Machine learning models can be developed and trained in various frameworks, such as TensorFlow, PyTorch, Caffe, MATLAB, MXNet, or in this case scikit-learn. But how can these models be used and deployed across different environments?

ONNX (Open Neural Network Exchange) is an open format designed to represent machine learning models in a framework-agnostic manner. Models are expressed as computational graphs, where nodes represent operations and edges define the flow of data. Once saved in the ONNX format, models can be deployed and executed across a variety of platforms and devices, including cloud servers, mobile devices, edge devices, and specialized hardware accelerators, e.g. using the open-source ONNX Runtime by Microsoft.

Most machine learning frameworks support exporting models to the ONNX format. In this example, the skl2onnx library is used to export the trained scikit-learn model, which includes both the scaler and linear classifier. The exported ONNX model can be visualized with the open-source tool Netron (https://netron.app) as shown in Figure 6.

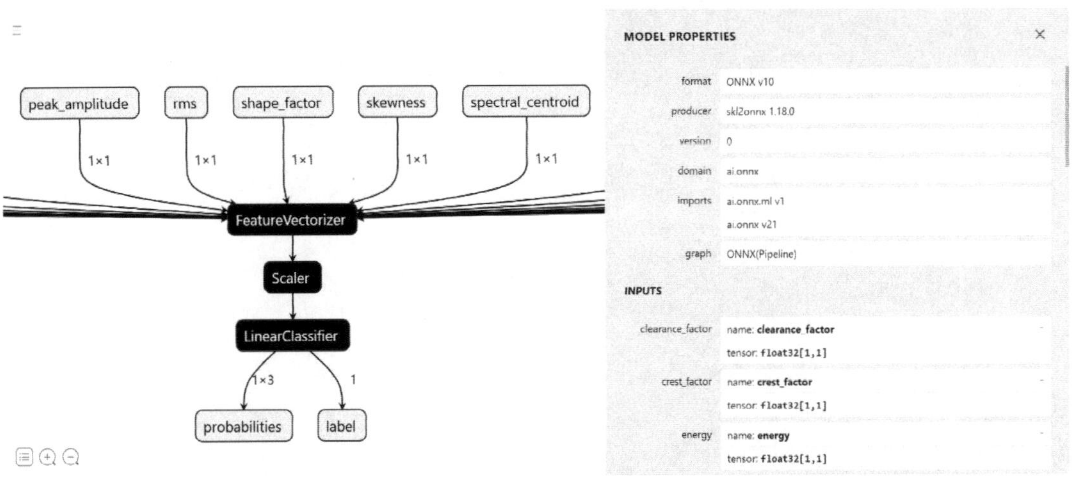

Figure 6: Visualization of the exported ONNX model in Netron

3. Summary and outlook

This paper introduced the OpenAE project and demonstrated its usage in an end-to-end example by utilizing an open dataset and the OpenAE library to build a classification model. By comparing models trained with standard AE features and OpenAE features, we observed significant accuracy improvements. The use of the ONNX format for model export further enhances model deployment and interoperability across different frameworks and environments.

Moving forward, the OpenAE platform will expand its open datasets, standardize additional feature extraction algorithms and introduce support for more programming languages. We invite anyone to contribute to the OpenAE platform, whether by proposing new algorithms, providing datasets or engaging in discussions and asking questions. Together, we can ensure that OpenAE continues to evolve as a comprehensive resource to advance the field of acoustic emission analysis.

References

[1] Yosinski, J., Clune, J., Nguyen, A., Fuchs, T., & Lipson, H. (2014). How transferable are features in deep neural networks? *Advances in Neural Information Processing Systems (NeurIPS)*, 27.

[2] American Society for Testing and Materials. (2017). *Standard terminology for nondestructive examinations* (ASTM E1316-17). ASTM International. https://doi.org/10.1520/E1316-17

[3] International Organization for Standardization. (2001). *Non-destructive testing — Acoustic emission inspection — Vocabulary* (ISO 12716:2001). https://www.iso.org/standard/34090.html

[4] Luong, Q., Schlech, T., & Sause, M. (2024). Speech recognition inspired features for acoustic emission. 36th Conference of the European Working Group on Acoustic Emission, 18-20 September 2024, Potsdam, Germany. *e-Journal of Nondestructive Testing* Vol. 29(10). https://doi.org/10.58286/30239

[5] Caesarendra, W., & Tjahjowidodo, T. (2017). A Review of Feature Extraction Methods in Vibration-Based Condition Monitoring and Its Application for Degradation Trend Estimation of Low-Speed Slew Bearing. *Machines*, *5*(4), 21. https://doi.org/10.3390/machines5040021

[6] Sause, M. G. R. (2016). *In Situ Monitoring of Fiber-Reinforced Composites: Theory, Basic Concepts, Methods, and Applications* (Vol. 242). Springer. https://doi.org/10.1007/978-3-319-30954-5

[7] Mandal, D., Bentahar, M., El Mahi, A., Brouste, A., el Guerjouma, R., Montrésor, S., Cartiaux, F.-B., & Semiao, J. (2024). Acoustic emission monitoring of damage modes in reinforced concrete beams by using narrow partial power bands. *Scientific Reports*, *14*. https://doi.org/10.1038/s41598-024-78561-6

[8] Moll, J., Kathol, J., Fritzen, C.-P., Moix, M., Rennoch, M., Koerdt, M., Herrmann, A., Sause, M., & Bach, M. (2018). Open Guided Waves - Online Platform for Ultrasonic Guided Wave Measurements. *Structural Health Monitoring*, *18*, 147592171881716. https://doi.org/10.1177/1475921718817169

Modellierung des Energietransports durch Ultraschallwellen in Beton - Ein Verfahren zur Bestimmung der Schädigung im Beton

Raúl BELTRÁN [1], Annalena RODENBERG [1], Steffen MARX [1]
[1] Institut für Massivbau, TU Dresden
Dresden, Deutschland, raul.beltran@tu-dresden.de

Kurzfassung

Die zerstörungsfreie Prüfung von heterogenen Materialien wie Beton ist eine sehr komplexe Aufgabe. Die Streuung und Schallschwächung von Ultraschallwellen in diesen Materialien erschweren die Interpretation der durchgeführten Messungen. In der Vergangenheit wurden Methoden verwendet, die hauptsächlich die ballistische Komponente der Ultraschallsignale berücksichtigen. Es existieren jedoch auch Methoden wie die Codawelleninterferometrie, die sich auf den diffusen Anteil der Energieausbreitung konzentrieren. Bei realen Betonbauteilen mit begrenzten Abmessungen und hoher Streuung ist es jedoch schwierig, diese beiden Komponenten klar voneinander zu trennen. Unter diesen Bedingungen ist es problematisch, den Schädigungszustand eines Bauteils anhand nur einer Komponente zu beurteilen. Dieser Beitrag behandelt eine konsistente Modellierungsmethode zur Überwachung der Schädigungsentwicklung bei ermüdungsbeanspruchtem Beton, die sowohl die ballistische als auch die diffuse Komponente der Energieausbreitung von Ultraschallwellen berücksichtigt. Dabei wurde ein verallgemeinerter analytischer Ansatz auf der Grundlage der Strahlungstransporttheorie angewendet. Die Schädigungsentwicklung wurde hierbei durch bekannte Parameter wie den statischen und dynamischen Elastizitätsmodul sowie durch Energietransportparameter wie die Anfangsenergie E0, die mittlere freie Weglänge ls und die Absorptionslänge la vergleichend beschrieben. Diese Energietransportparameter wurden iterativ mithilfe einer Monte-Carlo-Methode für den Strahlungstransport berechnet. Unsere Ergebnisse zeigen, dass sich das Energieausbreitungsregime mit zunehmender Schädigung des Betons von einem vorwiegend ballistischen zu einem vorwiegend diffusen Regime ändert. Die Energie der Ultraschallwellen folgt dabei einer ähnlichen Tendenz wie der Elastizitätsmodul. Die vorgestellte Modellierungsmethode ist insbesondere auf die Energieausbreitung in Betonbauteilen mit endlichen Abmessungen anwendbar und eignet sich sowohl für das ballistische als auch das diffuse Energietransportregime. Somit kann die

Medien- und Publikationspartner

Methode an die spezifischen Messbedingungen von Bauteilen angepasst werden, bei denen die Entwicklung von Schädigungen beobachtet werden soll. Ein weiterer Vorteil der Nutzung von Energietransportparametern zur Schädigungsdetektion ist, dass die drei genannten Parameter eine ganzheitliche Bewertung der Ultraschallwellenausbreitung im Beton ermöglichen, die sich mit fortschreitendem Schädigungszustand entsprechend verändert.

Keywords:

Strahlungstransport, ballistische Regime, diffusive Regime, Ermüdungsversuch, Beton

TECHNISCHE UNIVERSITÄT DRESDEN

DRESDEN concept

Raúl Beltrán, Annalena Rodenberg, Steffen Marx
Institut für Massivbau, TU Dresden

Modellierung des Energietransports durch Ultraschallwellen in Beton

Ein Verfahren zur Bestimmung der Schädigung im Beton

SCHALL25 // 28.03.2025

MB Institut für Massivbau

Charakterisierung des Schädigungsprozesses

Verformung:

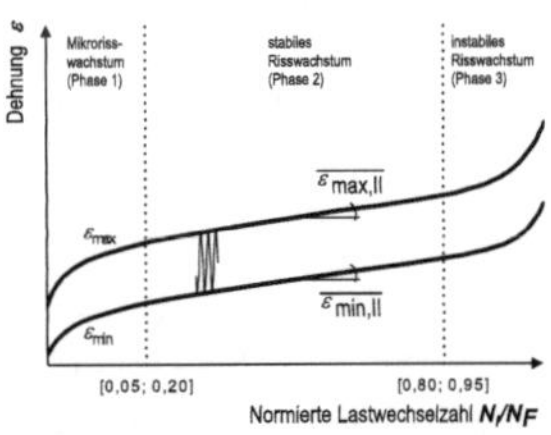

Dissipationsenergie:

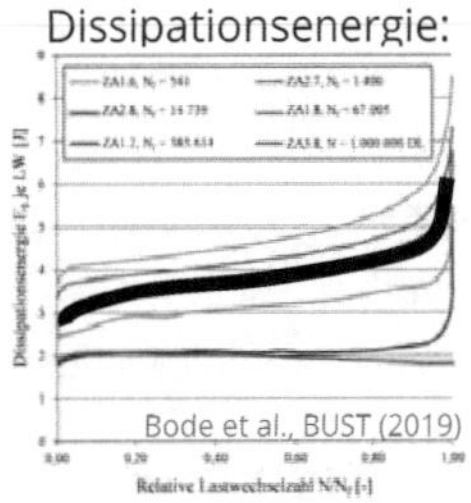

Schallemissionsaktivität:

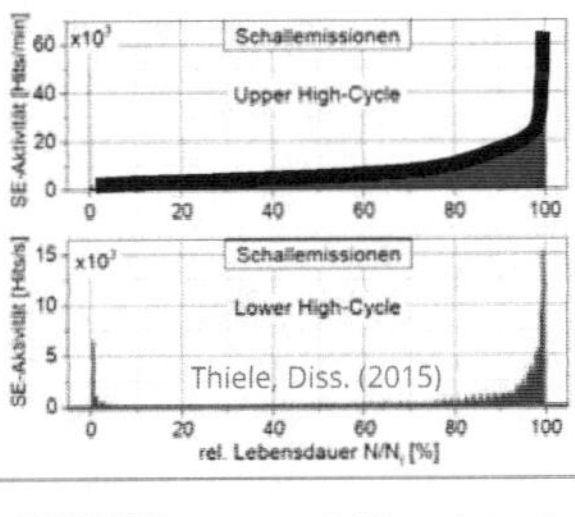

E-Modul:

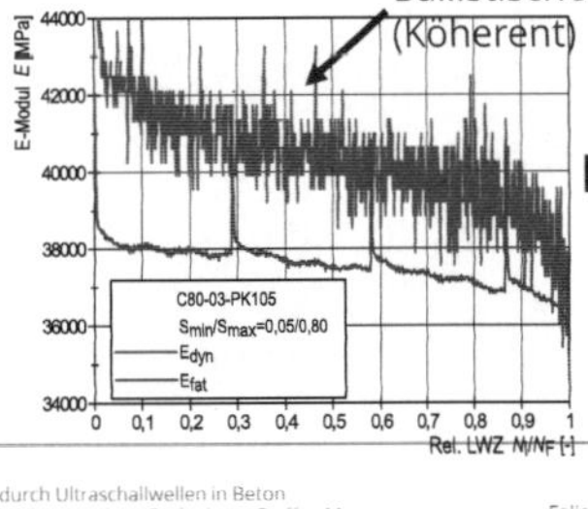

Ultraschallwelle:

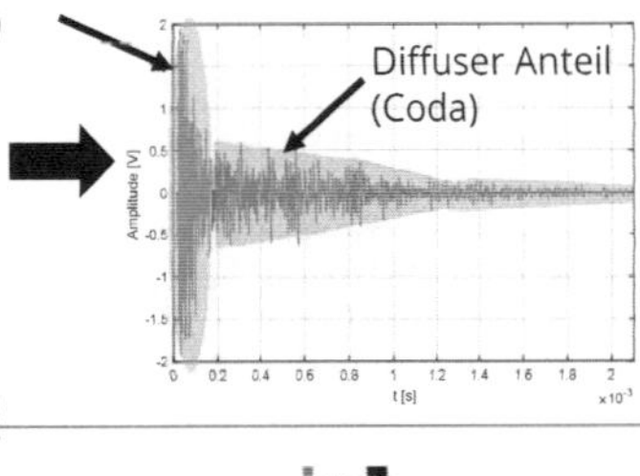

Diffusionsphänomene

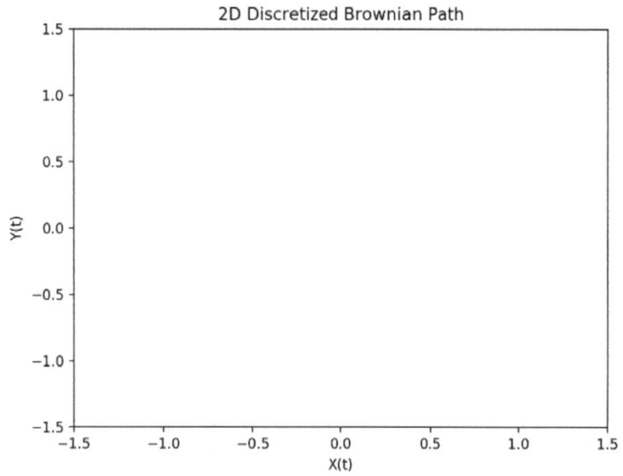

Ruocco 2018

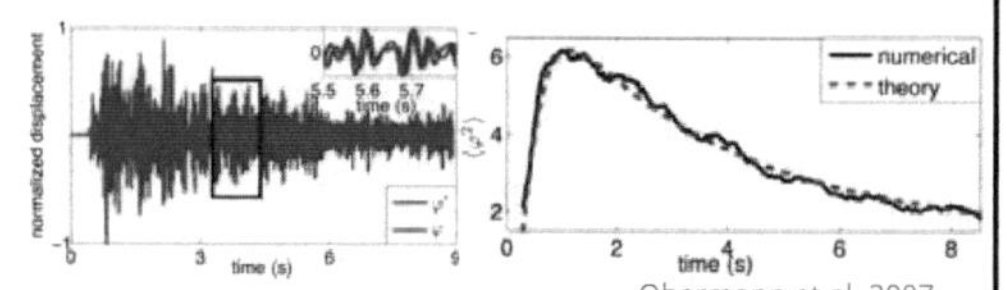

Obermann et al. 2007

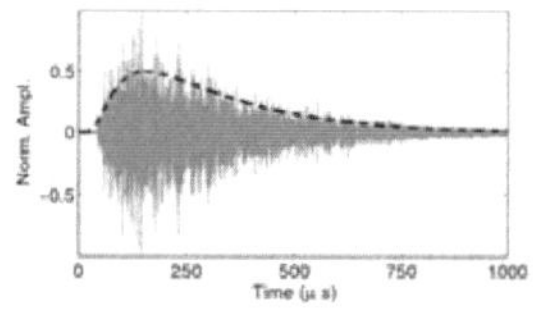

Hadziioannou et al. 2009

Anwendung der Diffusionstheorie im Beton

Herausforderungen:

1. Erschwerte Anwendung von Empfangssignalen im Hochfrequenzbereich (f_a > 500 kHz) aufgrund des Rauschpegels
2. Diffusionstheorie nicht geeignet für relativ kurze Messlängen und Tieffrequenzbereich (f_a < 500 kHz)
3. Probekörper der vorliegenden Untersuchungen haben endliche Abmessungen und einen hohen ballistischen Anteil (Fehler ca. 30 % bei Anwendung der Diffusionstheorie für unendliche Räume)
4. In geschädigtem Beton tritt eine verstärkte Wellenschwächung durch die Mikrorissbildung auf, sodass die Energieintensität stark gedämpft wird

Lösungsansatz:

- Anwendung der Strahlentransporttheorie zur Modellierung der Ausbreitung der Energiedichte im Beton als Schädigungsindikator.
- Berücksichtigung der diffusen und ballistischen Energieanteile der Welle

Annährung zur analytischen Lösung der Strahlentransporttheorie

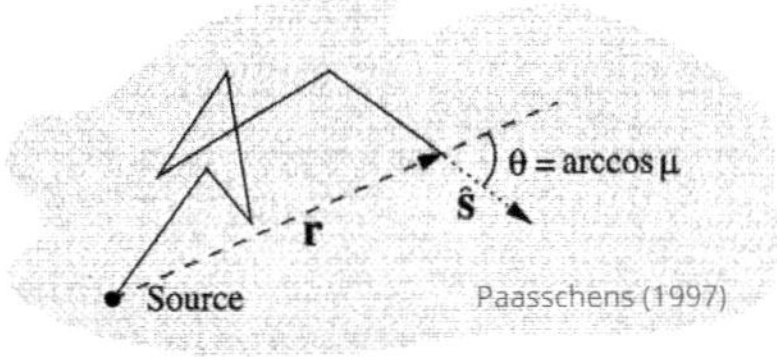

Berücksichtigung der Kombination von ballistischen und diffusen Anteilen der Welle

$$E(r,t) = \frac{E_0 \exp\left(-Vt\left(\frac{1}{l_s}+\frac{1}{l_a}\right)\right)}{V4\pi r^2}\delta\left(t-\frac{r}{V_0}\right) + \frac{(1-r^2/(V^2t^2))^{1/8}}{(4\pi l_s Vt/3)^{3/2}} E_0 \exp\left(-Vt\left(\frac{1}{l_s}+\frac{1}{l_a}\right)\right) \times G\left\{\frac{Vt}{l_s}\left[1-\frac{r^2}{V^2t^2}\right]^{\frac{3}{4}}\right\} H\left(t-\frac{r}{V}\right)$$

$$G(x) \approx \exp(x)\,(1+2.026/x)^{1/2}$$

Modellierung des Strahlentransports mit Monte-Carlo-Methoden

Merkmale der Modellierung:

- Konvergente Lösung für Strahlentransportprobleme
- Modellierung von ballistischen bis zu diffusen Anteilen möglich
- Eingangsdaten: Streuungsparameter E_0, l_s,l_a
- Modellierung jedes Energieteilchens (250 Mio.)

Beschreibung des Verfahrens: Ausbreitung eines Energieteilchens

- Zufällige anfängliche Ausbreitungsrichtung:
  - Abflugwinkel: $\vartheta_0 = \cos^{-1}(1 - 2U_1)$
  - Azimut: $\phi_0 = 2\pi U_2$
- Wahrscheinlichkeit einer Kollision (Gesteinskörnung, Poren, Riss): U_3
- Bewegung des Teilchens durch diskrete Intervalle Δt dargestellt
- Die Wahrscheinlichkeit dass das Teilchen auf ein Hindernis trifft und gestreut wird $\frac{\Delta t}{t_s}$
- Ist $\frac{\Delta t}{t_s} \geq U_3$?

  Nein: nächste Zeitschritt und Richtung bleibt

  Ja: nächste Zeitschritt und das Teilchen muss aufgrund der Streuung seine Richtung ändern

Zufallszahlen U_1, U_2, U_3 werden für jeden Zeitschritt neu berechnet

Scattering time $t_s = l_s/v_p$

Schritt 0

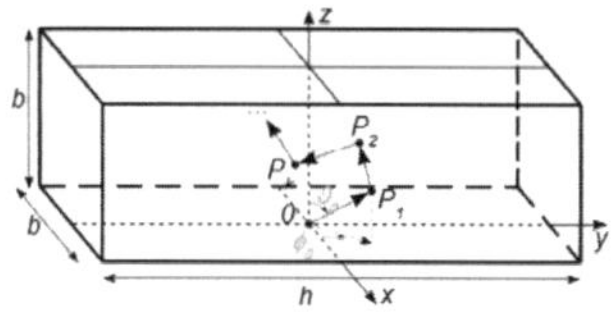

Schritt 1

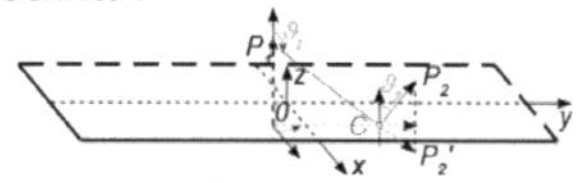

Energiequelle

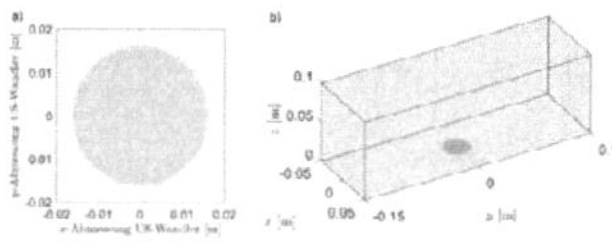

TECHNISCHE UNIVERSITÄT DRESDEN — Modellierung des Energietransports durch Ultraschallwellen in Beton, Institut für Massivbau / Raúl Beltrán M. Sc., Annalena Rodenberg, Steffen Marx, SCHALL25 // 27.03.2025 in Dresden — Folie 7 — MB Institut für Massivbau — DRESDEN concept

Auswertung des Energietransports

Ausbreitung der Energieteilchen

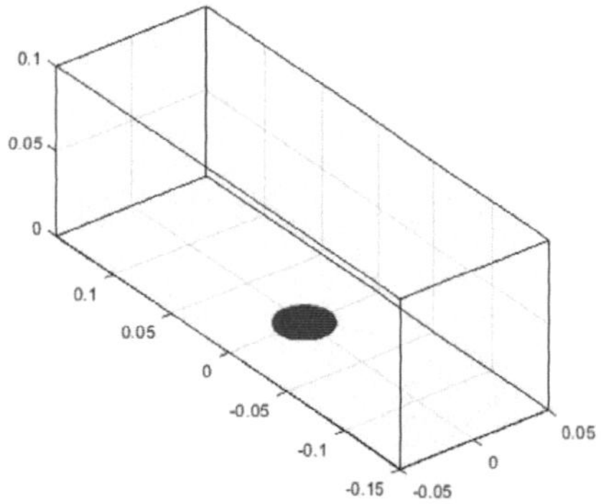

Modellierung des Empfängers

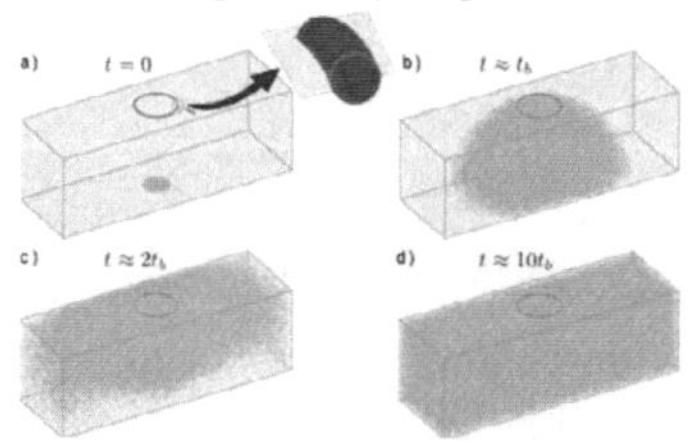

Ergebnis:

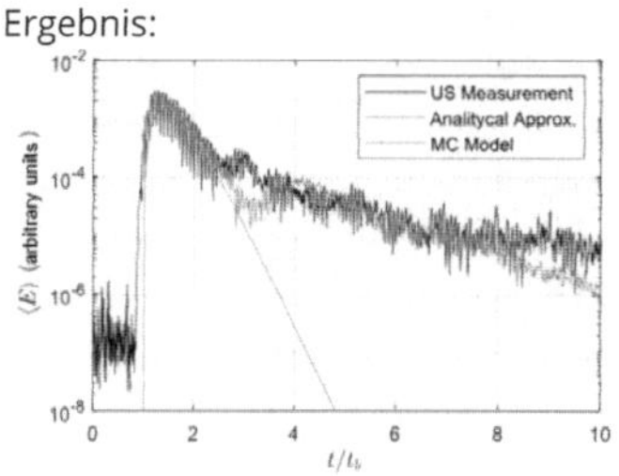

TECHNISCHE UNIVERSITÄT DRESDEN — Modellierung des Energietransports durch Ultraschallwellen in Beton, Institut für Massivbau / Raúl Beltrán M. Sc., Annalena Rodenberg, Steffen Marx, SCHALL25 // 27.03.2025 in Dresden — Folie 8 — MB Institut für Massivbau — DRESDEN concept

Messkonzept

- Kontaktfläche Empfänger Ø2 mm
- Kontaktfläche Sender Ø25 mm

Prisma 100x100x300 mm:

Draufsicht (Empfängerseite):

Kontaktfläche:

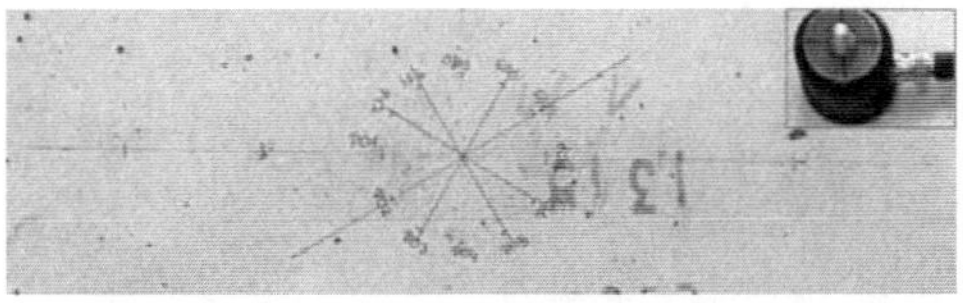

Sicht von Unten Senderseite:

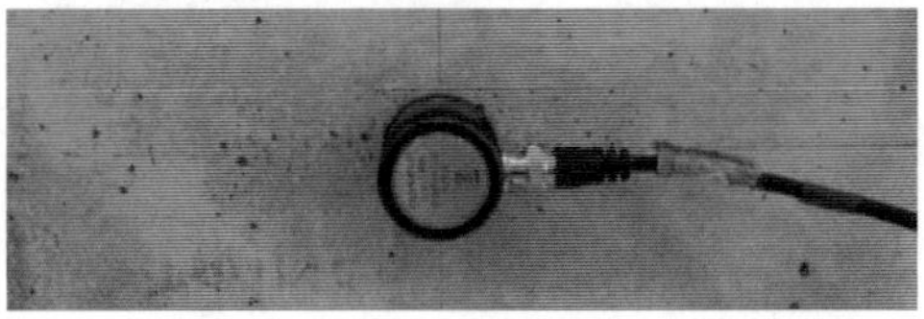

Auswertung

Untersuchung des Frequenzbereichs:

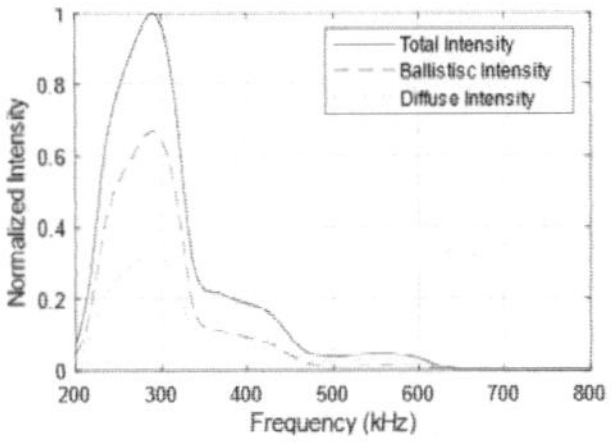

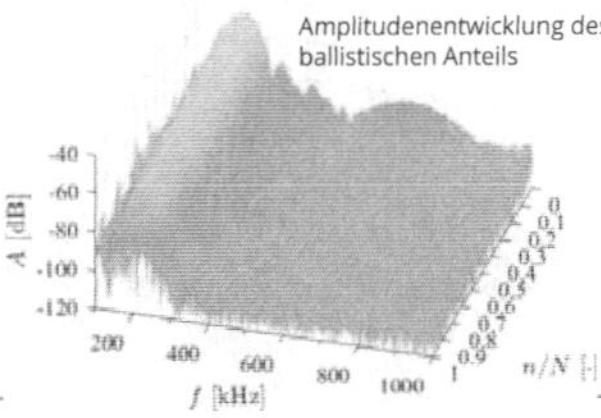

US-Messungen während der Lastpausen:

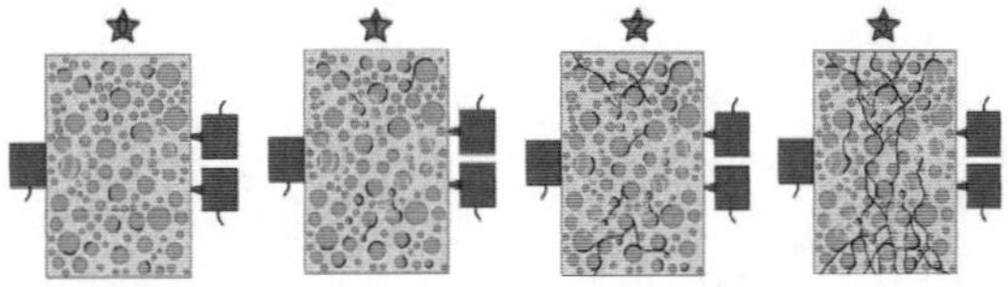

E_{cm} und E_{dyn} wurden ebenfalls bestimmt

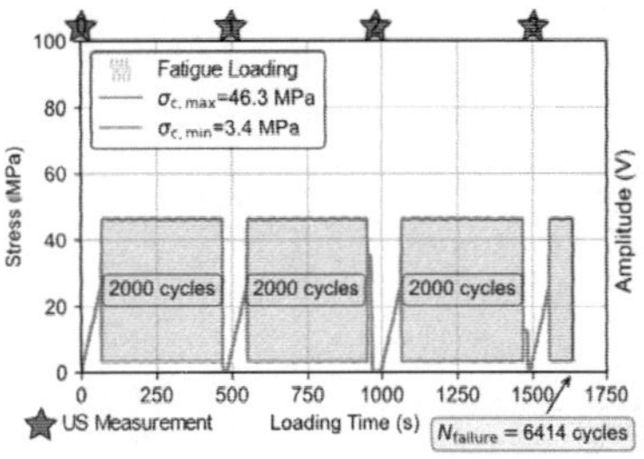

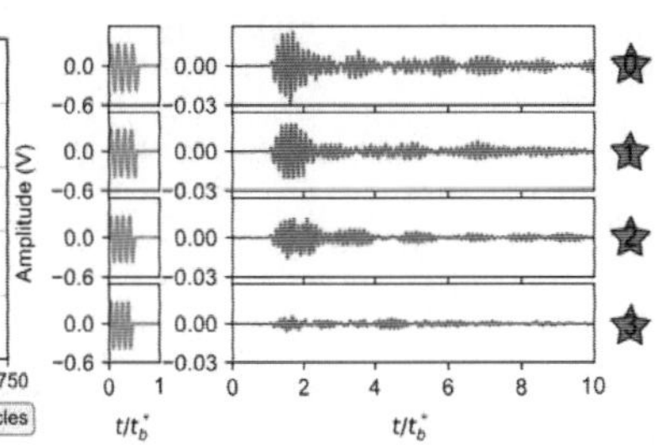

Entwicklung während des Ermüdungsversuchs

erfasste Energiedichte und analytische Annäherung nach Paaschens

Erfasste Energiedichte E_0:

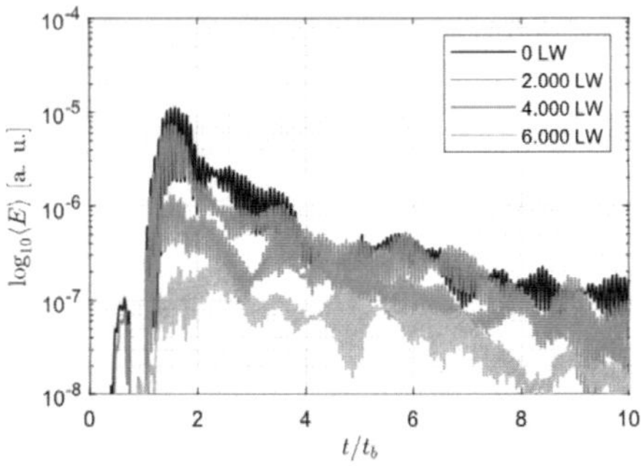

Analytische Annäherung nach Paaschens:

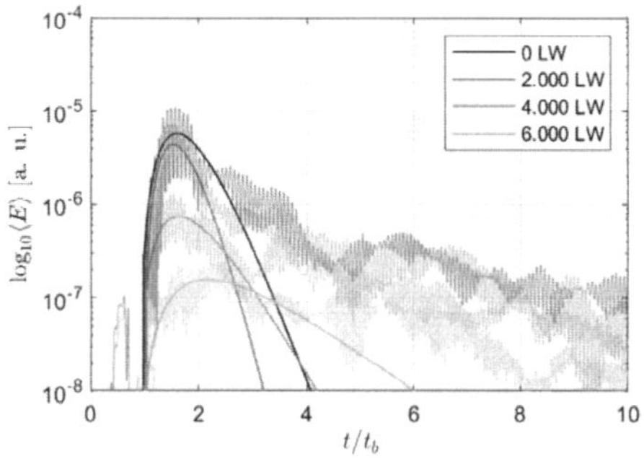

TECHNISCHE UNIVERSITÄT DRESDEN

Modellierung des Energietransports durch Ultraschallwellen in Beton
Institut für Massivbau / Raúl Beltrán M. Sc., Annalena Rodenberg, Steffen Marx
SCHALL25 // 27.03.2025 in Dresden

Folie 11

MB Institut für Massivbau

DRESDEN concept

Änderung der Energieausbreitung während des Ermüdungsversuchs

Ergebnisse der Monte-Carlo-Simulation vs. Ultraschallmessung

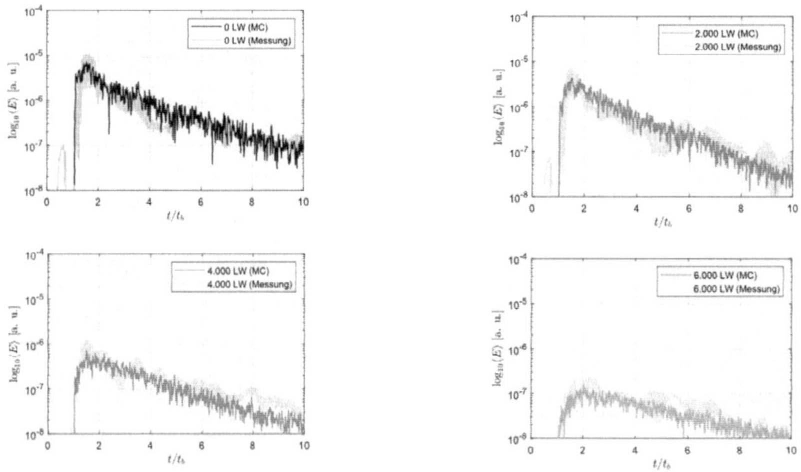

TECHNISCHE UNIVERSITÄT DRESDEN

Modellierung des Energietransports durch Ultraschallwellen in Beton
Institut für Massivbau / Raúl Beltrán M. Sc., Annalena Rodenberg, Steffen Marx
SCHALL25 // 27.03.2025 in Dresden

Folie 12

MB Institut für Massivbau

DRESDEN concept

Ergebnisse und Zusammenhang mit dem Steifigkeitsabfall

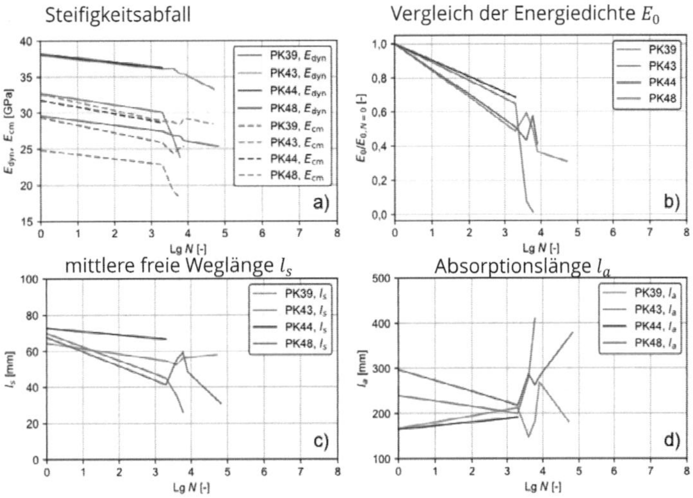

Schlussfolgerungen

1. Bei realen Betonbauteilen mit begrenzten Abmessungen und hoher Streuung ist es schwierig den ballistischen und diffusen Anteil der Energieausbreitung voneinander zu trennen.
2. Die Schädigung durch mechanische Beanspruchung führt zu einem Übergang von einem überwiegend ballistischen zu einem überwiegend diffusen Regime.
3. Die Energie der Ultraschallwellen folgt dabei einer ähnlichen Tendenz wie der Elastizitätsmodul.
4. Die vorgestellte Modellierungsmethode ist insbesondere auf die Energieausbreitung in Betonbauteilen mit endlichen Abmessungen anwendbar und eignet sich sowohl für das ballistische als auch das diffuse Energietransportregime.
5. Vorteil der Nutzung von Energietransportparametern zur Schädigungsdetektion ist, dass die drei genannten Parameter eine ganzheitliche Bewertung der Ultraschallwellenausbreitung im Beton ermöglichen.

Literatur

[1] Beltrán R, Rodenberg A, Marx S. Messung der Schädigung in ermüdungsbeanspruchtem Beton. Beton- und Stahlbetonbau. 2024;119(5):355-368. doi:10.1002/best.202300099

Vielen Dank für Ihre Aufmerksamkeit

Schallemissionsmessungen während eines Vier-Punkt-Biegeversuchs an einem Stahlbetonträger

Gerd MANTHEI[1], Manuel KOOB[1], Dennis BOHN[1], Niklas LINGNER[1], Jens MINNERT[1]
[1] THM · Technische Hochschule Mittelhessen, Gießen, Germany, gerd.manthei@me.thm.de

Kurzfassung. Vier-Punkt-Biegeversuche werden durchgeführt, um den Einfluss der Schertragfähigkeit von Stahlbetonträger zu untersuchen. Die Untersuchungen werden durch Schallemissionsmessungen begleitet und ermöglichen eine detaillierte Analyse des Rissbildungsprozesses. Die Ergebnisse der Messungen zeigen, dass die Schallemissionsaktivität unmittelbar nach Beginn der Belastung einsetzt. Während des Versuchs konnten ca. 3.500 Ereignisse anhand der automatischen Bestimmung der Ankunftszeiten von Longitudinal- und Transversalwellen lokalisiert werden. Die meisten Ereignisse treten im zentralen Bereich des Prüfkörpers innerhalb des Sensornetzwerks auf. Daher werden durch die Ereignisorte hauptsächlich die Biegezugrisse dargestellt. Der Querscherbruch, der zum endgültigen Versagen des Prüfkörpers führte, befand sich außerhalb der Sensoranordnung und wurde nicht detektiert. Aufgrund der Lokalisierungsunsicherheiten sind die Schallemissionsereignisse eher wolkenartig verteilt, sodass die makroskopischen Biegezugrisse nicht scharf abgebildet werden. Vielmehr zeigt die Schallemission, dass sich ein Rissnetzwerk aus vielen kleinen mikroskopischen Rissen im Zugbereich bildete, was zu einer sehr rauen und fragmentierten Rissmorphologie führte. Neben der konventionellen Ereignislokalisierung wurde die Collapsing-Methode angewendet, um bereits vorhandene Strukturen innerhalb der unscharfen Ereigniswolken hervorzuheben.

Keywords: Leonhardt-Balken, Schertragfähigkeit, Stahlbetonprüfkörper, Ereignislokalisierung, Collapsing-Methode

1. Einführung

Im Jahr 1962 führte F. Leonhardt experimentelle Untersuchungen an Stahlbetonbalken durch, um den Einfluss verschiedener Versagenskriterien zu analysieren. Seine Versuchsreihe, erstmals veröffentlicht in Heft 151 des Deutschen Ausschusses für Stahlbetonbau (DAfStb) [1], konzentrierte sich insbesondere auf die Schertragfähigkeit von Stahlbetonbalken mit und ohne Schubbewehrung.

https://doi.org/10.58286/30954

1984 wurden diese Experimente in der Vorlesungsreihe zum Massivbau von F. Leonhardt veröffentlicht. In dieser Reihe behandelt Leonhardt die Grundlagen, Materialeigenschaften und den Entwurf von Stahlbetonkonstruktionen. Die nachfolgende Diskussion bezieht sich auf die Themen der Vorlesung zum Massivbau, Teil 1 [2], in Bezug auf verschiedene Bruchkriterien. Zunächst wird der Versuchsaufbau betrachtet, wie in Abbildung 1 dargestellt. Dieser Aufbau entspricht einem Vier-Punkt-Biegetest, wie er von F. Leonhardt konzipiert wurde. Die Abbildung zeigt den auf Rollen gelagerten Stahlbetonbalken, auf den die Last ebenfalls über Rollen aufgebracht wird. Die genauen Abmessungen und die Wahl der Bewehrung sind für die Art des nachfolgend beschriebenen Versagens nicht relevant. Diese Referenz bezieht sich auf die von F. Leonhardt durchgeführte Versuchsreihe zum Schubbruchversagen. Die zuerst auftretende Versagensart eines Stahlbetonbalkens hängt im Wesentlichen vom Bewehrungsgrad ab.

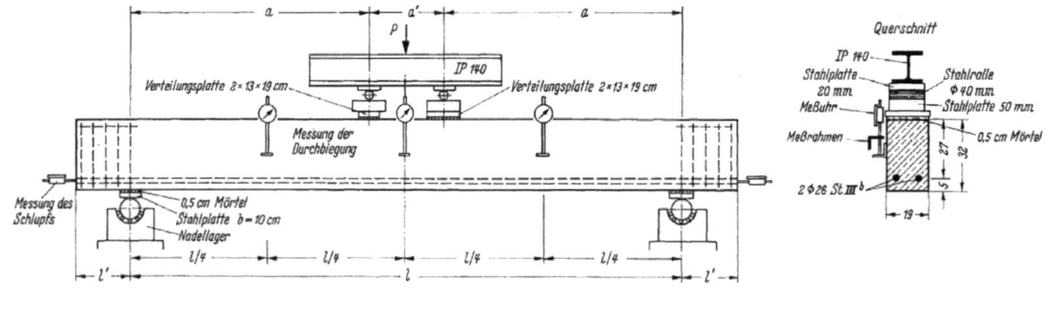

Abb. 1. Grundlegender Versuchsaufbau der experimentellen Untersuchungen von F. Leonhardt [2].

Zusätzlich zum Vier-Punkt-Biegetest spielt die Schallemissionsanalyse (SEA) eine entscheidende Rolle bei der Beurteilung der strukturellen Integrität von Betonbalken. Die SEA ist eine zerstörungsfreie Prüfmethode zur Detektion und Überwachung von Rissen und anderen Defekten in Betonelementen. Die Anwendung SEA liefert tiefere Einblicke in das Verhalten von Beton unter Belastung und erhöht die Zuverlässigkeit von Zustandsbewertungen. Während des Vier-Punkt-Biegetests wurden SE-Messungen zur Echtzeitüberwachung von Rissen und anderen Defekten eingesetzt. Die Integration der SEA in den Biegetest verbessert die Materialprüfung erheblich. Durch die frühe Erkennung und präzise Lokalisierung von Rissen können Ingenieure potenzielle Probleme rechtzeitig identifizieren und beheben. Dies führt zu einer erhöhten Sicherheit und Langlebigkeit von Betonstrukturen. Die Kombination beider Methoden stellt einen wesentlichen Fortschritt in der Strukturanalyse und -überwachung dar.

2. Versuchsaufbau

2.1 Prüfkörper

Im Material- und Bauteilforschungszentrum der Technischen Hochschule Mittelhessen (THM) in Gießen wird ein 2,25 m langer, 0,18 m breiter und 0,27 m hoher Stahlbetonbalken für den Vier-Punkt-Biegetest verwendet (siehe Abb. 2). Der Abstand zwischen den unteren und oberen Auflagern beträg 2,08 m bzw. 0,66 m. Die Bewehrung besteht aus vier Stählen mit einem Durchmesser von 16 mm und zwei Stählen mit einem Durchmesser von 8 mm an der Unter- bzw. Oberseite. Die Längsbewehrung wird so angeordnet, dass ein Versagen durch Bewehrungsbruch vermieden wird. Der Bereich, in dem die SE-Sensoren installiert sind, ist grün markiert.

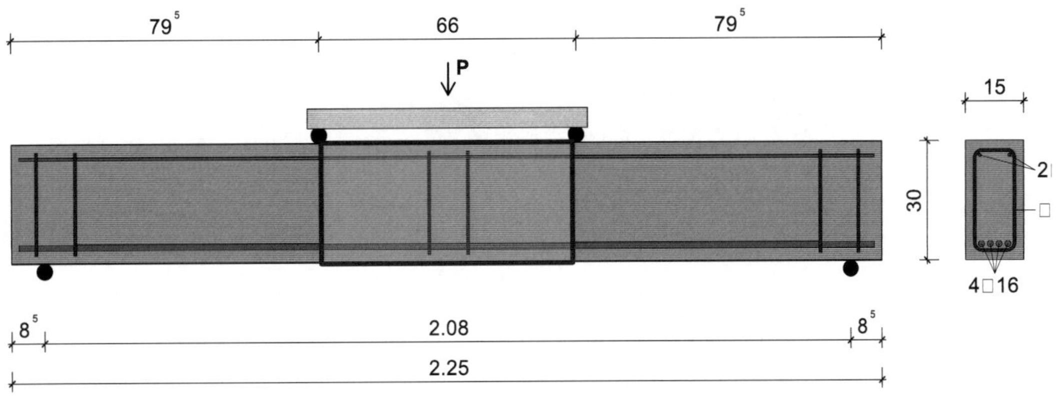

Abb. 2. Versuchsaufbau der Vierpunktbiegeversuche mit den Abmessungen des Balkens und dem Bewehrungsplan.

2.2 Messtechnik

SE-Messungen wurden erfolgreich zur Risserkennung an großformatigen Laborproben aus Stahlbeton unter statischer und dynamischer Belastung eingesetzt [3–5]. Eine gute Übersicht über diese Arbeiten wurde auf dem 20. WCNDT in Korea vorgestellt [6]. Alle diese Anwendungen umfassen 16 SE-Sensoren zur Rissdetektion und dreidimensionalen Lokalisierung der SE-Ereignissen. Die Sensoren werden an zugänglichen Oberflächen des Prüfkörpers angebracht. Bei den hier beschrieben Messungen befanden sich die SE-Sensoren im zentralen Bereich des Betonbalkens, zwischen den oberen Krafteinleitungsstellen, mit einem Abstand von etwa 660 mm (grüner Bereich in Abb. 2). In diesem Bereich treten die größten Deformationen mit Rissbildung auf. Die Sensoren werden mit Schrauben am Prüfkörper befestigt. Zur Verbesserung der akustischen Kopplung befindet sich ein hochfestes Vakuumfett zwischen den Sensoren und der Probenoberfläche. Zum Einsatz kommen speziell entwickelte Breitbandsensoren für Beton mit einer Messfrequenz von bis zu etwa 200 kHz. Die Messungen erfolgen mit einem 16-kanaligen SE-Messsystem für kombinierte SE- und US-Messungen (Hersteller: GMuG). Dieses digitalisiert die Signale mit einer sehr hohen Abtastrate von 10 MHz bei einer Amplitudenauflösung von 16 Bit. Die Signale werden zunächst um 40 dB (Faktor 100) vorverstärkt und anschließend bandpassgefiltert. Die untere und obere Grenzfrequenz des Bandpasses sind auf 20 kHz bzw. 200 kHz eingestellt.

3. Ergebnisse der SE-Messungen

3.1 SE-Aktivität

Während des Vier-Punkt-Biegeversuchs wurden mehr als 10.000 SE-Ereignisse aufgezeichnet. Es wurden nur diejenigen Ereignisse berücksichtigt, deren maximale Amplitude eine festgelegte Auslöseschwelle überschritten hat. Jeder Kanal verfügt über eine eigene Triggererkennung. Die SE-Signale wurden abgespeichert, sobald das Eingangssignal eines beliebigen Kanals die festgelegte Triggerschwelle überschritten hat. Das Triggerniveau wurde bei allen Kanälen auf 2,5 % gesetzt. Dies entspricht 50 mV bei einem Eingangsbereich von 2 V nach einer Vorverstärkung von 40 dB. Abbildung 3 zeigt die zeitliche Entwicklung der kumulativen SE-Aktivität (rot) und der Kraft (schwarz) in Abhängigkeit von der Zeit. Abgesehen von einigen wenigen Ereignissen zu Beginn, setzt die Aktivität bei etwa 40 kN ein (entspricht 38 % der maximalen Kraft von 105 kN) und nimmt bis zum Versagen der Probe zu.

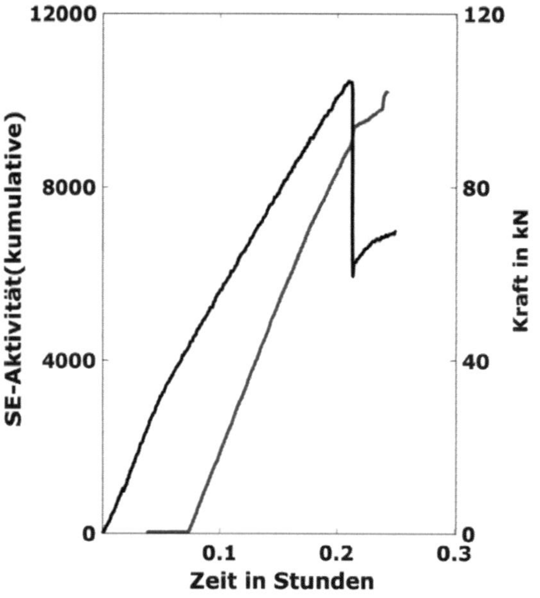

Abb. 3. Kumulative SE-Aktivität und Kraft über die Zeit.

3.2 SE-Ereignislokalisierung

Der Schwerpunkt der Analyse liegt auf der dreidimensionalen Lokalisierung der SE-Ereignisse, um die räumliche Verteilung der Mikrorisse zu bestimmen. Hierfür wird ein von GMuG entwickelter automatisierter Lokalisierungsalgorithmus verwendet. Dabei werden die Ankunftszeiten der longitudinalen (L) und transversalen (T) Welle automatisch erfasst, wobei ein spezifischer Amplitudenschwellenwert abhängig vom Signal-Rausch-Verhältnis genutzt wird. Abbildung 4 zeigt die an allen 16 Sensoren gemessenen Signale eines Ereignisses in einem Zeitbereich von ungefähr 1,6 Millisekunden.

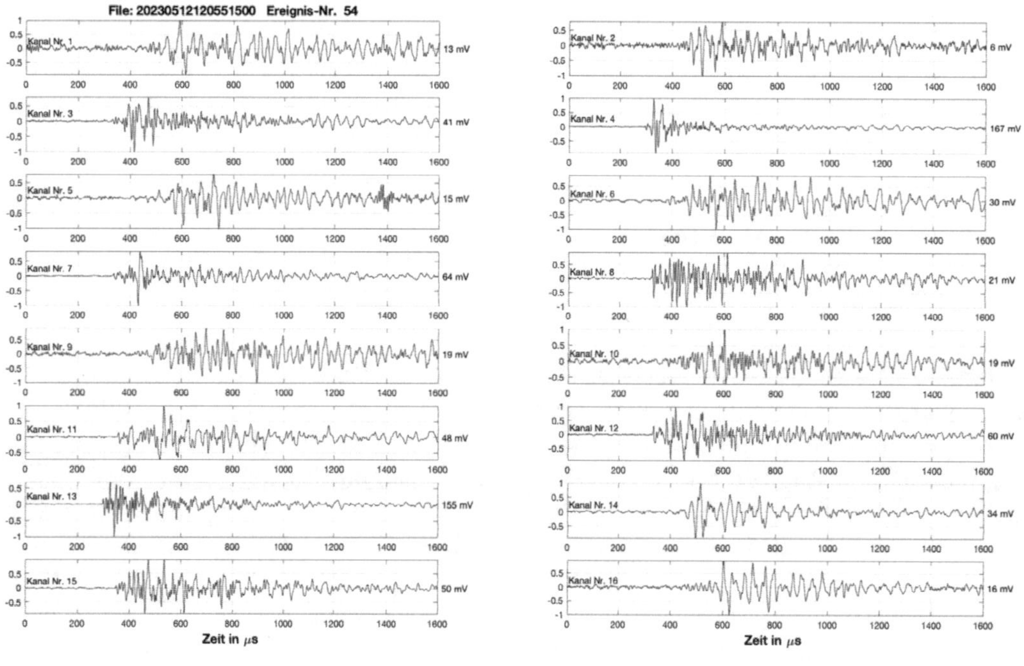

Abb. 4. Wellenformen der 16 Sensoren während des Vier-Punkt-Biegens eines Stahlbetonbalkens. Die maximalen Amplituden in Millivolt sind am Ende der Spuren angegeben.

Die maximalen Amplituden in Millivolt sind am Ende der Spuren angegeben. Da die Signale ein gutes Signal-Rausch-Verhältnis und klare Einschwingamplituden aufweisen, ist eine automatische Lokalisierung möglich. Eine Lokalisierung wird als gültig angesehen, wenn der berechnete Lokalisierungsfehler unterhalb eines festgelegten Schwellenwerts von wenigen Millimetern oder Zentimetern liegt und das Ereignis mit einer Mindestanzahl an L- und T-Wellen-Ankunftszeiten lokalisiert wird. Der berechnete Lokalisierungsfehler ist das Residuum, also der Mittelwert der Abweichungen zwischen gemessenen und theoretischen Ankunftszeiten. Zugelassen werden alle Ereignisse, die mit mindestens sechs Ankunftszeiten und einem Fehler kleiner als 5 cm geortet wurden. Ereignisse, die diese Kriterien nicht erfüllten, werden verworfen.

Abbildung 5 stellt die Wellenformen dar, analog zu Abbildung 4, mit den automatisch bestimmten Ankunftszeiten der L- und T-Welle, die für die Ereignislokalisierung verwendet werden.

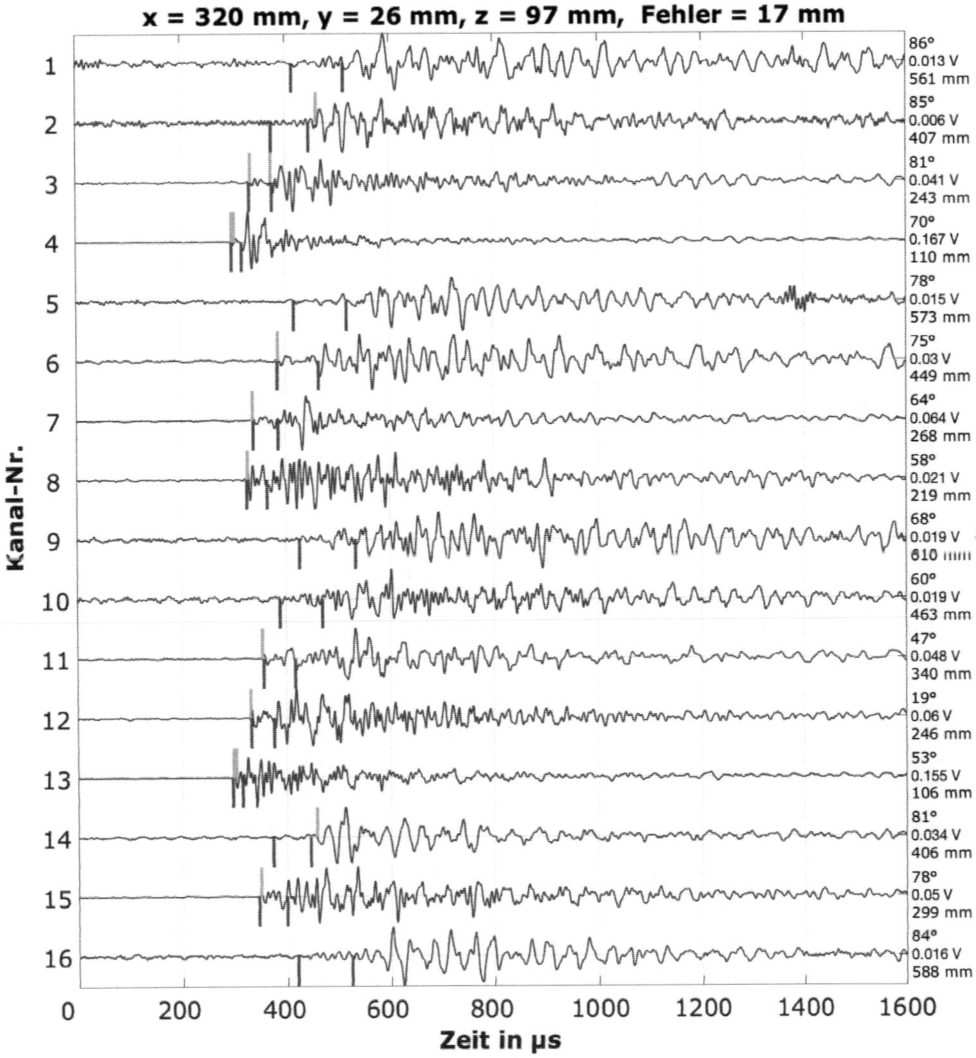

Abb. 5. Signale eines Ereignisses an 16 SE-Sensoren gemessen, wie in Abbildung 4 dargestellt. Das Ereignis wurde unter Verwendung von neun L-Wellen- und drei T-Wellen-Einschwingpunkten lokalisiert (grüne vertikale Linien). Die roten vertikalen Linien zeigen die berechneten Ankunftszeiten der L- und T-Wellen.

Die nach der Ortung berechneten Ankunftszeiten der L- und T-Welle sind unterhalb des Signalzuges durch einen roten vertikalen Strich markiert. Das gezeigte SE-Ereignis wurde mit neun L- und zwei T-Welleneinsatzzeiten geortet. Zur Ortung wurden die gemessene L-Wellengeschwindigkeit von 3,9 mm/µs und T-Wellengeschwindigkeit von 2,3 mm/µs verwendet. Das Ereignis hat die Koordinaten x = 320 mm, y = 26 mm und z = 97 mm und befindet sich damit in der Nähe des linken Krafteinleitungspunkts in der oberen Hälfte der Probe. Der berechnete Lokalisierungsfehler beträgt 17 mm. Die gute Übereinstimmung zwischen den markierten und berechneten Ankunftszeiten deutet darauf hin, dass die tatsächliche Lokalisierungsgenauigkeit im Bereich des berechneten Fehlers liegt. Insgesamt konnten 3.491 Ereignisse mit mindestens sechs L- und T-Wellen-Ankunftszeiten lokalisiert werden. Abbildung 6 zeigt ein Histogramm des Ortungsfehlers. Die Fehler folgen einer gaußschen Verteilung mit einem Mittelwert von 23 mm und einer Standardabweichung von ±4 mm. Dies weist darauf hin, dass die Abweichungen weitgehend zufälliger Natur sind.

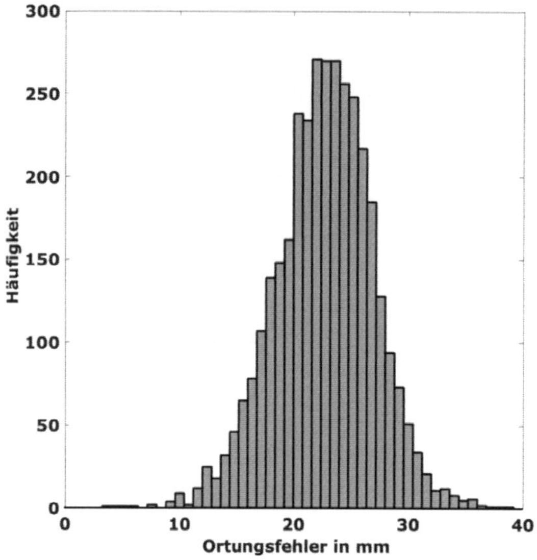

Abb. 6. Histogramm der Ortungsfehler mit einem Mittelwert von 23 mm und einer Standardabweichung von ±4 mm.

Zur Herausarbeitung von Strukturen innerhalb von diffus verteilten SE-Ereignissen wird die von Jones und Stewart [7] erstmals beschriebene Collapsing-Methode angewendet. Vor der Anwendung dieser Methode werden systematische Lokalisierungsunsicherheiten, die auf Fehler bei der Bestimmung der Einsatzzeiten oder des verwendeten Geschwindigkeitsmodells zurückzuführen sind, korrigiert. Eine detaillierte Beschreibung findet sich bei Moriya et al. [8] und Manthei et al. [9]. Nach Jones und Stewart gibt das Fehlerellipsoid eines bestimmten SE-Ereignisses an, in welchem Bereich sich die Ereignisposition verschieben lässt, ohne dass sich die Laufzeitresiduen signifikant ändern. In der hier angewandten Vorgehensweise erfolgt die Verschiebung innerhalb des Fehlerellipsoids des jeweiligen Ereignisses in Richtung des Massenschwerpunkts aller Ereignisse innerhalb desselben Fehlerellipsoids. Die Verschiebung wird als Distanz zwischen der ursprünglichen und der aktuellen Position in Standardabweichungen des Fehlerellipsoids angegeben. Zur Überprüfung der Übereinstimmung der Verteilung der Verschiebungen mit der χ_3^2-Verteilungen wird der Kolmogorov-Smirnow-Tests (KS-Test) angewendet, der auf der maximalen Differenz in der kumulierten Wahrscheinlichkeitsverteilung basiert. Das Collapsing ist ein iteratives Verfahren und wird so lange wiederholt, bis die Abweichung zwischen der beobachten und erwartenden Verteilung kleiner als 1% beträgt. Die Anwendung auf die hier beschriebenen SE-Ereignisse wurde über nur zwei Iterationen durchgeführt, bis eine zufriedenstellende Übereinstimmung zwischen den Verschiebungen der Ereignisse und der χ_3^2-Verteilung erreicht wurde, wie in Abbildung 7 dargestellt.

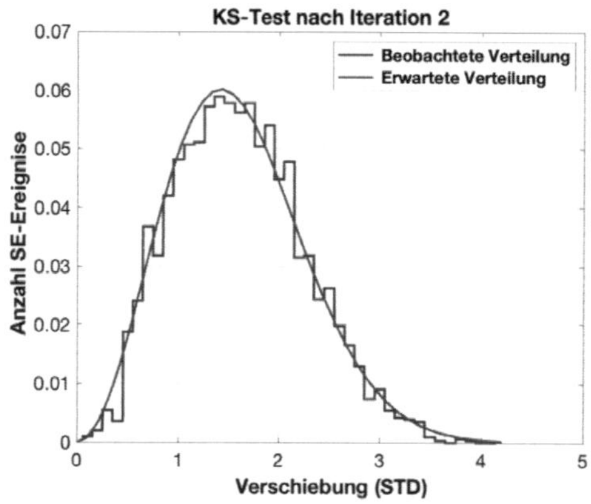

Abb. 7. Histogramm der Verteilung der Verschiebungen, die bei Anwendung der Collapsing-Methode erhalten wurden (Ergebnis nach zwei Iterationen). Die Verschiebungen sind in Standardabweichungen (STD) ausgedrückt. Die durchgehende rote Kurve zeigt die in der Methode angestrebte χ_3^2-Verteilung.

Abbildung 8 und 9 zeigen die Lage der SE-Ereignisse nach Anwendung der Collapsing-Methode in einer perspektivischen Ansicht von oben (Abb. 8) und in Projektion auf die drei Koordinatenebenen (Abb. 9) in einer Draufsicht (x-y-Ebene) und zwei Seitenansichten (x-z-Ebene und y-z-Ebene).

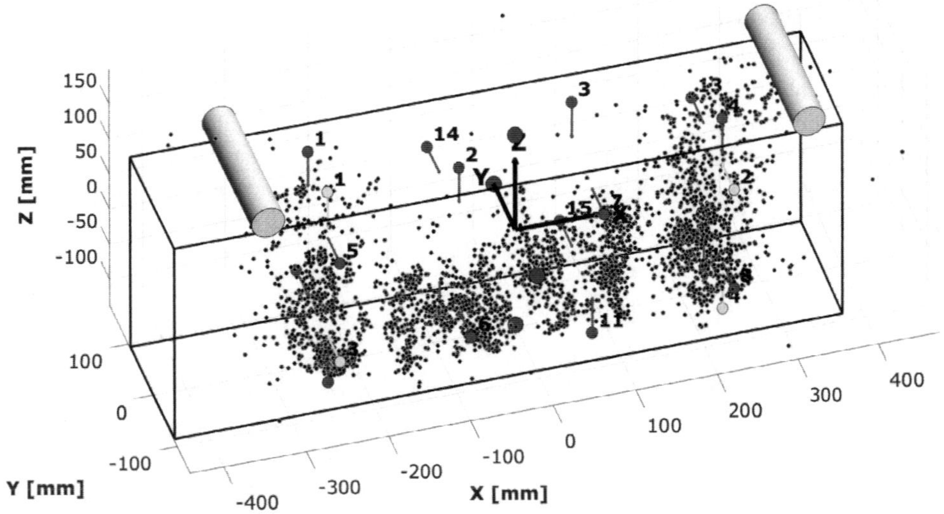

Abb. 8. Perspektivische Ansicht der Ereignisse (blaue Punkte) mit Blick von oben. Die Positionen der SE-Sensoren und (rot), Sendern (gelb) und Bleistiftminenbrüchen (blau) in der Mitte (±300 mm) des Biegebalkens.

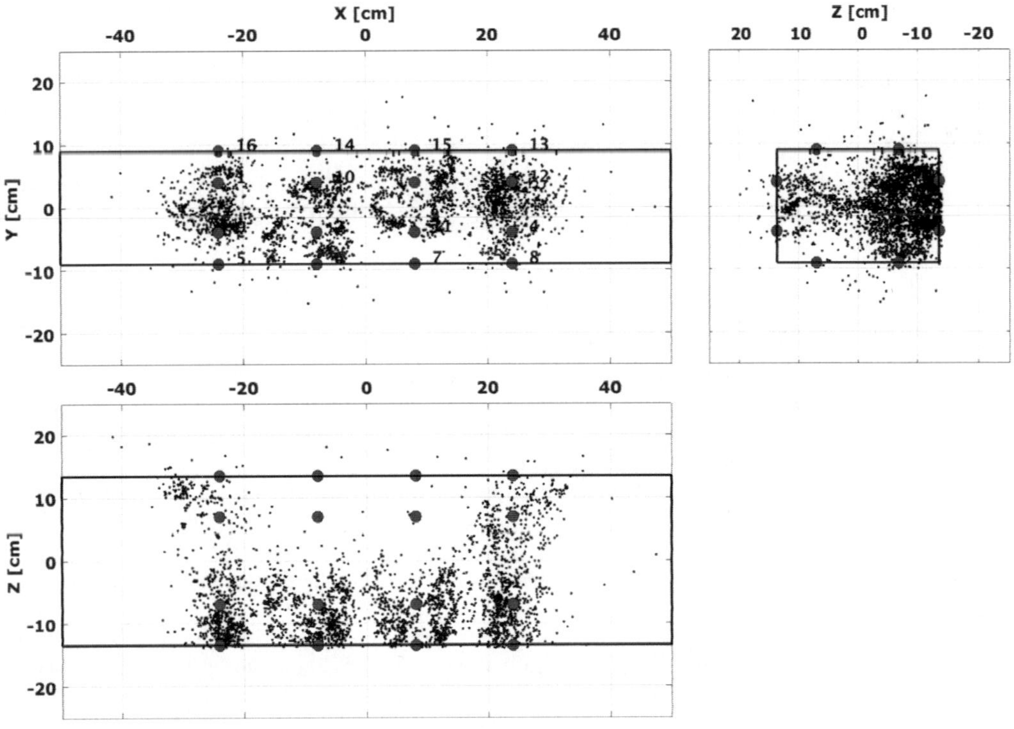

Abb. 9. Projektion der SE-Ereignisse (schwarze Punkte) in einer Draufsicht (x-y-Ebene) und zwei Seitenansichten (x-z-Ebene und y-z-Ebene). Die Kontur der Probe wird durch schwarze Linien dargestellt; die Positionen der SE-Sensoren durch rote Punkte.

In beiden Abbildungen ist die Kontur des Prüfkörpers durch schwarze Linien dargestellt. Der Ausschnitt in beiden Abbildungen beschränkt sich auf den Bereich zwischen den Krafteinleitungsstellen (graue Zylinder in Abb. 8) mit den Koordinaten von x = –330 mm bis x = +330 mm. Die Lage der SE-Sensoren und Ultraschallsendern ist durch rote bzw. gelbe Punkte gekennzeichnet. Der Ort, an dem Testsignale durch Bleistiftminenbruch erzeugt wurden, ist durch einen blauen Punkt gekennzeichnet. Das Koordinatensystem ist so orientiert, dass die z-Achse vertikal verläuft. Der Ursprung des Koordinatensystems liegt im Zentrum des Biegebalkens (schwarze Pfeile). Die Pfeile an den roten und gelben Punkten in Abbildung 8 geben die Richtungsempfindlichkeit des jeweiligen Empfängers bzw. Senders an. Die Abbildungen zeigen, dass die Ereignisse überwiegend im unteren Teil des Biegebalkens in der Zugzone auftreten. Insgesamt sind sechs etwa 10 cm breite vertikale Streifen zu erkennen. Einige wenige Ereignisse treten im oberen Teil des Balkens auf, wo die Kraft eingeleitet wird.

4. Zusammenfassende Diskussion

Diese Arbeit präsentiert ein Experiment an einem Stahlbetonbalken ohne Schubbewehrung. Der Betonbalken wurde in einer Vier-Punkt-Biegeprüfmaschine getestet, und die Rissbildung mit SE-Messungen erfasst. Die SE-Aktivität beginnt unmittelbar mit der Biegebelastung. Die Ergebnisse zeigen, dass die Ereignisse überwiegend in der Zugzone entstehen, da es hier zur Überschreitung der Betonzugfestigkeit kommt. Im Verlauf der Versuchsdurchführung zeigte sich eine sehr intensive SE-Aktivität durch das Wachstum der Biegerisse auftritt. Bei weiterer Belastung entstehen in der Zugzone weitere kleine Biegerisse, die zu zusätzlichen makroskopischen Rissen parallel zum ersten Hauptriss führen. Der Querschubriss, der beim ultimativen Versagen des Probekörpers auftritt, liegt außerhalb der Sensoranordnung und wird aufgrund seiner geringen Sensitivität nicht erfasst. Aufgrund des Lokalisierungsfehlers sind die Ereignisse eher in Wolken verteilt, wodurch die makroskopischen Biegezugrisse durch SE-Lokalisierung nicht ganz so scharf abgebildet werden. Die Anwendung der Collapsing-Methode zeigte, dass die Ereignisse stärker gebündelt werden. Vielmehr zeigt die Schallemission an, dass sich ein Rissnetzwerk aus vielen kleinen Mikrorissen im Zugbereich gebildet hat, was zu einer rauen und sehr ungleichmäßigen Rissmorphologie führt.

Literatur

[1] Leonhardt, F., Walther, R.: Schubversuche an einfeldrigen Stahlbetonbalken mit und ohne Schubbewehrung. Berlin: Ernst 1962.

[2] Leonhardt, F., Mönnig, E.: Vorlesungen über Massivbau. Teil 1: Grundlagen zur Bemessung im Stahlbetonbau. Berlin, Heidelberg: Springer Berlin Heidelberg 1984.

[3] Manthei, G., Koob, M., Minnert, J.: Acoustic Emission Measurements During a Tensile Fatigue Test in Reinforced Concrete. 33rd European Conference on Acoustic Emission Testing, 12-14 September, Senlis, France, 2018.

[4] Manthei, G., Koob, M., Walther, M., Minnert, Jens, Moriya, H.: Acoustic Emission Measurements During Three-Point Bending Fatigue Test on a Prestressed Reinforced Concrete Railroad Sleeper. Progress in Acoustic Emission XIX Proc. International Acoustic Emission Conference, Sapporo, Japan, 1–9, 2018.

[5] Manthei, G., Walther, M., Minnert, J.: Investigation of Crack Formation During Long-Term Acoustic Emission Measurements on a Reinforced Concrete Railroad Switch Sleeper in the Context of Structural Health Monitoring. In: Rizzo, P., Milazzo, A. (Hg.): European Workshop on Structural Health Monitoring. Cham: Springer International Publishing, 609–618, 2023.

[6] Manthei, G., Koob, M., Walther, M., Minnert, J.: Analysis of the Structural Behavior of Reinforced Concrete Components with Acoustic Emission Analysis. 20th World Conference on Non-Destructive Testing Songdo Convensia, Incheon, Korea, 27–31 May, 2024.

[7] Jones, R.H. and R.C. Stewart, A method for determining significant structures in a cloud of earthquakes, Journal of Geophysical Research, 102, 8245–8274, 1997.

[8] Moriya, H., Manthei, G., Mochizuki, S., Asanuma, H., Niitsuma, H., Jones, R. H., and Eisenblätter, J., 2002: Collapsing method for delineation of structures inside AE Cloud associated with compression test of salt rock specimen, 16th International Acoustic Emission Symposium, November 12-15, Tokushima, Japan, 282–289, 2002.

[9] Manthei, G., Moriya, H., Jones, R., H., Niitsuma, H., Eisenblätter, J., 2003: Anwendung der Collapsing-Methode zur Erkennung von Strukturen in wolkenartig verteilten Ortungsanhäufungen in einer Steinsalzprobe, Bull. German Geophys. Sc., Nr. 1, 2-12, 2003.

Success in Safeguarding Post Tension Structures

Apostolos TSIMOGIANNIS[1], Jon WATSON[2]
[1] GMA-MISTRAS, Stade, Germany, a.tsimogiannis.ext@mistrasgroup.com
[2] MISTRAS, UK, jon.watson@mistrasgroup.com

Abstract

The use of Acoustic Emission (AE) to detect in-service high tensile load wire-break in post tension structures dates to the mid-1990s. Over the past 30 years we have seen continuous improvement, and standardisation of this AE technique leading to application maturity, with over 50 post tension monitoring projects carried out to date.

The use of AEM on post tension structures is largely focused upon post war structures, where there is increased recognition of the limitations of conventional bridge assessments to detect hidden critical defects within the concrete, and the need for online surveillance.

In this presentation, we will share the successful use of AE on different types of post tension structures with several important results, including validated wire breaks. Key success factors will be considered, looking at the role and importance of people, process and products (3P's).

Keywords:
Acoustic Emission, Post Tension, Wire Break, Bridge, Monitoring

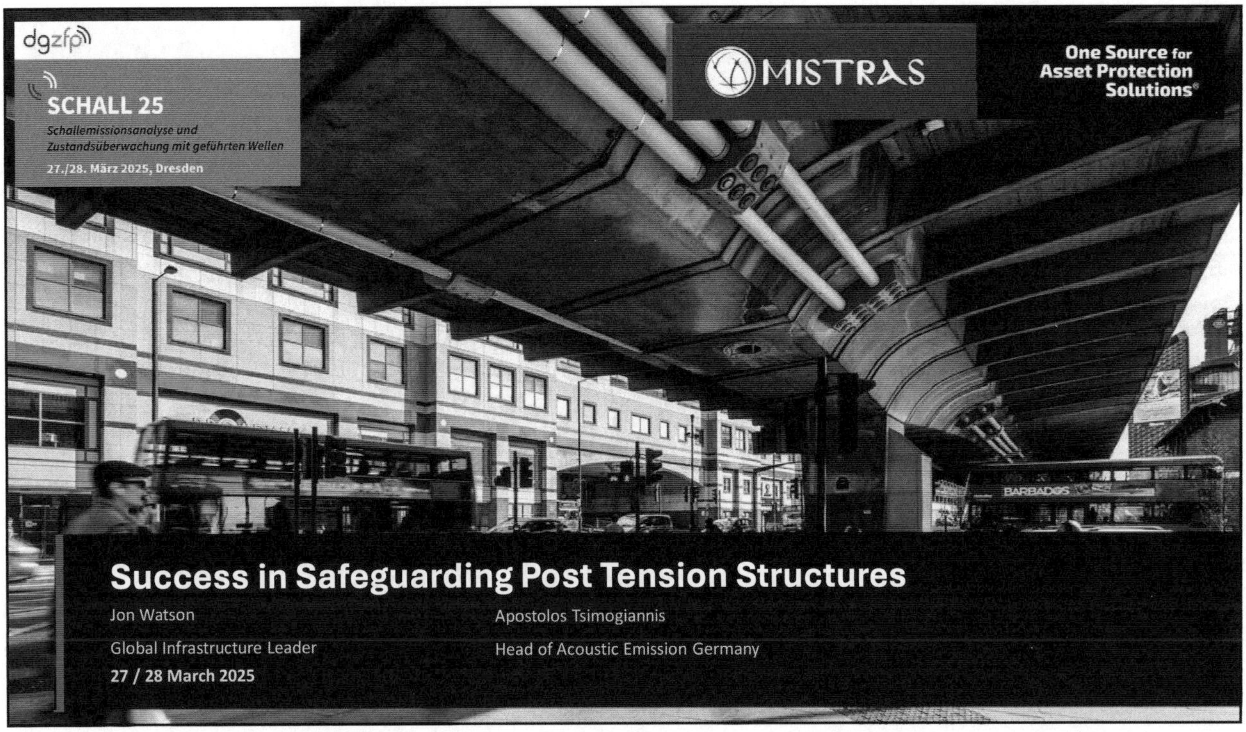

Summary

- The Risk of Post Tension Bridges
- Mechanism of high-tension wire break
- History of use (summary of bridges and types)
- Acoustic Emission monitoring for wire break
  - Products
  - Process
  - People
- Project Example
- Summary

The Risk of Post Tension Bridges

- Embedded high tensile steel cables are critical elements for structural capacity, which keep the concrete in compression
- Poor construction and bridge maintenance can accelerate cable deterioration, which is completely hidden
- Reliance on ineffective but legally required visual inspection and limited intrusive inspection
- Budget and difficult access create barriers for inspection
- ANDT is effective in finding duct voids but is often not 100% volumetric
- Inaccurate assessment of risk, lead to late detection of significant defects and collapse
- Bridges are getting older, risk is increasing

Carolabrücke across the river Elbe in Dresden, 11th September 2024

Acoustic Emission (AE) Wire Break Monitoring

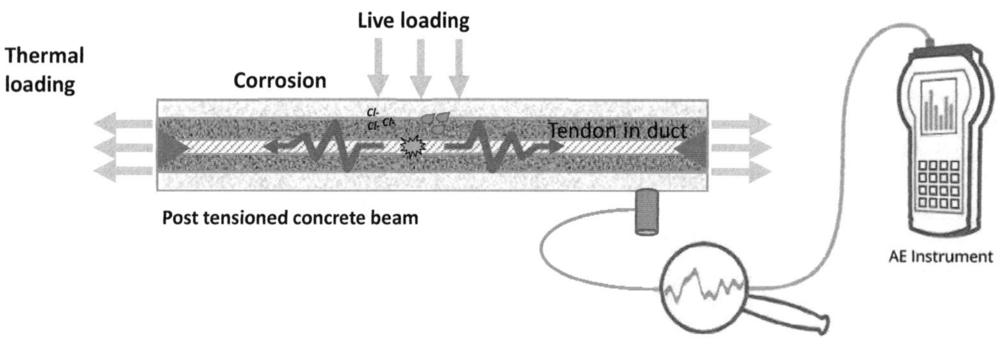

Features of AE wire break monitoring

- High amplitude AE wire break signal
- But high noise environment from traffic, especially expansion joints
- Need for continuous reliable monitoring and autonomous data processing and alert system
- Standardized analysis procedure
- Long term reliable measurements (99.9% operation in time)

Summary

Wire Break Monitoring Portfolio

- 25 post tension structures
- 5 cable stay bridges
- 7 suspension bridges

Post Tension Wire Breakdown Summary

- First project 2007 on a submarine dock
- Longest running project - 18 years of continuous operation
- Effective on all types of PT system
- Long-term trials and validated wire break tests
- 155 years of collective wire break monitoring
- 2,970 AE sensors in-service for PT wire break
- 79 AE DAQ systems in-service
- Over 1,584 wire breaks detected to date

Successful AE Wire Break Monitoring - The 3 'P's'

Product

- AE systems, sensor and software

Process

- AE system design
- Trial measurement
- Installation & commissioning
- Procedure for AE data analysis
- Long term project support and maintenance

People

- Qualifications, training and experience

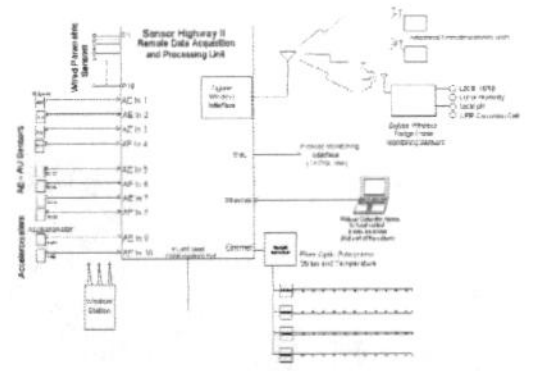

AE and SHM system design

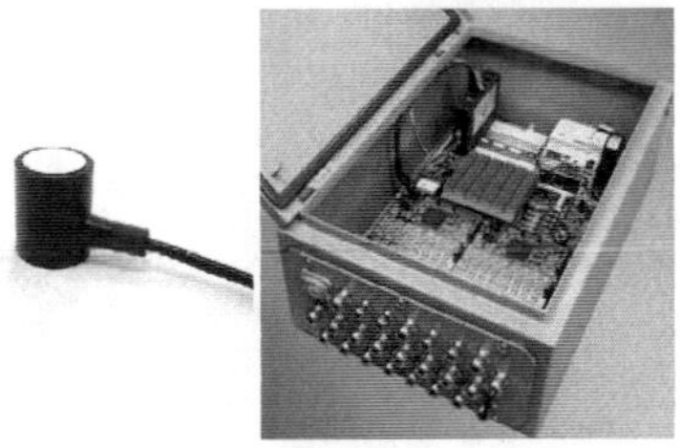

AE monitoring system manufacture

Installation and long term maintenance

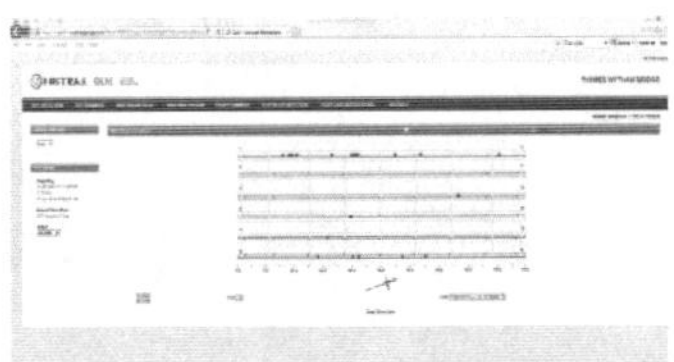

MISTRAS online monitoring results

First 'P' - Product (Acoustic Emission Instrumentation)

MISTRAS

<32 AE sensors + 16 non-AE sensors

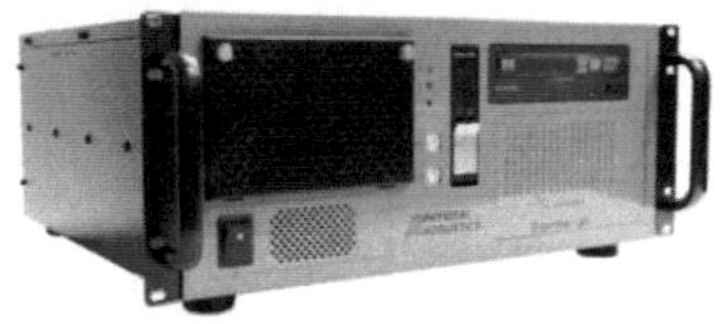

Express 8, PCI-Express Bus AE system on a card
8<96 AE sensors

AE wire break sensor, 30kHz, resonant, low power, IP68

AE Systems

- Independant channel, 500ksps upwards (proportional to the 30kHz sensor frequency) <10 MSample/sec A/D, 16 BIT. 1.2 MHz Bandwidth
- AEwin™ with proprietary wire break software module
- Power solutions and remote wireless network
- Robust fixtures and fittings for security and longevity

Key success criteria

- Reliable / robust / durable accurate AE instrumentation

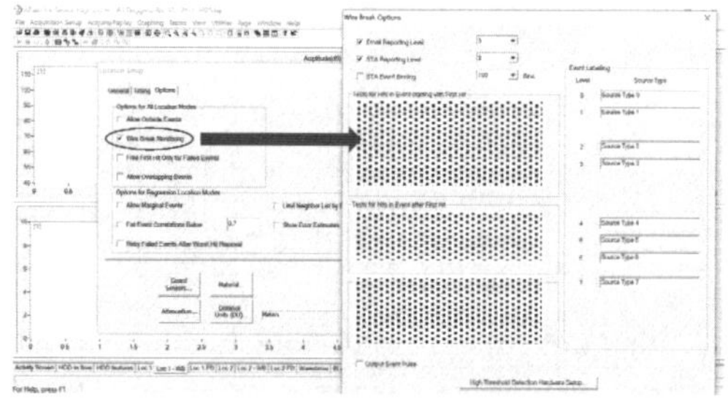

AE wire break software for system operation and signal classification

Second 'P' - Process

MISTRAS

Site survey

- Attenuation survey
- Background noise check
- Location check

AE system design

Key success criteria

- Custom design for bridge and environmental conditions
- First hand understanding of installation method

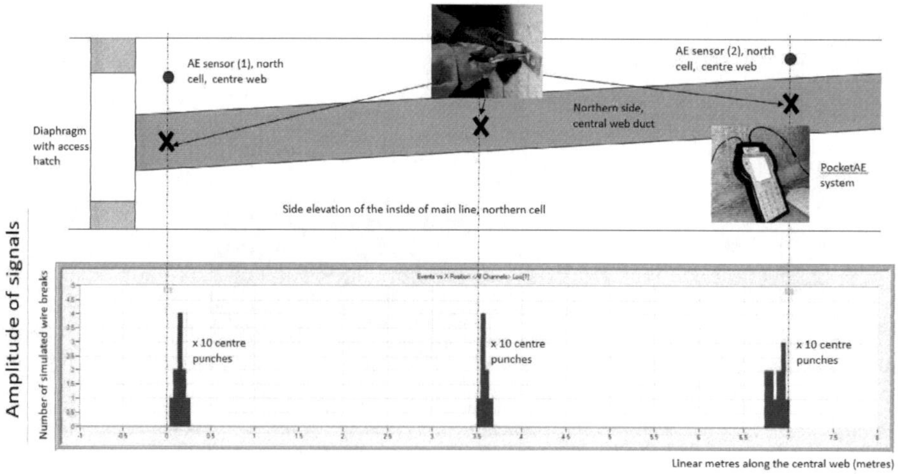

Second 'P' - Process

MISTRAS

Site Installation

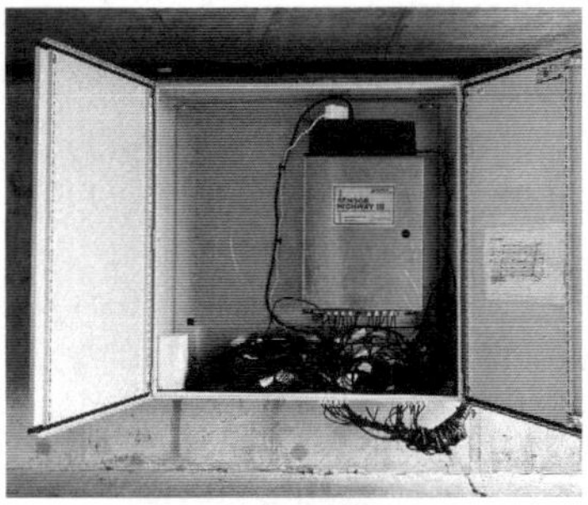

Key success criteria

- Safe installation (near live traffic, inside confined spaces, over water, at height)
- Sustained power with UPS and remote communicating over 4G/5G
- Cyber security
- Water proofing of cable connections and system cabinet
- Protection from vandalism and construction workers

Second 'P' - Process

MISTRAS

Site Commissioning – real and simulated wire breaks

Key success criteria

- Unique reference data for each structure
- Ideally, example wire break for each structure

Second 'P' - Process

MISTRAS

Data Transfer and Communication

- Remote wireless networks (4G)
- STA data file alerts and fixed interval statistics
- Web hosting of AE data

On-Line Monitoring (OLM)

- Remote system checks
- Remote IT maintenance
- Possible Wire break data analysis
- Reporting
- Maintenance planning
- Customer support

Key success criteria

- Reliability of systems
- Standardisation of analysis

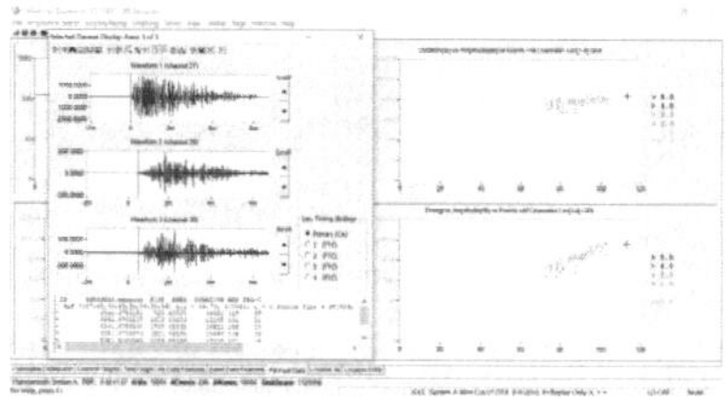

AEwin software – normal data acquisition, system check for operation and wire break alerts

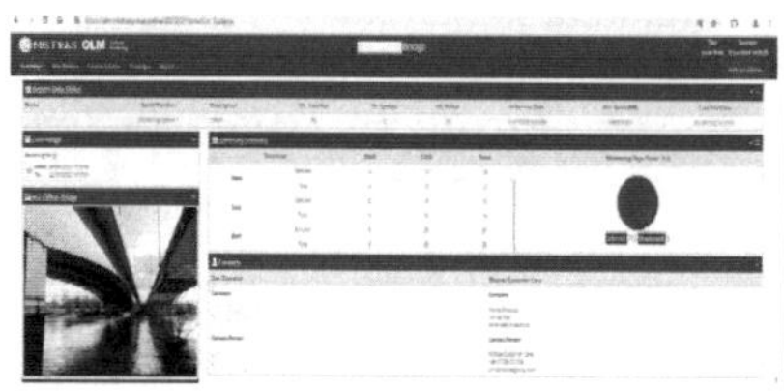

Real time web reporting of results

AE wire break alert

AE wire break procedure

Wire Break Reports

Third 'P' - People

MISTRAS

Certification

- AE Level II for technicians
- AE Level II for data analysists
- AE Level III for project specific AE wire break procedure and analysis

Training

- Site safety
- Concrete and post tension design
- Field installations
- Fault finding
- AE system inspection
- IT and networking
- Possible Wire break (PWB) analysis

Team

- Subject matter experts (SME)
- Broad team of scientists and engineering

Key success criteria

- Competence in work
- Interdependency between different engineering disciplines

PCN

© PCN 2025

ISO 9712
Non-Destructive Testing Personnel Certification

© ISO 2025

Case Study – Hammersmith Flyover

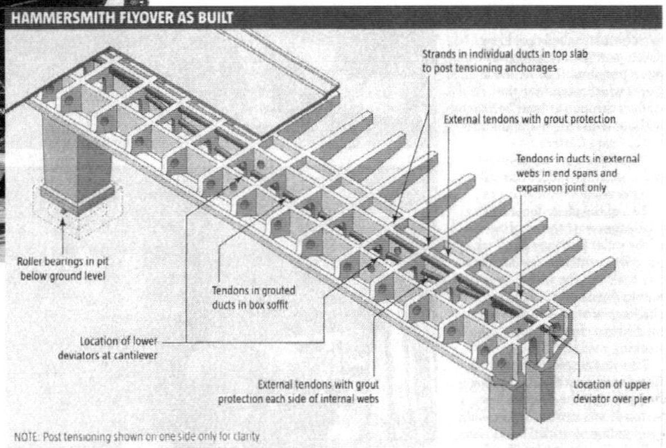

Case Study – Hammersmith Flyover

- 400 AE sensors throughout the 650m long flyover, with 3D location to locate wire breaks +/-0.25m in any unique duct

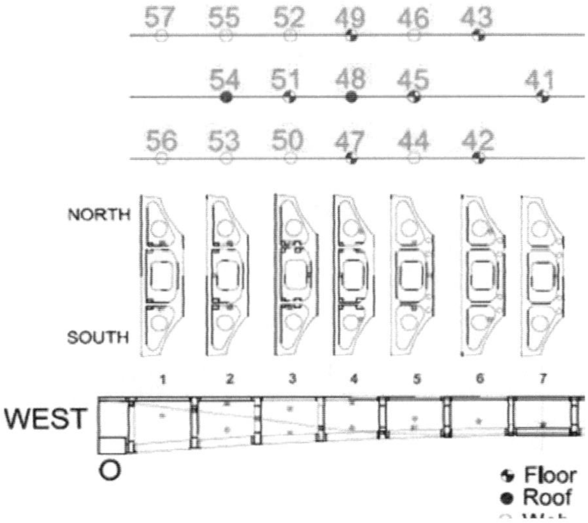

Case Study – Hammersmith Flyover

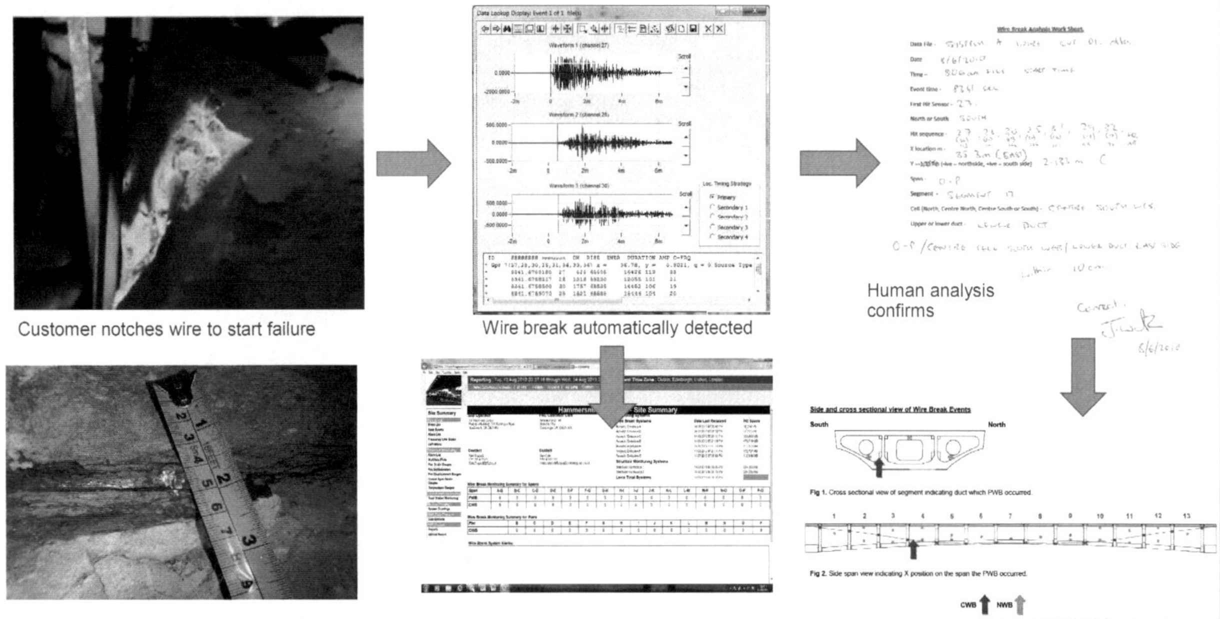

Case Study – Hammersmith Flyover

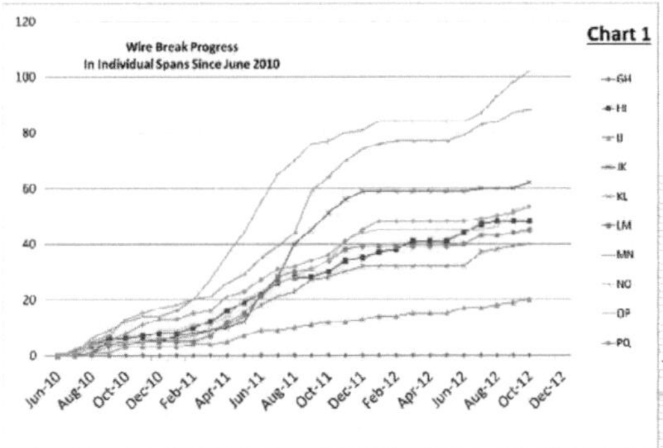

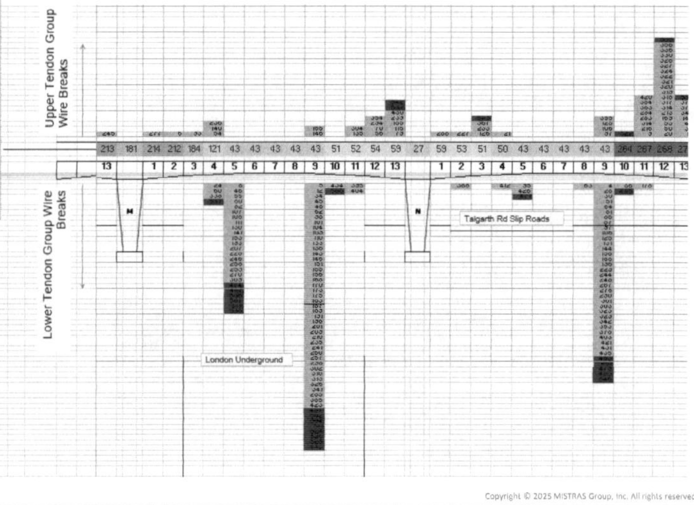

'...if acoustic monitoring systems hadn't picked up cable breaks in unexpected parts of the structure there could have been a catastrophic collapse similar to the 2018 Polcevera collapse which killed 43 people'.

Sharan Gill
Transport for London Principal Engineering Leader

Summary

MISTRAS

- Post tension bridges are a vital part of the develop world's transportation infrastructure.
- Current legally required inspections are ineffective in detecting or quantifying deterioration in post tension cables.
- AE monitoring for wire break has been applied for 20 years with documented success.
- AE is very effective in managing all types of post tension bridges, but the success is dependant upon the 3 success factors of the correct products, process and people.
- AE wire break monitoring on cable bridges will safe lives, money and contribute to sustainable transportation systems.

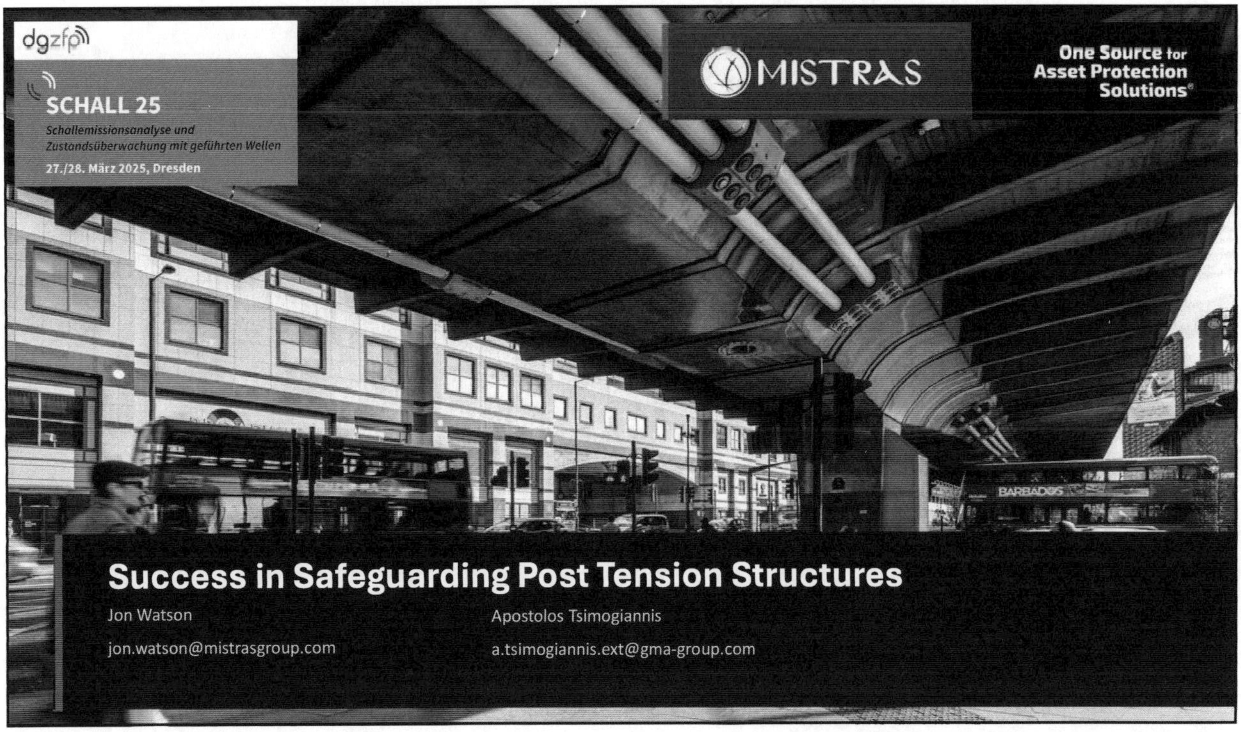

dgzfp

SCHALL 25

Schallemissionsanalyse und Zustandsüberwachung mit geführten Wellen

27./28. März 2025, Dresden

MISTRAS

One Source for Asset Protection Solutions®

Success in Safeguarding Post Tension Structures

Jon Watson
jon.watson@mistrasgroup.com

Apostolos Tsimogiannis
a.tsimogiannis.ext@gma-group.com

Simulation der Schallemissionen von Spanndrahtbrüchen

Stephan PIRSKAWETZ [1], Gulshat ZARIPOVA [1], Nienke BRINKMAN [2], Lars GEBRAAD [2], Christian BOEHM [2], Horst TRATTNIG [3]
[1] Bundesanstalt für Materialforschung und -prüfung (BAM), Berlin, Deutschland, stephan.pirskawetz@bam.de, gulshat.zaripova@bam.de
[2] MONDAIC AG, Zürich, Schweiz, nienke.brinkmann@mondaic.com, lars.gebraad@mondaic.com, christian.boehm@mondaic.com,
[3] Vallen Systeme GmbH, Wolfratshausen, Deutschland, horst.trattnig@vallen.de

Kurzfassung. In den 1950er Jahren setzte sich die Spannbetonbauweise für Brücken mit größeren Spannweiten durch. Heute existieren im deutschen Bundesfernstraßennetz ca. 21.000 Spannbetonbrücken. Die mangelnde Erfahrung in der Anfangszeit dieser Bauweise stellt uns heute vor Probleme hinsichtlich einer Kombination aus Korrosion und Ermüdung der Spannglieder. Hauptursachen sind Spannungsrisskorrosion, deutlich gewachsene Verkehrslasten sowie ungenügende Annahmen zu Temperaturlasten. Insbesondere Spanndrahtbrüche infolge Spannungsrisskorrosion können zu einem Strukturversagen ohne Ankündigung führen. Spannstähle mit einer starken Gefährdung für Spannungsrisskorrosion wurden in der Bundesrepublik bis 1965, in der ehemaligen DDR bis Ende der 1980er Jahre verbaut.

Um katastrophale Schadensfälle zu verhindern, müssen Bauwerke unter Verdacht auf Spannungsrisskorrosion in Kombination mit unzureichendem Ankündigungsverhalten überwacht werden. Derzeit ist die Schallemissionsanalyse die einzige zuverlässige und ökonomisch vertretbare Überwachungsmethode. Damit kann der sichere Betrieb der Bauwerke über die verbleibende Nutzungsdauer gewährleistet werden. Die DGZfP-Richtlinie SE05 “Detektion von Spanndrahtbrüchen mit Schallemissionsanalyse” beschreibt detailliert Planung, Installation und Betrieb solcher Monitoringsysteme.

Im Projekt SimAS “Digitaler Zwilling zur Simulation der Ausbreitung akustischer Wellen in Spannbetonelementen” werden die Grundlagen für eine Optimierung der Monitoringsysteme auf Basis der Schallemissionsanalyse gelegt. Eine akustische Simulation der Struktur und deren Fusion mit Messdaten unterstützt sowohl die vorbereitenden akustischen Analysen der Brücken als auch die Planung der Monitoringsysteme und die Drahtbrucherkennung.

Keywords: Spannbeton, Brücke, Spanndrahtbruch, Spannungsrisskorrosion, Schallemissionsanalyse, Digitaler akustischer Zwilling, Simulation, Schallausbreitung

Medien- und Publikationspartner

https://doi.org/10.58286/30964

Einführung

Derzeit gibt es im Netz der Bundesfernstraßen in Deutschland ca. 21.000 Spannbetonbrücken [1]. Die historische Entwicklung dieses Bestandes ist in Abb. 1 dargestellt. Hinzu kommen Brücken in Verantwortung der Gemeinden, Brücken der Deutschen Bahn sowie der Wasser- und Schifffahrtsämter, deren Zahl nicht ohne Weiteres öffentlich zugänglich ist. Bis 1965 wurden in diesen Brücken mit hoher Wahrscheinlichkeit Spannstähle mit starker Gefährdung für Spannungsrisskorrosion (SpRK) verbaut, in der DDR bis 1989 [2]. Infolge einer initialen Schädigung durch SpRK in der Bauzeit können diese Spannstähle unter Ermüdungsbelastung durch Verkehr und Temperaturwechsel reißen. Das kann zum Versagen von Brücken ohne Vorankündigung führen. Zieht man nur die Bauzeit bis 1965 in Betracht, sind ca. 1200 Brücken im Bundesfernstraßennetz potenziell gefährdet. Die derzeit einzige zuverlässige und ökonomisch vertretbare Technik zur Detektion von Spanndrahtbrüchen während der Entstehung, und damit einer Ankündigung eines Bauwerksversagens, ist die Schallemissionsanalyse. Die technischen Grundlagen für diese spezielle Anwendung wurden in den 2000er Jahren gelegt [3, 4, 5]. Mit dem spontanen Einsturz der Dresdener Carolabrücke ist das Problem in den Fokus gerückt und es ist abzusehen, dass der Bedarf an Monitoringsystemen zur Spanndrahtbruchdetektion steigt.

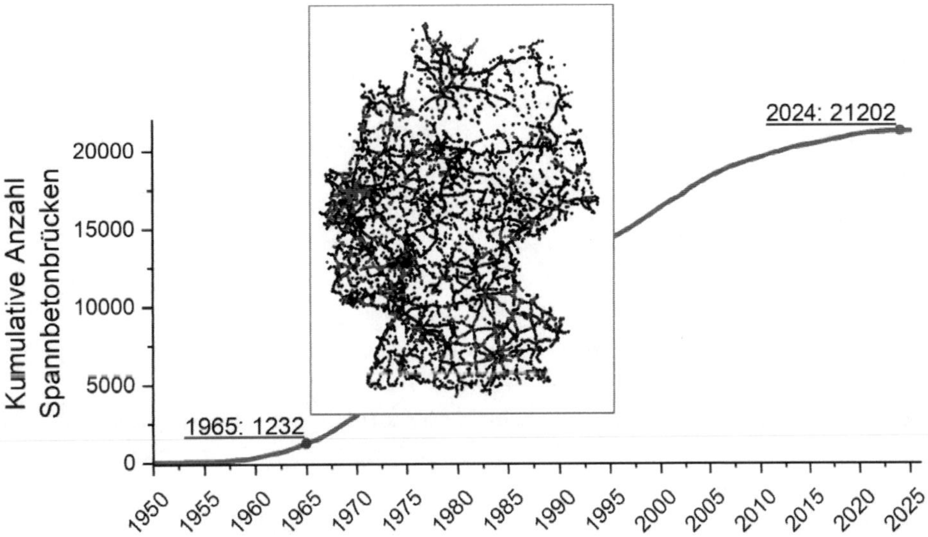

Abb. 1: Entwicklung des Bestandes an Spannbetonbrücken im Bundesfernstraßennetz in Deutschland. In der Karte rot markiert sind die Spannbetonbrücken, die bis 1965 errichtet wurden. Die Daten sind der Brückenstatistik 2024 der Bundesanstalt für Straßenwesen bast entnommen [1].

Im Projekt SimAS [6] wird ein digitaler akustischer Zwilling für Brücken entwickelt, der die Planung und den Betrieb von Monitoringsystemen zur Spanndrahtbruchdetektion vereinfachen und die Identifikation von Schallemissionen aus Drahtbrüchen optimieren soll. Beteiligt an dem Deutsch-Schweizerischen Verbundprojekt sind die Mondaic AG als Experten für Bildgebung und die skalenübergreifende Simulation von Schallausbreitung, Vallen Systeme GmbH als Experten für Sensoren, Datenerfassungssysteme und Software im Bereich Schallemissionsmesstechnik sowie die Bundesanstalt für Materialforschung und -prüfung (BAM) mit Erfahrung bei der Anwendung der Schallemissionsanalyse im Bauwesen. Das Projekt wird im Programm "IraSME – International research activities by small and medium-sized enterprises" gefördert; auf der deutschen Seite im Rahmen des

"Zentralen Innovationsprogramms Mittelstand" (ZIM) des BMWK und auf der Schweizer Seite durch die Schweizerische Agentur für Innovationsförderung (Innosuisse).

1. Spanndrahtbruchmonitoring mit Schallemissionsanalyse

Typische Spanndrähte haben eine Querschnittsfläche von 20 bis 40 mm² und werden mit Spannungen in der Größenordnung von 1000 N/mm² vorgespannt. Beim Bruch werden, im Vergleich zu anderen Anwendungsbereichen der Schallemissionsanalyse, hohe Energien frei. Als Referenzquelle für solche Schallemissionen eignet sich ein Betonprüfhammer (Schmidthammer, Rückprallhammer, [7]) mit einer Schlagenergie von 2,207 Nm. Mit niederfrequenten Sensoren (20 – 60 kHz) können Schallemissionen von Spanndrahtbrüchen in Brückenträgern über eine Entfernung von 10 bis 15 m zuverlässig detektiert werden. Das ermöglicht eine vollständige Überwachung großer Brücken mit relativ wenigen Sensoren.

Im Mai 2024 wurde die DGZfP-Richtlinie SE 05 "Detektion von Spanndrahtbrüchen mit Schallemissionsanalyse" [8] als erstes Regelwerk in diesem Bereich veröffentlicht. Sie richtet sich an Baulastträger, Anbieter und Betreiber von Monitoringsystemen sowie Ingenieurbüros, welche die Monitoringergebnisse bewerten. Die Richtlinie gibt detaillierte Hinweise zur Ausschreibung von Schallemission Monitoringdienstleistungen, zur Vorbereitung, Installation und schließlich zum Betrieb des Schallemission-Monitoringsystems. Damit konnten viele Hürden, die der Ausschreibung und Vergabe der Überwachung im Weg standen, beseitigt werden. Wie der Bericht "Neue Erfahrungen bei der Prüfung von Brücken mit Hennigsdorfer Spannstahl" [9] konnte schon mit der Entwurfsfassung der Richtlinie eine deutliche Reduktion der Kosten für den Baulastträger erreicht werden.

2. Simulation der Schallausbreitung in Spannbetonelementen

Grundlage für die Sensoranordnung in einem Monitoringsystem ist die akustische Analyse des Bauwerks. Aus den (lokal) ermittelten Dämpfungen, den Störgeräuschen sowie den Schallgeschwindigkeiten werden die möglichen Sensorabstände und die Grundlagen für die Ortung der Drahtbrüche ermittelt. Das Verfahren ist in Abb. 2 [10] skizziert.

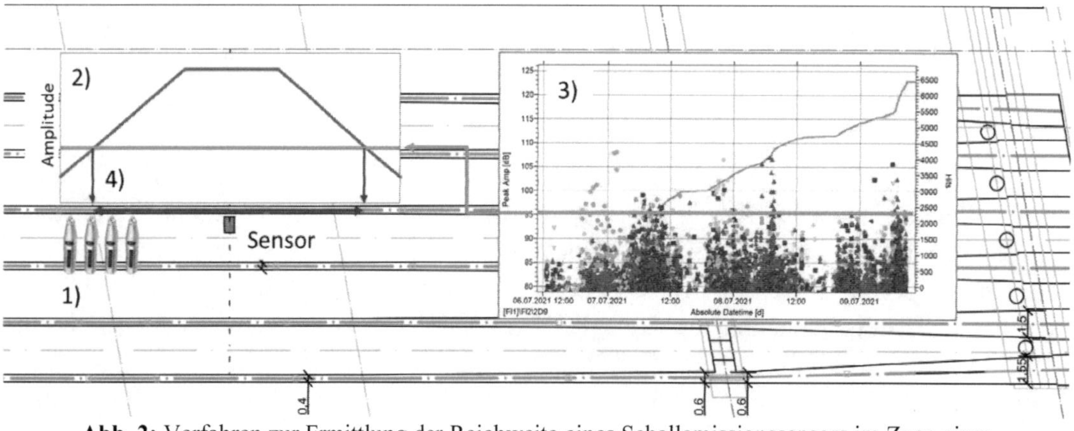

Abb. 2: Verfahren zur Ermittlung der Reichweite eines Schallemissionssensors im Zuge einer objektbezogenen akustischen Analyse am Beispiel einer Hohlkastenbrücke: 1) Stimulieren von Schallemissionen mit einem Schmidthammer und 2) Bestimmung der akustischen Dämpfung, 3) Festlegung der Detektionsschwelle anhand von Störgeräuschen, 4) Ableiten der Sensorreichweite aus Dämpfung und Detektionsschwelle [10]

In Kombination mit einem 3D-Modell ermöglichen diese Daten eine Simulation der Schallausbreitung in der Struktur. Im Projekt wird hierfür die Software Salvus [11] der Mondaic AG verwendet. Mit Hilfe der Simulation kann die Sensoranordnung für ein Monitoring gezielt optimiert werden. Durch die Visualisierung der Schallausbreitung, wie am Beispiel einer Hohlkastenbrücke in Abb. 3 und 4 dargestellt, können Besonderheiten der Struktur, wie z.B. akustische Schatten um einen Querträger oder die Schallübertragung über den Boden eines Hohlkastens, schnell erkannt und in die Planung einbezogen werden.

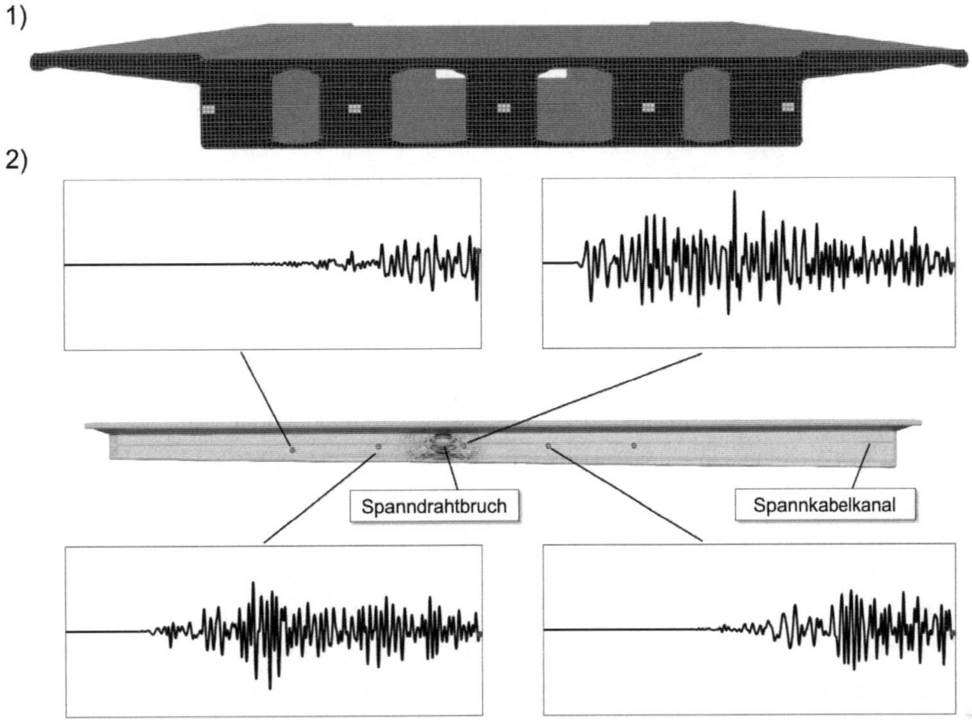

Abb. 3: Simulation der Schallausbreitung von einem Spanndrahtbruch in einer Hohlkastenbrücke. Simuliert mit der Softwaresuite Salvus [11]. 1) Numerisches Gitter im digitalen Zwilling. Unterschiedliche Materialeigenschaften für Beton und Spannglieder (z.B. Schallgeschwindigkeit, Dichte, Dämpfung) können den Elementen zugeordnet werden. 2) Seitenansicht der Brücke mit einem simulierten Spannkabelbruch und mehreren Punktauswertungen der simulierten Schallemission.

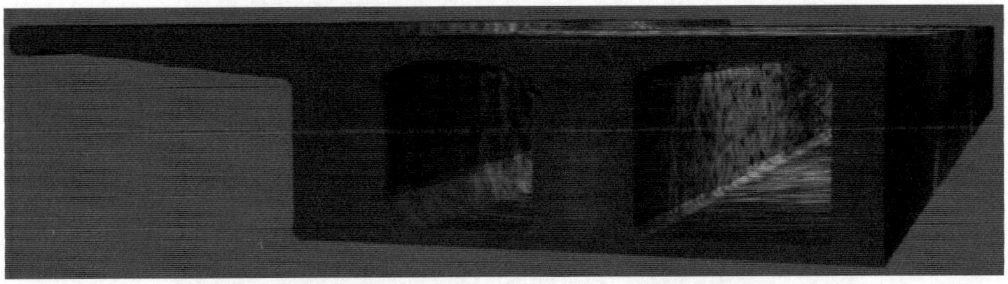

Abb. 4: Snapshot der Schallausbreitung nach einem Spanndrahtbruch. Die Simulation zeigt auf, wie sich das Schallfeld über das Brückenelement ausbreitet und mit der Geometrie und den Einbauten interagiert.

Während des Betriebs des Monitorings soll der Digitale Akustische Zwilling helfen, Schallemissionen aus Spanndrahtbrüchen noch schneller und mit erhöhter Ortungspräzision zu identifizieren. Hierfür werden verschiedene Techniken untersucht. Zum einen kann eine große Anzahl von Schallemissionen in einem engen, gleichmäßigen Raster auf der Struktur simuliert und die an den Sensoren erwarteten Signale in einer Datenbank abgelegt werden. Ein direkter Vergleich mit detektierten potenziellen Drahtbruchsignalen kann dann zu einer schnellen automatisierten Entscheidung führen. Zum anderen können aus den detektierten Signalen der Quellort und eventuell auch der Quellmechanismus rekonstruiert werden.

3. Fusion detektierter und simulierter Schallemissionssignale

Ein Kernziel des Projektes ist die Fusion simulierter und am Bauwerk ermittelter Daten in einer Datenbank, wodurch ein direkter Vergleich und eine gemeinsame Visualisierung der Daten möglich wird. Das kann zum Beispiel die akustische Analyse einer Brücke, wie sie in der SE 05 [8] beschrieben ist, unterstützen.

Für die Fusion müssen aus den simulierten Wellenformen an einer virtuellen Sensorposition Merkmale extrahiert werden, die mit standardisierten Schallemissionsmerkmalen, wie z.B. der Amplitude, Anstiegszeit oder den Koordinaten der Quellortung, vergleichbar sind. Das erfordert eine physikalisch korrekte Skalierung der Simulation. Eine weitere Herausforderung stellt die Organisation der Datensätze dar. Schallemissionsdaten werden typischerweise nach der absoluten Ankunftszeit geordnet. Für simulierte Daten steht dieses Ordnungsmerkmal aber nicht zur Verfügung. Lediglich die Ankunftszeitdifferenzen für Signale innerhalb eines lokalisierten Events lassen sich hier sinnvoll bestimmen.

4. Referenzdaten

Zur Ermittlung der Übertragungsfunktion von der Quelle eines Schallemissionssignals bis zum elektrischen Ausgangssignals des Sensors als Grundlage für die Simulation sowie zur Validierung der Simulationsergebnisse werden Referenzdaten benötigt. Dafür werden Probekörper aus Beton (Abb. 5) hergestellt, bei denen im ersten Schritt die Zusammensetzung der Gesteinskörnung in Stufen mit einem Größtkorn von 8 mm über 16 mm bis 32 mm variiert wird. In einem weiteren Schritt wird der Anteil der Stahlbewehrung im Beton verändert. Als Referenzquellen an diesen Laborproben werden sowohl die klassischen Bleistiftminenbrüche als auch energiereiche Quellen wie Schläge mit einem automatischen Körner und einem Schmidthammer getestet.

Abb. 5: Referenzprobe aus Beton (30 cm x 40 cm x 100 cm, Größtkorn 16 mm) und Werkzeuge zur Stimulierung von Schallemissionen: Schmidthammer, automatischer Körner, Hsu-Nielsen-Quelle.

In Zusammenarbeit mit dem Landesbetrieb Straßenwesen Brandenburg (LS Brandenburg) sind Messungen an Brücken geplant. Insbesondere werden Spanndrahtentnahmen aus Brücken mit sehr unterschiedlichen Querschnitten durch Schallemissionsmessungen begleitet.

5. Zusammenfassung und Ausblick

Mit dem IraSME-geförderten Projekt SimAS wird ein digitaler akustischer Zwilling für Spannbetonbrücken entwickelt. Dieser soll die Detektion von Spanndrahtbrüchen mit Schallemissionsanalyse unterstützen. Das beginnt mit der Planung und Schritt-für-Schritt Begleitung der vorbereitenden akustischen Analyse der Brücke. Mit Unterstützung durch eine Visualisierung der Schallausbreitung kann anschließend die Anordnung der Sensoren für ein Monitoringsystem optimiert werden. Schließlich soll das System die Identifikation und Ortung von Drahtbrüchen während des Monitorings vereinfachen und weiter automatisieren. Dafür wird ein Workflow entwickelt, der den Anwender von der Erstellung eines 3D-Models der Brücke bis zum Betrieb des Monitorings begleitet.

Referenzen

[1] https://www.bast.de/DE/Statistik/Bruecken/Brueckenstatistik.html, abgerufen am 22.07.2024

[2] Bundesministerium für Verkehr, Bau und Stadtentwicklung, Abteilung Straßenbau, 6/2011. Handlungsanweisung zur Überprüfung und Beurteilung von älteren Brückenbauwerken, die mit vergütetem, spannungsrisskorrosionsgefährdetem Spannstahl erstellt wurden (Handlungsanweisung Spannungsrisskorrosion)

[3] Cullington, D.W., Paulson, P., Elliott, P., 2001. Continuous Acoustic Monitoring of Grouted Post-Tensioned Concrete Bridges. NDT&E International (Non Destructive Test & Evaluation) V34, N°2, March 2001, pp. 95–106.

[4] Yuyama, S., Yokoyama, K., Niitani, K., Ohtsu, M., Uomoto, T., 2007. Detection and evaluation of failures in high-strength tendon of prestressed concrete bridges by acoustic emission. Journal of Construction and Building Materials 21 (3), 491–500.

[5] Fricker, S., 2009. Schallemissionsanalyse zur Erfassung von Spanndrahtbrüchen bei Stahlbetonbrücken. Phd. Thesis. ETH Zürich. https://doi.org/10.3929/ethz-a- 006027529.

[6] https://www.bam.de/Content/DE/Projekte/SimAS/SimAS.html, abgerufen am 27.02.2025

[7] DIN EN 12504-2:2012-12

[8] https://publikationen.dgzfp.de/shop/detektion-von-spanndrahtbruechen-mit-schallemissionsanalyse/, abgerufen am 27.02.2025

[9] Kaplan, F., 2023. Neue Erfahrungen bei der Prüfung von Brücken mit Hennigsdorfer Spannstahl, 1. Fachtagung Bauwerksprüfung nach DIN 1076, VFIB e.V. Frankfurt

[10] Pirskawetz, S., Trattnig, H., Boehm, C., 2024. Spanndrahtbrüche und ihr digitaler akustischer Zwilling. 11. Jahrestagung des DAfStb mit 63. Forschungskolloquium der BAM - Beiträge zum 63. Forschungskolloquium Green Intelligent Building am 16. und 17. Oktober 2024, Berlin, Germany, Bundesanstalt für Materialforschung und -prüfung (BAM).

[11] Afanasiev, M., Boehm, C., van Driel, M., Krischer, L., Rietmann, M., May, D., Knepley, M. and Fichtner, A., 2019. Modular and flexible spectral-element waveform modelling in two and three dimensions. Geophysical Journal International, volume 216, doi: 10.1093/gji/ggy469

Towards an Air-coupled Ultrasonic Sensor Network and Camera for Non-destructive Testing with Integrated Machine Learning

Stefan Bosse [1]
[1] University of Koblenz, Institute of Computer Science, RG Π, Germany
sbosse@uni-koblenz.de

Abstract. The study introduces a low-cost air-coupled measuring technique using a 1$ MEMS microphone as a signal receiver and a surface-coupled transducer as a sender. Each sensor is integrated with data processing and communication (ICT), providing a "Smart Sensor Node" for signal processing, feature extraction, and Machine Learning for feature prediction. The approach provides higher freedom of design and scalability, especially for spatially large extended sensor networks. The typical spacing of sensor nodes is 2-5 cm, but can be reduced to 4 mm at a minimum. The aim is to provide an active measuring system that processes all signal data locally, including Machine Learning on board. The main research and engineering questions are whether it is possible to integrate a self-contained signal processing system in a resource-constrained embedded computer and if there is a benefit in improving output information quality using a distributed message-passing sensor network arranged in mesh-grid architecture. A proof-of-concept stufy shows the suitability of a distributed sensor network for the detection of hidden defects and damages by using Guided Ultrasonic Waves (GUW).

Keywords: Guided Ultarsonic Waves, Distributed Sensor Networks, Machine Learning, Virtual Machines, Air-coupled GUW

1. Introduction

There are basically three different measuring techniques with Guided Ultrasonic Waves (GUW) used for Non-destructive Testing (NDT) with respect to the coupling method: Contact-based surface-coupled transducers, immersion fluid coupled transducers, and air-coupled transducers and microphones (investigated by Asokkumar in [1] and earlier introduced by Hillger in [2]). The advantages of air-coupled over contact-based techniques are outlined and discussed by Stoessel in [3], but still using an separated signal measuring and processing architecture (off-line processing) . We introduce and demonstrate a fully low-cost air-coupled measuring technique with a 1$ MEMS microphone as a signal receiver and a surface-coupled transducer as a sender. Each sensor is fully integrated with data processing and communication (ICT) providing a "Smart Sensor Node", performing signal

Medien- und Publikationspartner

https://doi.org/10.58286/30956

processing, feature extraction and Machine Learning for feature prediction. Initially, only one microphone is used in a spatial 2-dim. scanning mode. Transducer arrays are well known and established, but used normally close together to provide phase-sensitive measurements. The next step is an array of such MEMS microphones, in this work, a 3 × 3 matrix network, which should be later extended to a 10 × 10 network (or more nodes), towards an spatially extended Ultrasonic camera. To avoid a separation of the microphones from the analog-digital conversion (ADC) processing units (with a bunch of cables) we couple the microphones directly to a microcontroller placed near by the microphone with a 1:1 node mapping. Each node uses a low-cost 32-Bits STM32 ARM-Cortex microcontroller equipped with ADC and communication controllers. All nodes are connected in a mesh-like grid creating a distributed communicating network cluster computer. Additionally, signal pre-processing and application-specific distributed Machine Learning will be implemented in this tiny sensor network on node-level. We will deploy and evaluate the first mock-up prototype for fast and real-time hidden defect detection in laminate structures (e.g., Fibre-Metal Laminates).

This work addresses ultrasonic monitoring as well as distributed computing and distributed algorithms. Compared with conventional transducer arrays coupled to a single measuring and signal processing unit, our approach provides a much higher freedom of design and there is basically no limit on scalability, especially regarding spatially large extended sensor networks. The typical spacing of sensor nodes (microphones) is about 2-5 cm, but can be reduced to a spacing of 4 mm at a minimum, limited by the size of the microphone. The aim is to provide an active measuring system that processes all signal date locally including Machine Learning on board.

The two main research and engineering questions are: Is it possible to integrate an entire and fully self-contained signal processing system in such strictly resource-constrained embedded computer which is capable to provide sufficient information to detect hidden damages by using directly measured Ultrasonic signals? And is there is a benefit (improvement of output information quality) by using a distributed message-passing sensor network arranged in mesh-grid architecture?

The data processing part should include all parts of:

1. Signal acquisition (ADC and DAC control);
2. Digital signal pre-processing;
3. Data transformation, scaling, normalization;
4. Message-based communication in mesh-like networks (code and data);
5. Synchronization (clock, measurements);
6. Dynamic program-controlled processing and HAL using an advanced Virtual Machine;
7. Machine Learning (e.g., Fully connecte ANN, FC-ANN, decision trees, SVM) using integer arithmetic.

2 Node Architecture

Each sensor node consists of:

1. A microcontroller (32-Bits ARM Cortex M0/M4 CPU core, optionally with FPU) with RAM (about 10-20 kB) and ROM (about 64-128 kB);
2. At least one ADC (12 Bits resolution, at least 1 MS/s sampling rate) with an analog

multi-channel selector (at least 4 channels), DMA capable;
3. Optionally at least one DAC (12 Bits resolution, at least 2 MS/s sampling rate), DMA capable;
4. Timer with microseconds resolution;
5. Serial communication channel devices, e.g. UART, I2C, or SPI, at least 100 kb/s bandwidth and at least two devices (channels), DMA capable;
6. Digital control bus; and
7. Analog signal amplifiers arranged in a cascade circuit, at least 300 kHz bandwidth with total amplification factors in the range from 20 - 160.

The basic node architecture is shown in Fig. 1. The pitch signal is generated by a surface coupled piezo transducer. The high voltage amplifier is actually not part of the sensor node. The sensor is a MEMS microphone (SPU0410LR5H, Knowles[6]), which is typically deployed in consumer electronics like smartphones. The datasheet proposes a nearly linear frequency response up to 10 kHz and from 40-80 kHz, with a higher sensitivity in the range of 20-30 kHz. This frequency response is sufficient for air-coupled Ultrasonic measurements with a base pitch frequency around 40 kHz. The MEMS microphone has a very small footprint of 3.7 × 3.0 mm, well suited for a sensor mesh-grid with sensor distances (grid spacing) down to 4 mm, as proposed in this work.

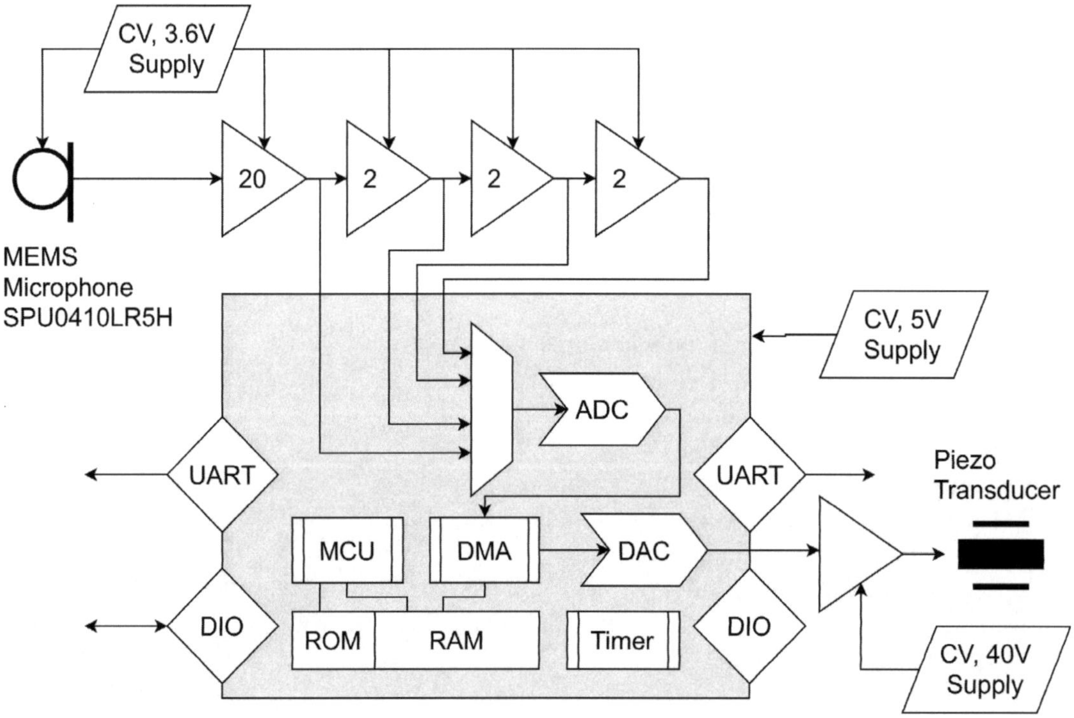

Fig. 1. Sensor node architecture

3 Network Architecture

Each sensor node provides at least two communication links consisting of:

- A serial data communication link either consisting of two unidirectional links (RX/TX lines) or one shared bus link (Data and clock line);

- A digital control bus consisting of a request (REQ) and a combined acknowledge-busy (ACK/BUSY) line that can be driven by both connected sides.

The sensor network architecture is shown in Fig. 2. The dotted lines are only available if a sensor node provides at least three communication channels creating a full mesh-grid network, otherwise a chained network is created. At least one sensor node is connected to an external computer.

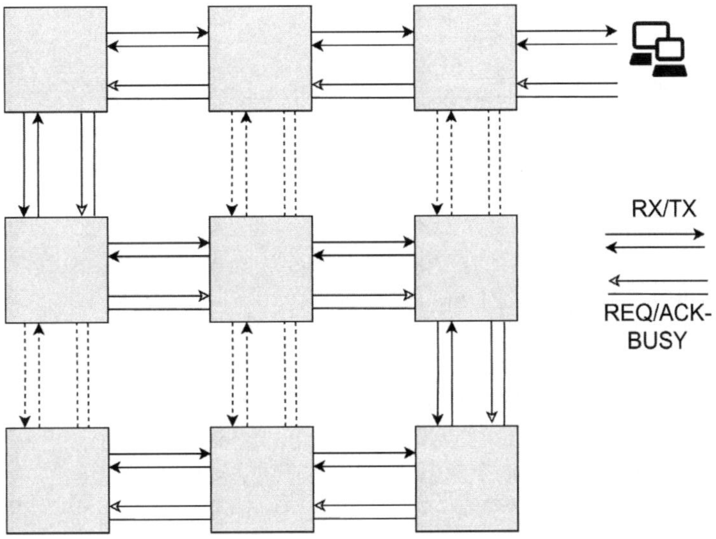

Fig. 2. Sensor network node architecture with communication links

The digital control bus using hardware ports is split into a directed and undirected connection, used by two nodes concurrently, although both lines are implemented with input pull-up ports allowing both sides to drive the line. The control bus serves different purposes:

- Fast directed event propagation through the network, e.g., a capture start or clock synchronization events;
- Communication control for the data links (busy signal, bi-directional).

The data communication protocol and the relation to the control bus is shown in Fig. 3. There are different text-based message formats determined by the outer delimiters. Program code `[..]` is propagated through the entire network (downwards), i.e., the network is a Single-Instruction-Multiple-Data computer (SIMD) architecture. Each node processes the same program. A received program is compiled and started. Alternatively, programs can be messaged incrementally (line by line), i.e., pre-compiled but started later if the program is complete. Data vectors (of numbers and strings) can be transferred peer-to-peer (P2P) between neighbor nodes (`$..$`) with event-based processing or propagated through the network (`!..!`) without processing (always upwards, commonly longer measuring data messages), basically delivering data to an external computer for further processing.

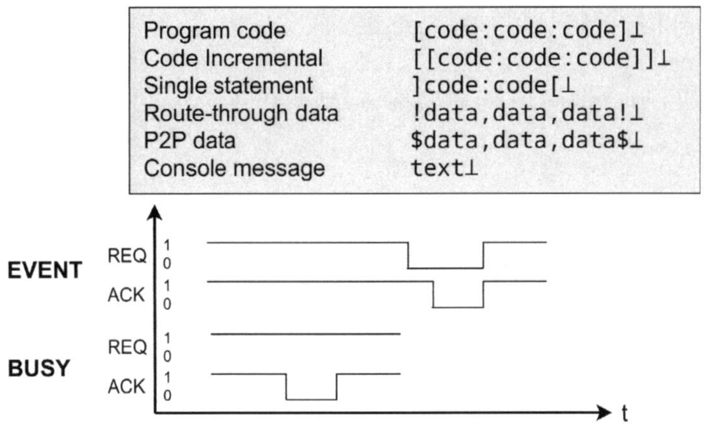

Fig. 3. Communication protocol and control bus states (⊥ is a message terminator symbol, commonly a new-line character)

Using two link channels per node, i.e., creating a chain network, simplifies communication significantly (compared to a mesh network with more than two links per node), and one link is a down link, and the other link is the up link. The entire sensor network processes the same code (SIMD machine). Code is always propagated downwards, data and console messages are always propagated upwards. The disadvantage of a chain network in a mesh-grid placement of sensor nodes is a linear increasing latency of signal and code propagation. Measurements of the hardware signal latency (node to node) showed a delay of about 3 μs per node connection (using pin interrupt handler on the receiver side, STM32 F303K8 with 64MHz core frequency). Although the signal delay is high, the jitter (statistical variations) were below 100 ns.

Each sensor nodes executes the same program but requires a unique identification number (UID). The UID is passed on start-up by an injection of a control message `@uid,hopcnt,time@` (first node). If this message is received by a node it parses the content, assigns the *uid* field to its UID, and forwards the message to the next node with incremented *uid* and *hopcnt* fields. This message is always send downwards (down link direction).

4 Virtual Machine

The VM consists of a lexer, compiler, and an execution loop. The input is always a program text, output is a pre-compiled token stream that is processed by the execution loop. The programming language is a BASIC dialect, one of the older interpreter languages. BASIC is both a sequential procedural and an event-based language well suited for IO and messaging applications. BASIC supports basic constructs for event and error handling which is required for embedded systems. Originally BASIC was interpreted, i.e., the input text was directly executed. A widely used dialect is TinyBASIC with an open-source implementation [8], which uses a token lexer, but without a real compiler, more being an interpreter. The MBBASIC VM introduced in this work is a hybrid architecture with a token-based processor and a just-in-time compiler. The original TinyBASIC token stream was nearly a one-to-one mapping of text onto tokens. The token stream here is compiled into a compacted Bytecode stream including resolved branch addresses in advance (post-token compilation). In contrast to previous work [4] using the FORTH language and a pure multi-stack processor, MBBASIC can be programmed more natural with improved event management. MBBASIC is targeting microcontrollers with lowest RAM and ROM resources of about 10 kB and 64 kB, respectively, and is optimized for STM32 microcontrollers, but not limited to. Fast Core-coupled Memory (CCMRAM) can be utilized [9].

4.1 Core Architecture

The programming language is line-orientated, consisting of data and control statements. A stand-alone program transferred via the serial link used to perform a measuring task with a single node is shown in Example 1. An in-line event handler is used to wait for the completion of the ADC task. The pitch signal is generated by an built-in Gaussian windowed sine wave function (`vgausswin`). The built-in combined `adac` function starts the DAC task to output the signal and immediately after the ADC sampling task. The ADC channel selects the gain amplification stage. Example 2 shows a typical event-driven message processing program providing clock synchronization. The main program installs event handlers by using the `event` function. The handlers are called by the VM loop signaled by the host application processing low-level communication tasks and interrupt service routines. There is a `micros(n)` and `millis(n)` function which returns the current node-local time in micro- or millisecond resolution divided by n (scaling factor to fit into 16 Bits integer values). Each time a hardware request signal is received, a timestamp (microsecond resolution) is set, which can be used to synchronize a clock.

```
ADSAMPLES=100:DACFREQ=12500
SIGSAMPLES=2000:SIGAMPLITUDE=1100
SIGFREQUENCY=40:SIGXOFFSET=50
SIGXWIDTH=40
dim tdata(SIGSAMPLES)
dim sdata(ADSAMPLES)
vgausswin($tdata,SIGSAMPLES,SIGFREQUENCY,
          2048-SIGAMPLITUDE,2048+SIGAMPLITUDE,
          SIGXOFFSET,SIGXWIDTH)
adac($sdata,ADSAMPLES,ADCHANNEL,$tdata,SIGSAMPLES,DACFREQ)
event 1,EVADC stop
print #",","!",sdata(),"!"
```

Ex. 1. An example of a standalone measuring program computing the pitch signal, starting the DAC, starting the ADC sampling, and finally sending the results via the serial link. This program was used to record the signal data in this work.

```
clocksync=0: time0=0: dim msg(8)
CLOCKA=1: CLOCKB=2
rem install event handlers
on error goto 3000
event REQ1,EVSIG gosub 1000
event REQ2,EVSIG gosub 1000
event LINK1,EVINP gosub 2000
event LINK2,EVINP gosub 2000
rem stop idle
stop
1000: rem request handler for REQ event
if clocksync=1 then time0=micros(100): ack(@event)
return
2000: rem message handler
input cmd,arg1
rem start clock synchronization, wait for hardware signal
if cmd = CLOCKA then clocksync=1
rem finalize clock synchronization
if cmd = CLOCKB then clock(100,time0,arg1): clocksync=0
rem forward message to next link
if @event = LINK1 then print &LINK2,cmd,arg1 else print &LINK1,cmd,arg1
return
```

```
3000: rem error handling
```

Ex. 2. A typical event-based program. The program starts at the first line and installs event handlers. The program is suspended by the `stop` operation, but it is not discarded. The main IO loop will raise events finally calling the appropriate event handler subroutines.

The overall Virtual Machine architecture with control and data flows is shown in Fig. 4, consisting of the main IO loop of the host application program, the VM compiler and execution loop functions, which can be executed stepwise.

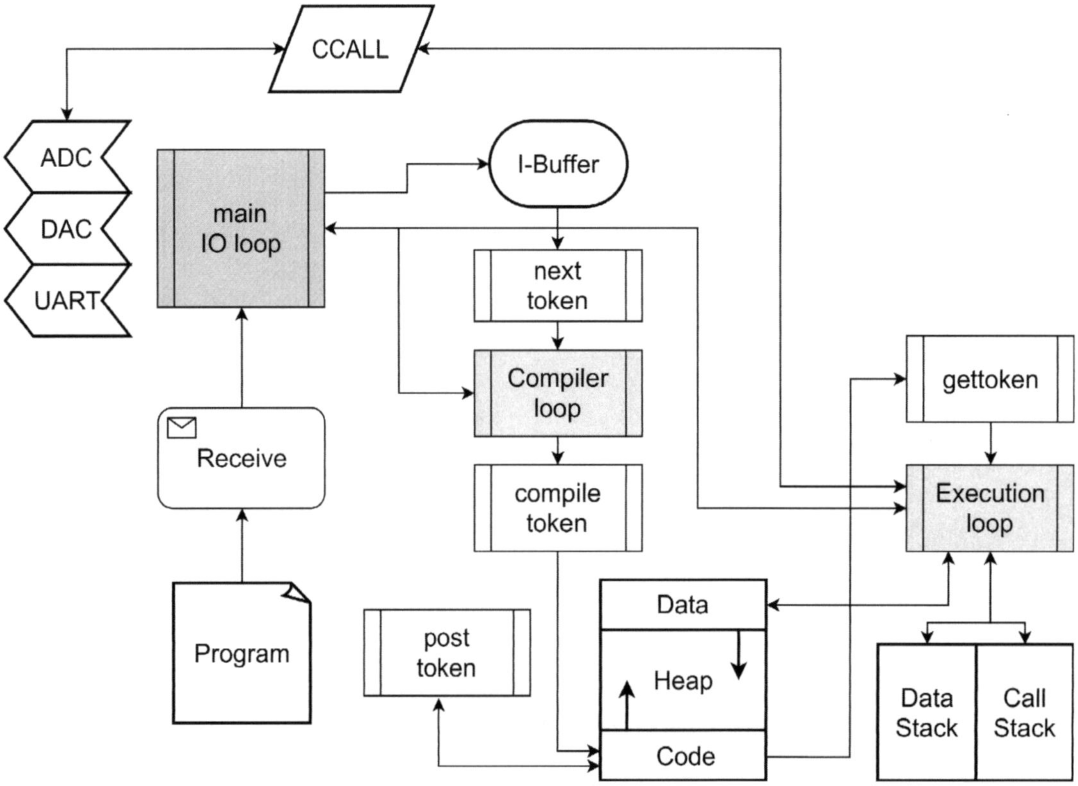

Fig. 4. Virtual Machine architecture with control and data flows. The main IO loop (host application) controls the compilation and execution of the program. The maximal number of computational steps (processed tokens) as well as interruption can be controlled by the main IO loop.

4.2 Machine Learning ISA

The VM supports the computation of ML models (inference only), mainly ANN, with a set of unified vector operations. All parameters and intermediate data is stored in (16 Bits) Integer format. Internal computations, especially calculating the non-linear functions, can be performed with approximated Integer arithmetic, but is done with Floating-point arithmetic if available (in hardware). The ML Instruction Set Architecture (ISA) is the same as in [4]. The model parameters (weights, bias, scaling factors) can be either embedded in the program code using the `DATA` and `INPUT` statements, or by reading the parameters from separate messages using the `INPUT` statement.

5 Ultrasonic Camera and Spatial Scanning Measuring Method

This work investigates the design, programming, and communication of a distributed sensor network. The distributed sensor network consists of single nodes that measure nearby Ultrasonic signals with a MEMS microphone. Node distances down to 4 mm can be achieved theoretically. The nodes should process the measure signals to predict a (hidden) nearby damage of the test material by using ML classifier models. Finally, a compact GUW camera is created that can be placed above surface (with external transducer to inject GUW). The signal data can be read out for further processing, too. A prior proof-of-concept study should evaluate the design parameters and the suitability of the proposed concept by using a spatial scanning technique, as shown in Fig. 5. The same microphone and electronics are used as in the final distributed sensor network, but the signal processing is performed off-line in a separate computer. The singe-board camera design is not discussed in this paper, only the proof-of-concept study.

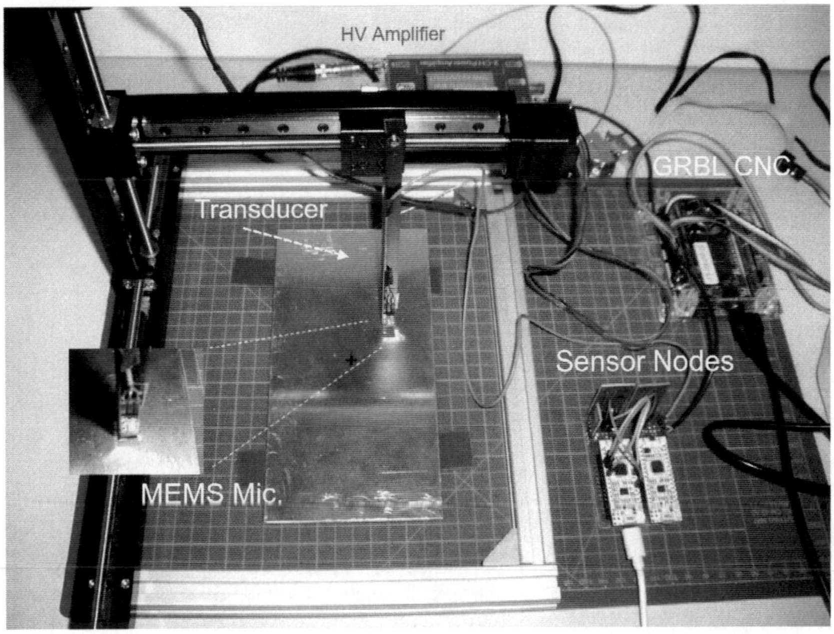

Fig. 5. The experimental prototype: The 3-dim. portal arm device with a mounted MEMS microphone and the test plate. On the lower right side there is an experimental demonstrator consisting of two sensor nodes and the amplifier cascade circuit. On the upper right side there is the GRBL CNC controller driving the portal arm machine. The transducer is mounted on the down side of the plate and driven by a high-voltage amplifier (V_{max}=40 Vpp, f_{3dB}=100kHz, G=20dB).

6 Data-driven Defect and Damage Prediction

The purpose of this work is a fully self-contained and integrated damage and defect detection system using GUW signals as an input. A data-driven classificator model is used to predict a damage or defect nearby a particular sensor. If we assume a mesh-grid sensor network, all sensors signals can be merged as a three-dimensional signal tensor $S(x,y,t)$.

It is assumed that GUW signals interact with hidden damages or defects which can be extracted from the measured signal $s(t)$. Commonly, the raw time-dependent signal is transformed in the frequency domain. Fourier transforms are expensive and not well suited for damage feature extraction, so we use a fast discrete wavelet transform (FWT) by applying a simple Haar wavelet function, which can be finally be implemented with Integer arithmetic on microcontrollers.

The data-flow architecture implemented in each sensor node (except model training) is shown in Fig. 6. After signal pre-processing and normalization, the FWT is applied. The filtered signal is the input for a simple Fully Connected Neural Network (FCNN) with three layers and 10 Neurons in each layer, as shown in Alg. 1. An optional down-sampling of the filtered signal (by factor 4) can be applied, reducing the input vector of the FCNN and the number of parameters. The hyperbolic tangent function was chosen as an activation function. Experiments showed that a sigmoid function is not suitable for this problem (resulting in a significantly increased classification error). The experiments (off-line) were performed with the ConvNetJS software framework [7] using floating point arithmetic. After training and test the model was analyzed and transformed (scaled) into an 16 Bits signed Integer arithmetic model, which can be implemented in and processed by the sensor node microcontrollers using the proposed VM.

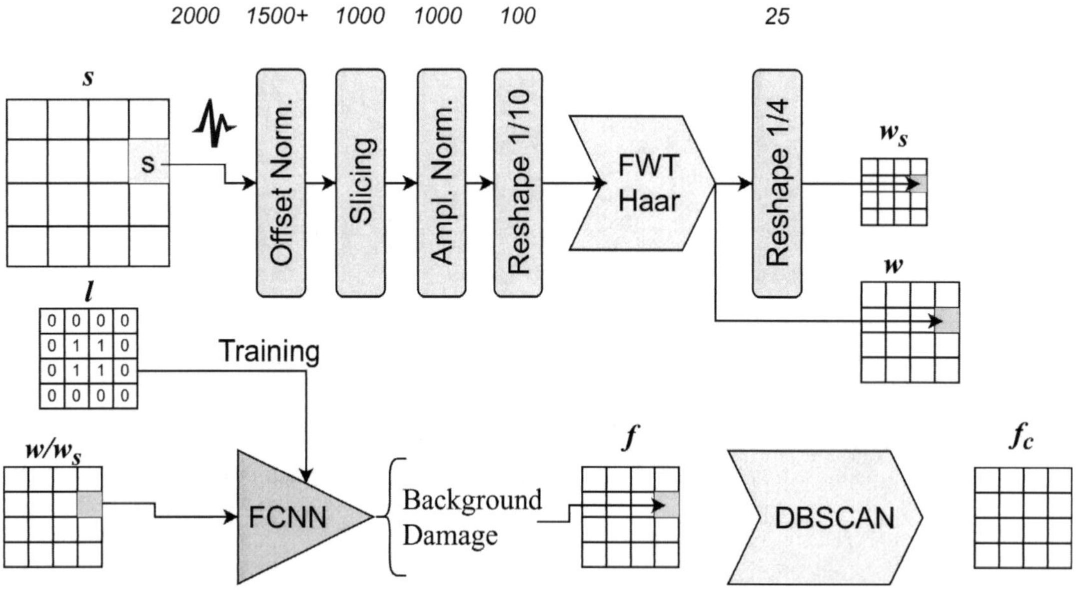

Fig. 6. Data-flow architecture implemented in each sensor node (except model training)

```
Fully Connected Neural Network
==========================================================
Classes:    2 {B,D}
Input:      [N,1,1]
Output:     [2]
Layers:     [L5 P9]
[1] input :               out=[N,1,1]  params=0
[2] fc :        in=[25]   out=[10]     params=N*10+10
[3] tanh :                out=[10]     params=0
[4] fc :        in=[10]   out=[10]     params=110
[5] tanh :                out=[10]     params=0
[6] fc :        in=[10]   out=[10]     params=110
[7] tanh :                out=[10]     params=0
[8] fc :        in=[10]   out=[2]      params=22
[9] softmax : in=[2]      out=[2]      params=0
-------------                          -------------------
Predictors: N                          Parameters=N*10+252
```

Alg. 1. FCNN summary with N as the size of the input vector (output from FWT)

7 Experiments and Evaluation

The experimental work-flow was as following:

1. Preparing a simple composite test plate consisting of three aluminum layers (0.5 mm thickness, top, middle, bottom layers) and two fibre-glass FR4 layers (inner layers). A 8 mm hole was drilled into the three inner layers at the center position. The size of the plate is 150x100 mm. All layers were glued with Epoxy resin under moderate load, but without applying vacuum and heat.
2. Recording of spatially distributed sample data using the air-coupled GUW scanning method with the same microphone and electronics (STM32 F303K8 with FPU) that are used in the sensor network.
3. Training and test of the FCNN model (float32 data type) using signal data from three different data sets with different microphone-surface heights (Z=4,5,6 mm), finally applying DBSCAN to the feature images to reduce noise.
4. Transformation of the trained float32 model into a scaled int16 model suitable for microcontroller processing. Performing tests and analysis, too.

The training and test data require annotated label data, too. The binary labels (no damage, background := B=0, and damage/defect := D=1) were assigned based on the known geometric parameters of the plate defect (square of 10x10 mm at center position). In total there were 75 positive (P) and 2808 negative (N) signal samples, with a training sub-set of 300/75 N/P samples randomly selected.

The statistical quality is shown in Tab. 1, achieved after 2000 training epochs and a batch size of 1. Please note that the results only reflect a proof-of-concept evaluation missing a rigorous statistical analysis, a solid experimental plan, data augmentation by using Monte Carlo simulation methods, and data cleaning. The overall quality with respect to true-positive (damage correctly detected) and true-negative (no damage correctly detected) is satisfying, although there is an increased false-positive rate of about 10%. There is no significant difference between float and integer arithmetic models, and there is no significant lowering of the prediction quality with the reduced input feature vector (25 instead of 100 elements). This is an important result because it reduced storage requirements significantly (about 500 versa 1200 model parameters). The results are mostly independent from the microphone-surface distance, which is important for the single board GUW camera, although the signal differ significantly, as shown in Fig. 7 (Bottom).

Parameters	Error [%]	F1 Score [%]	FP [%]	FN [%]
FWT=100 DT=Float32	8.3	0.89	10	0
FWT=25 DT=Float32	6.8	0.90	10	4
FWT=100 DT=Int16	8.3	0.90	10	2
FWT=25 DT=Int16	6.6	0.89	10	2.6

Tab. 1. Statistical evaluation of the experiments (FCNN classification results without clustering)

The feature image maps are shown in Fig. 7, Fig. 8, and Fig. 9, for the floating point and integer arithmetic models. The false-positive noise can be removed by applying a classical density-based clustering algorithm (DBSCAN).

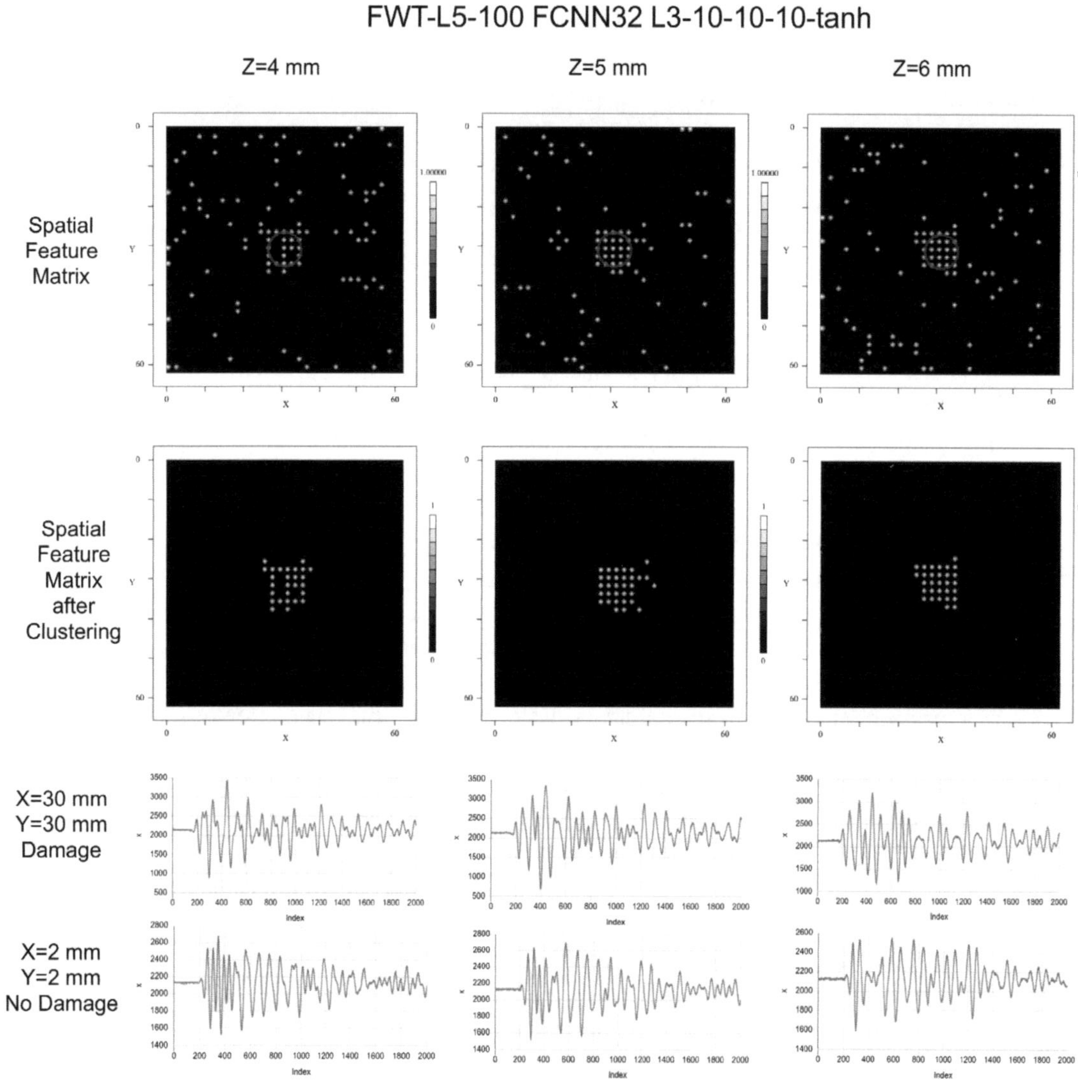

Fig. 7. Selected results for the float32 FCNN model and 100 FWT points (Top) Damage prediction results as a spatial feature matrix with signals measured at different heights above surface; mm scale (Middle) Result image after clustering (Bottom) Selected signals at different heights and positions; arbitrary scales. The red circle is the ground truth labeling.

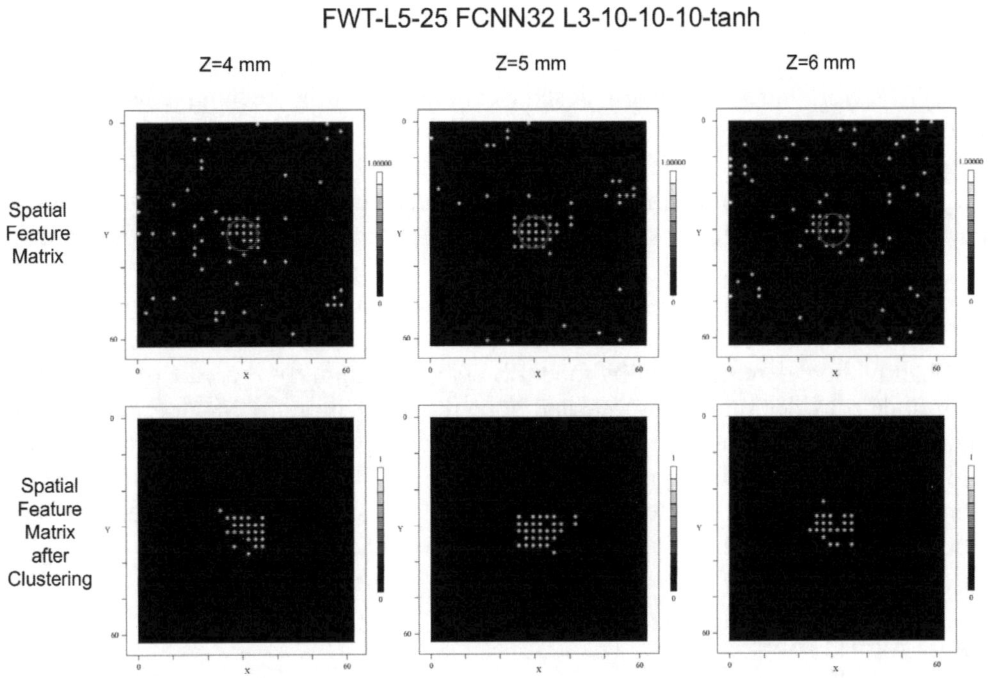

Fig. 8. Selected results for the float32 FCNN model and 25 FWT points (Top) Damage prediction results as a spatial feature matrix with signals measured at different heights above surface; mm scale (Bottom) Results after clustering. The red circle is the ground truth labeling.

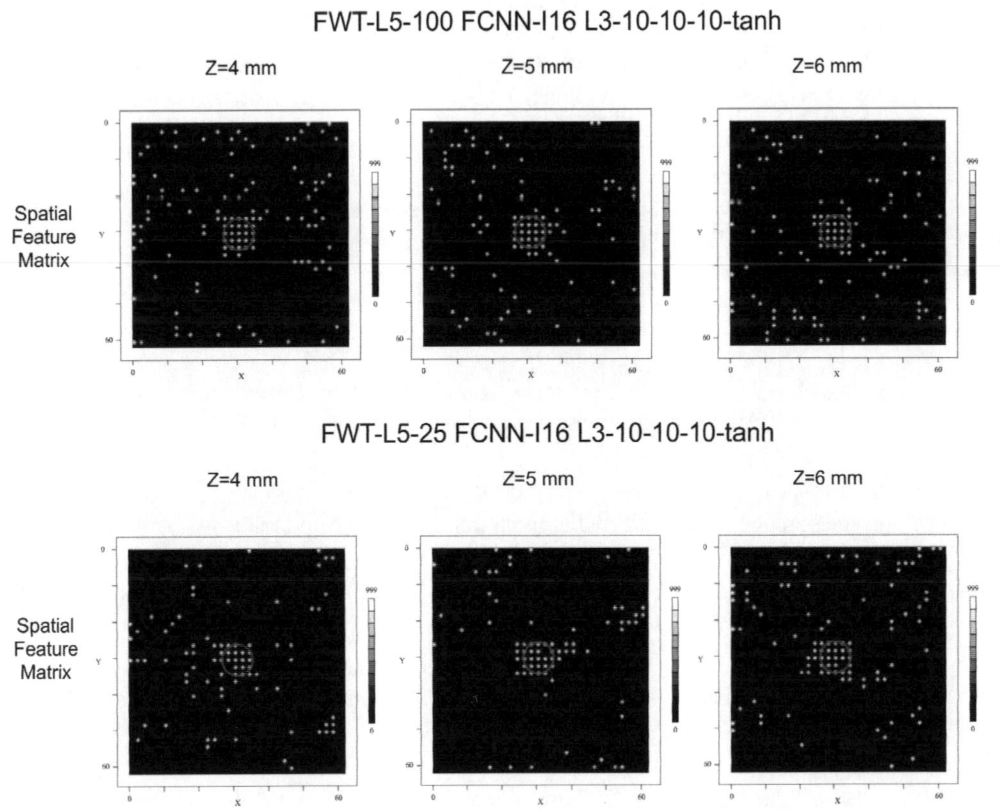

Fig. 9. Selected results for the int16 FCNN model and 100/25 FWT points (Top) 100 FWT points (Bottom) 25 FWT points (down-sampled). The red circle is the ground truth labeling.

8 Conclusions and Outlook

This work introduced a low-cost air-coupled measuring technique using a 1$ MEMS microphone as a signal receiver and a surface-coupled transducer as a sender. Each sensor is integrated with data processing and communication (ICT), providing a "Smart Sensor Node" for signal processing, feature extraction, and Machine Learning for feature prediction, finally composed to a distributed sensor network with mesh-grid communication. A simple FCNN model was able to predict a hidden damage in a Fibre-Metal laminate plate with high accuracy. If applied in a spatially distributed sensor network, neighboring node correlation and clustering can be used to reduce false-positive predictions (background noise) significantly, here demonstrated by the DBSCAN algorithm for the sake of simplicity. Each sensor node provides the full processing work-flow including the ML inference and is fully program-controlled by using an advanced VM architecture. All network nodes process the same program. In this work only a proof-of-concept study with spatial air-coupled GUW scanning (but with the same sensor) was shown, but the results can be transferred to a real microcontroller-based sensor network creating a GUW camera system.

App. 1 Abbreviations

ADC:	Analog-Digital Converter
CCM:	Core-coupled Memory
DAC:	Digital-Analog Converter
DMA:	Direct Memory Access (data transfers between devices and memory without CPU involvement)
FPU:	Floating-point Unit (arithmetic)
FWT:	Fast Wavelet Transformation
I2C:	Inter-Integrated Circuit
MCU:	Microcontroller
RAM:	Random Access Memory
ROM:	Read Only Memory
UART:	Universal Asynchronous Receiver-Transmitter (RS232)
SPI:	Serial Protocol Interface

References

[1] A. Asokkumar, E. Jasiūnienė, R. Raišutis, and R. J. Kažys, "Comparison of Ultrasonic Non-Contact Air-Coupled Techniques for Characterization of Impact-Type Defects in Pultruded GFRP Composites," Materials, vol. 14, no. 1058, 2021.

[2] W. HILLGER, L. BÜHLING, and D. ILSE, "Air-coupled Ultrasonic Testing-Method, System and practical Applications," in 11th European Conference on Non-Destructive Testing (ECNDT 2014), October 6-10, 2014, Prague, Czech Republic, 2014.

[3] R. Stoessel, N. Krohn, K. Pfleiderer, and G. Busse, "Air-coupled ultrasound inspection of various materials," Ultrasonics, vol. 40, 2002

[4] S. Bosse, A Virtual Machine Platform Providing Machine Learning as a Programmable and Distributed Service for IoT and Edge On-Device Computing: Architecture, Transformation, and Evaluation of Integer Discretization, Algorithms. 2024; 17(8):356. https://doi.org/10.3390/a17080356

[5] C. Polle, S. Bosse, D. May, Transformation of Guided Ultrasonic Wave Signals from Air Coupled to Surface Bounded Measurement Systems with Machine Learning Algorithms for Training Data Augmentation, in Proceedings of the 11th International Electronic Conference on Sensors and Applications, 26–28 November 2024, MDPI: Basel, Switzerland, doi:10.3390/ecsa-11-20448

[6] SPU0410LR5H-QB, Zero-Height SiSonic TM Microphone, Knowles Electronics, datasheet from 27.3.2013, https://www.knowles.com, accessed on-line 1.1.2025

[7] ConvNetJS, https://cs.stanford.edu/people/karpathy/convnetjs, accessed on-line, 1.2.2025

[8] Stefan's BASIC, https://github.com/slviajero/tinybasic, accessed on-line, 1.2.2025

[9] Use STM32F3/STM32G4 CCM SRAM with IAR Embedded Workbench, Keil MDK-ARM, STMicroelectronics STM32CubeIDE and other GNU-based toolchains, https://www.st.com/resource/en/application_note/an4296-use-stm32f3stm32g4-ccm-sram-with-iar-embedded-workbench-keil-mdkarm-stmicroelectronics-stm32cubeide-and-other-gnubased-toolchains-stmicroelectronics.pdf, accessed on-line 1.2.2025

Embedding Wireless MEMS Vibrometers into Fiber Metal Laminates for Guided Ultrasonic Wave Detection

Thomas ROLOFF [1], Jan Niklas HAUS [1], Sarah BORNEMANN [2], Andreas DIETZEL [1], Björn LÜSSEM [2], Michael SINAPIUS [1]
[1] Technische Universität Braunschweig, Braunschweig, Germany, thomas.roloff@tu-braunschweig.de
[2] Universität Bremen, Bremen, Germany

Abstract. Fiber metal laminates (FML) are of interest for lightweight structures as they combine the advantageous material properties of metals and fiber-reinforced polymers. Their structural condition can be assessed using guided ultrasonic waves in structural health monitoring systems. The performance is based on reliable data acquired at the location of event. This is achieved by embedding the corresponding sensors into the laminate and assuring energy and data transfer into and out of the structure.

This study presents an approach of embedding novel MEMS vibrometers for guided ultrasonic wave detection inside an FML consisting of steel and electrically conductive carbon fiber-reinforced polymer while enabling wireless energy and data transfer using a material-integrated antenna.

Ultrasonic through-thickness scans validate the successful integration process of MEMS vibrometers and the corresponding miniaturized sensor node into the FML. A combined setup of wirebound and wireless sensors in the FML specimen enables direct comparison between both sensor signals and a laser Doppler vibrometer is used to generate reference data at the surface of the specimen at the respective positions. The MEMS vibrometer signals are successfully correlated to the laser Doppler vibrometer signals and the influence of material-integrated components on the wave propagation is investigated. In conclusion, challenges and advantages provided by the integration of complete wireless sensor systems directly into the host material are discussed.

Keywords: fiber metal laminate, guided ultrasonic waves, MEMS vibrometer, wireless data acquisition, sensor integration

Technische Universität Braunschweig

Institute of Mechanics and Adaptronics **ima**

Embedding Wireless MEMS Vibrometers into Fiber Metal Laminates for Guided Ultrasonic Wave Detection

Thomas Roloff [1], Jan Niklas Haus [1], Sarah Bornemann [2], Andreas Dietzel [1], Björn Lüssem [2], Michael Sinapius [1]

[1] Technische Universität Braunschweig, Germany

[2] Universität Bremen, Germany

SCHALL 25 | Dresden | 27 – 28 March 2025

Presentation of the research unit FOR3022

- Research unit FOR 3022 funded by German Research Foundation (DFG)
- FOR 3022: Ultrasonic Monitoring of Fiber Metal Laminates Using Integrated Sensors

- Participating institutions: Technische Universität Braunschweig, Universität Bremen, universität koblenz, Universität Siegen, DLR

Technische Universität Braunschweig

27 March 2025 | Thomas Roloff | Structural Health Monitoring of Fiber Metal Laminates | Page 2

Barely visible impact damage can occur in fiber metal laminates

- Barely visible impact damage (BVID) can occur in fiber reinforced polymers and fiber metal laminates
- Guided ultrasonic waves (GUW) interact with structural damage and can be used to detect BVIDs

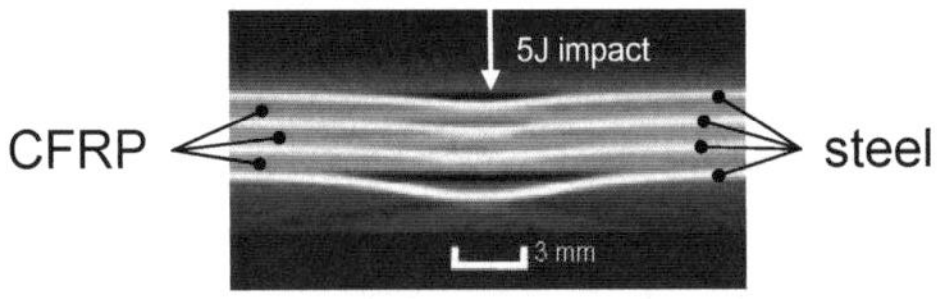

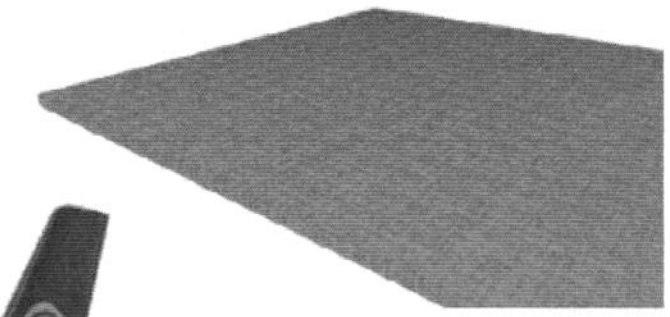

CT-Scan: University of Applied Sciences Upper Austria, Airbus A380: free3d.com/de/3d-model/airbus-a380-1000-lufthansa-3d-model-5657.html, GUW video: youtube.com/watch?v=WxFxgwwB6YU

MEMS technology enables design of micro-scale GUW sensor

- MEMS vibrometer with seismic mass and piezoresistors
- Dynamic design to operate above first resonance frequency
  → Sensitivity to displacement movement
- Structural design to enlarge operational frequency range
  → Suppression of undesired mode shapes

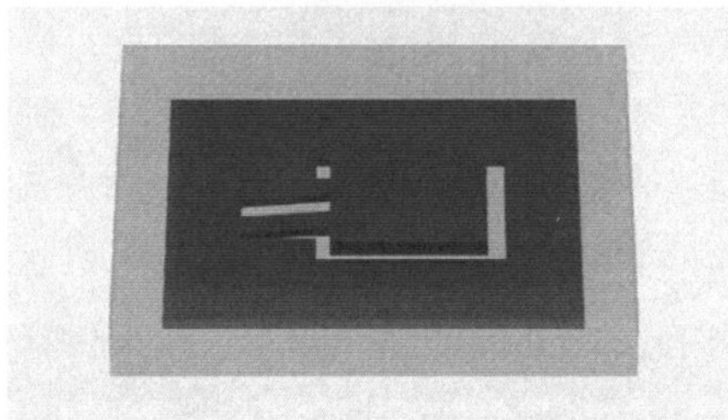

Institut für Mikrotechnik

Responsibility inside FOR3022: IMT, TU Braunschweig

High-precision manufacturing of MEMS GUW sensors

- Structured silicon layer to form seismic mass
- Boron-doping to create piezoresistors

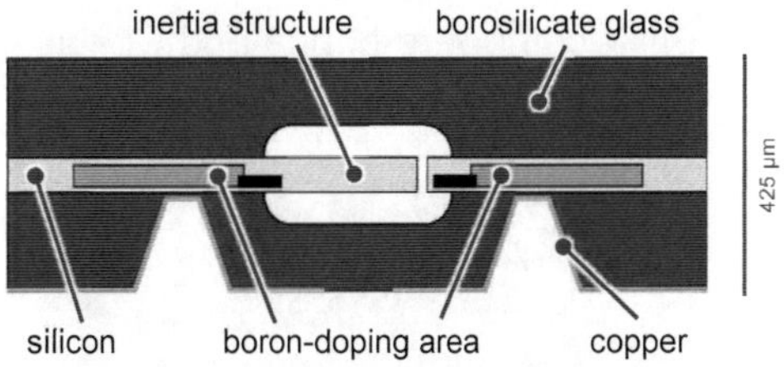

- Increased manufacturing accuracy by changing from laser-cutting to deep reaction ion etching (DRIE) technology

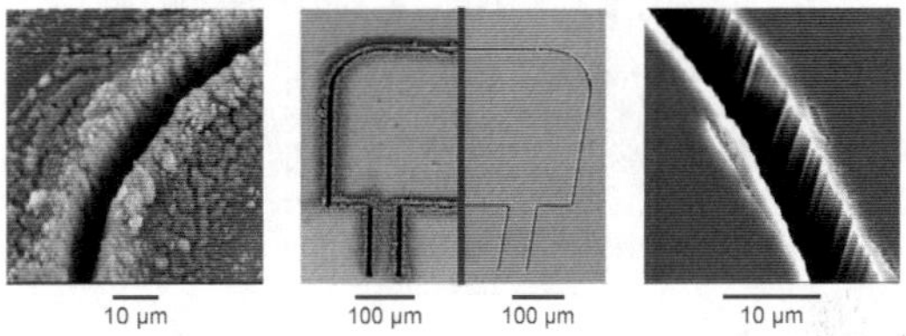

Structure-integrated antenna enables wireless data transfer

- Custom miniaturized electronics
  - Can be embedded in FML
  - Enable energy and data transfer

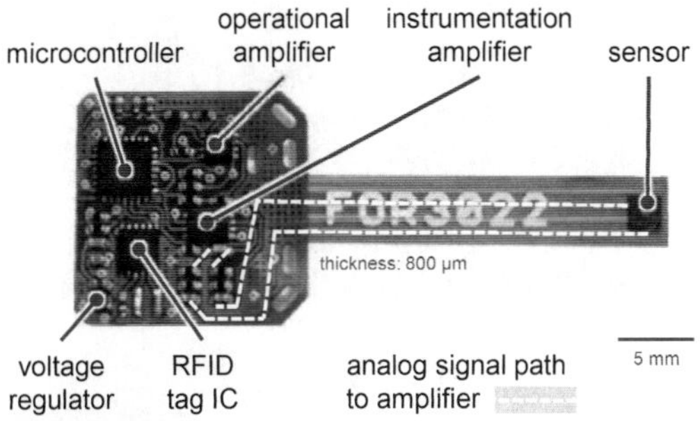

- Structure-integration of antenna in top metal layer by laser structuring
- Ferrite sheet for electrical insulation from electrically conductive CFRP layers

Integration of MEMS vibrometers and electronics into FML

- Embedding wire-bound and wireless MEMS vibrometers inside CFRP-steel

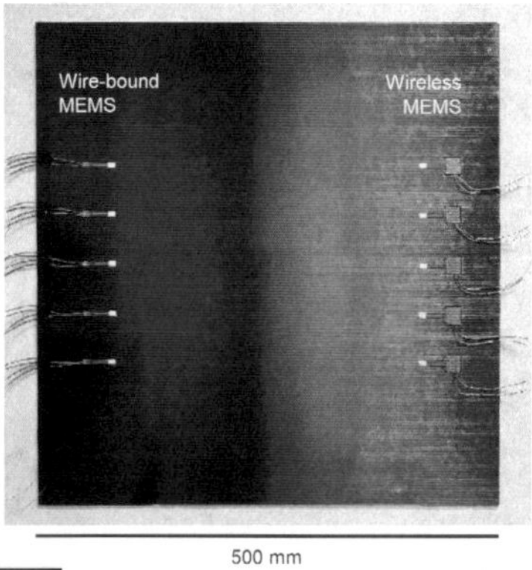

- Wire-bound MEMS vibrometers

- Sensor node for wireless readout

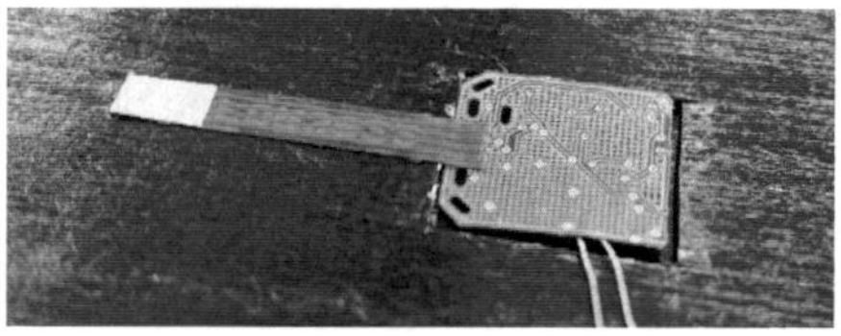

Components successfully integrated with minor air cavities

- Full functionality of MEMS after FML manufacturing (180 °C / 7 bar)
- Good adhesion to surrounding layers
- Minor cavities in vicinity of MEMS

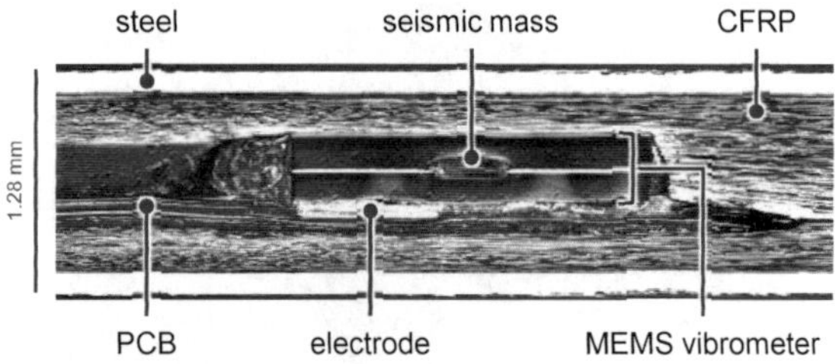

- Full functionality of electr. components after FML manufacturing (180°C / 7 bar)
- Air cavities in previously molded-in electronics (Not shown on previous slide)

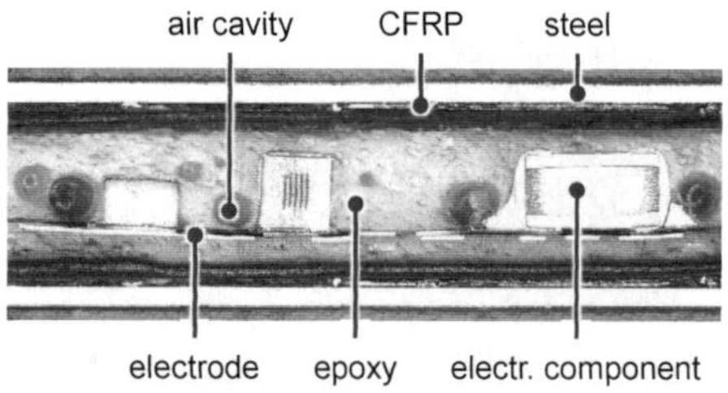

Wireless MEMS functionality is validated after integration

- Successful sensor integration
  - Full functionality after FML manufacturing (180 °C / 7 bar)
- Proof of GUW detection with unidirectional sensitivity
  - Validation using laser vibrometry

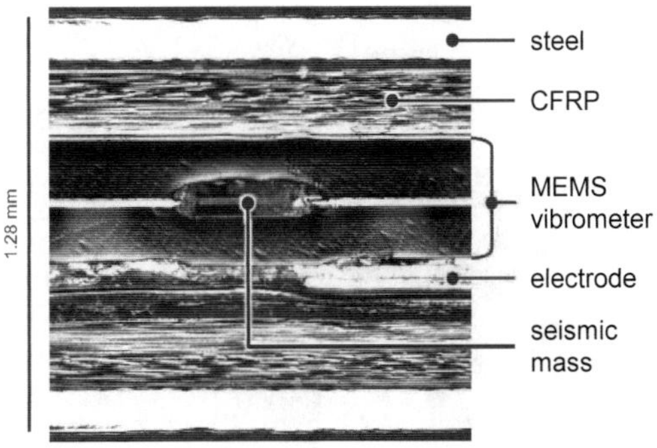

Wireless MEMS functionality is validated after integration

- Successful sensor integration
  - Full functionality after FML manufacturing (180 °C / 7 bar)
- Proof of GUW detection with unidirectional sensitivity
  - Validation using laser vibrometry

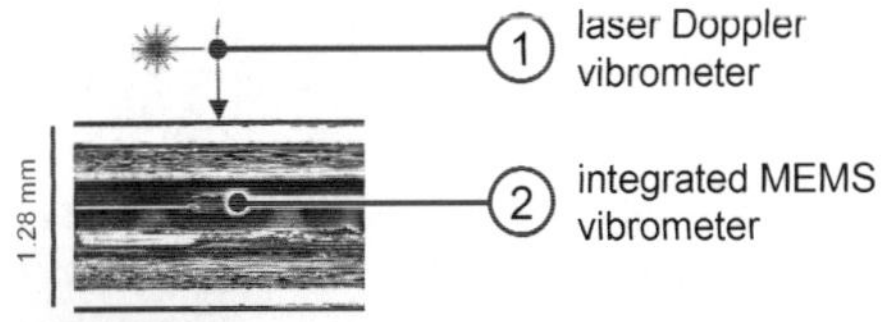

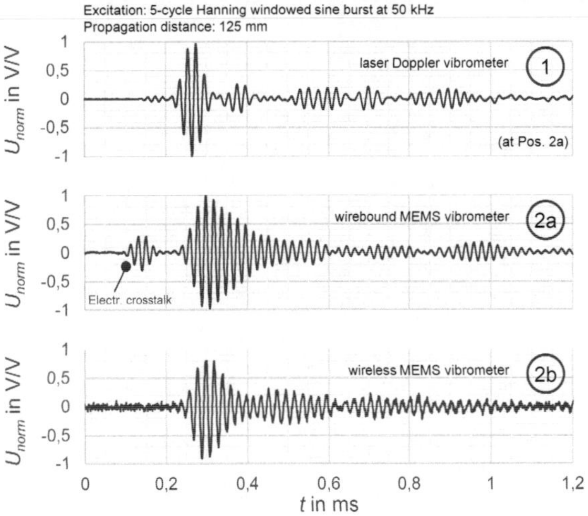

Contact Data

Thomas Roloff

Technische Universität Braunschweig
Institute of Mechanics and Adaptronics – Germany

thomas.roloff@tu-braunschweig.de

linkedin.com/in/roloff-thomas/

Monitoring of GFRP pipelines in Power Plants using active acoustic methods

Robert NEUBECK[1], Lars SCHUBERT[1], Mareike STEPHAN[1], Alexander PIETZSCH[1], Mario KÜHMSTEDT[1], Tobias GAUL[1], Jens RIDZEWSKI[2], Barbara WALDMANN[3], André MAUN[3]

[1] Fraunhofer IKTS, Maria-Reiche Straße 2, 01109 Dresden, Germany,
robert.neubeck@ikts.fraunhofer.de, lars.schubert@ikts.fraunhofer.de,
mareike.stephan@ikts.fraunhofer.de, alexander.pietzsch@ikts.fraunhofer.de,
mario.kuehmstedt@ikts.fraunhofer.de, tobias.gaul@ikts.fraunhofer.de

[2] Applus+ IMA, Wilhelmine-Reichard-Ring 4, 01109 Dresden
jens.ridzewski@ima-dresden.de

[3] RWE Power AG, Kraftwerk Niederaußem, 50129 Bergheim
Barbara.waldmann@rwe.com, andre.maun@rwe.com

Abstract

In coal-fired power plants, the flue gas is transported through fibreglass-reinforced pipelines to cooling towers during the combustion of the respective raw material. These glass-fibre reinforced pipelines are usually located at great heights and can have very large diameters of several meters. Up to now, testing has been carried out as part of inspections during planned shutdowns and is associated with corresponding costs. The article is discussing the application of elastic wave measurement methods in hindsight of a 4-month field test at the power plants in Niederaussem and Neurath in Germany. The active measurement method, based on evaluation of guided elastic waves, was used to investigate the relationship between elastic material characteristics of the aged laminates and the phase velocities of guided waves. For this purpose, various sample panels were extracted from the cleaned gas channels and material parameters were determined by destructive testing methods afterwards. These material parameters were then compared with experimentally determined phase velocities of different wave modes, which were excited by piezoelectric transducers and recorded using a laser Doppler vibrometer. Furthermore, the influence of residual deposits in the gas channels on guided waves was also investigated as this would give an opportunity to detect liquid or solid residuals during operation non-destructively. Therefore, laboratory tests were conducted with varying filling levels to find suitable excitation frequencies and configurations. Based on the previous results a 4-month field test at Neurath was carried out, with additional focus on the influence of changing environmental conditions on the measurement results.

Keywords: guided waves, monitoring, power plant, glass fibre reinforced plastics, pipelines

https://doi.org/10.58286/30967

Introduction

Glass fiber-reinforced plastic (GfrP) components have been in use at RWEs coal-fired power plants for several decades. In the investigated case of flue gas pipelines in coal power plants, the GfrP components are exposed to operational (thermal and chemical) and environmental loads. This leads to degradation wherefore inspection cycles are carried out to prevent any impairment of operation or failures. Due to logistical and safety reasons, these inspections are limited to planned shutdowns of the pipeline and any subsequent repair would mean a costly extension of the shutdown at worst. Besides degradation, undesired residues such as deposits in clean gas channels can occur, influencing operation effectiveness.
Both topics would benefit from a non-destructive measurement, which at best can be carried out externally at any time without further restrictions. Therefore, this article examines the extent to which guided elastic waves (GEW), alternatively referred to as guided ultrasonic waves can contribute assessing the need for maintenance in form of material parameter estimation in chapter 1 and evaluating residual deposition of suspension in chapter 2. For this purpose, active (AU-acousto ultrasonic) and passive (AE-acoustic emission) measurements were carried out in two power plants for 4-5 months each with different focus of investigation (**Fehler! Verweisquelle konnte nicht gefunden werden.**). The recently published results of the associated Acoustic Emission Measurement as well as the description of field instrumentation for both powerplants can be obtained from [1].

Table 1. Main focus of investigation

	Structural integrity	Material characteristics	Deposition of suspension
Power plant Niederaußem	AE	AU	
Power plant Neurath	AE		AU

1. Guided Waves for Detection of Changes in Material Properties

1.1 Measurement Concept

The geometry, the layering and the single elastic material properties of each layer are influencing the specific group and phase velocity of guided wave modes as functions of frequency in platelike composite structures [2]. In recent years many researchers investigated the possibility to estimate unknown or altered material properties by solving an inverse problem by implementing an optimization process to find the best fitting material composition which explains measured phase or group velocities [3, 4, 5, 6, 7]. Apart from a certain data resolution and robustness the automatization of this process requires a stable and fast forward operator, which can predict the dispersion curves for a given material composition. For this purpose the open source software Dispersion Calculator (DC) was used [8, 9]. Additionally, multilayered GfrP plates were simplified by the Equivalent Single Layer (ESL) method [10, 11] and therefore assumed as a quasi-isotropic single layer.
Fig. 1 depicts the concept of material parameter estimation in this work. Phase velocities measured by 3D laser Doppler vibrometery (LV) in the lab or group velocities measured by piezoelectric transducers (PZTs) directly in on-sight were investigated. By changing the input (material properties) of the DC software the resulting dispersion curves were iteratively fitted to the measured data. Despite the first results of this optimization the main of this publication

is limited to the comparison between the change of wave mode velocities and material properties preserved by subsequent destructive testing.

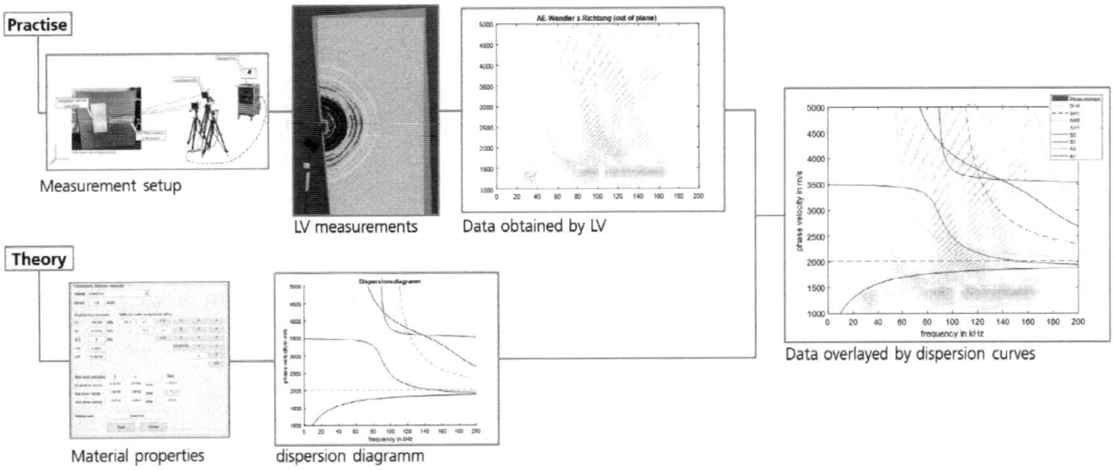

Fig. 1. Concept of measurements performed by 3D laser Doppler vibrometery (Polytec PSV-500-3D)

1.2 Experimental Setup for Lab Measurements

Different guided wave modes (A0 mode, S0 mode, SH mode) were excited suitable PZTs in the laminate panels K1-K3 which were removed from a clean gas channel after being in operation. K1 was located inside a structure (d=25mm), K2 (d=32mm) and K3 (d=33mm) were located outside, each with a different thickness d. K0 was a newly manufactured plate (d=30mm). Three particle velocities (inplane, inplane-shear, out-of-plane) along the longitudinal direction of the composites along a line scan were recorded by the LV (see Fig. 2) . RC5 (raised cosine) signal with central frequencies of 30 kHz, 70 kHz, 100 kHz and 150 kHz as well as a Sinc-signal up to 250 kHz were excited, whereby only the RC5 signals were included in the data evaluations shown here.

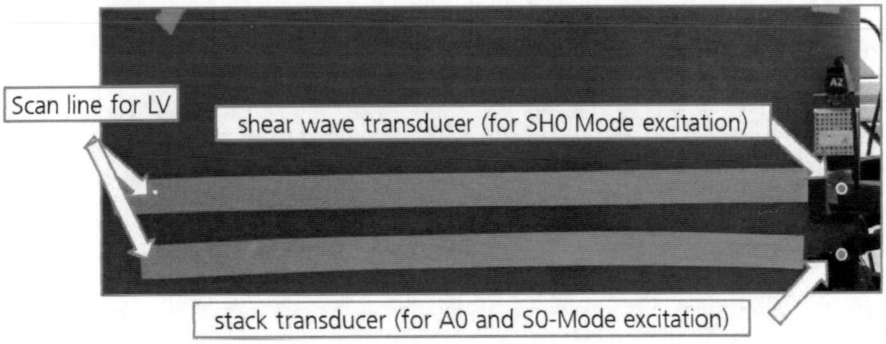

Fig. 2. Measurement setup for recording the phase velocities of A0, S0 and SH0-mode resolved along the frequency by a LV line scan. The A0 mode and S0 mode were excited by a piezo stack transducer and SH modes by a shear transducer.

1.3 Results of Lab Measurements

After carrying out the measurements, the results were normalized to the frequency-thickness product and converted into phase velocity diagrams for better comparability due to the different thicknesses. These are shown in Fig. 3 to Fig. 6 for the different specimen.. The new plate (K0) shows a significantly reduced A0 phase velocity compared to K1-K3 that were previously in operation. However, due to the surface roughness of K1-K3, LV measurements were conducted on the original inner side of the plate whereas for K0 on the outer side. It is assumed to have no significant influence on the phase velocity measurements of the fundamental modes. Additionally, the phase velocities of the plates extracted from the outer area of the clean gas channel (K2 and K3) differ from those of plate K1 which was located originally inside a building and so protected from influence of certain environmental conditions.

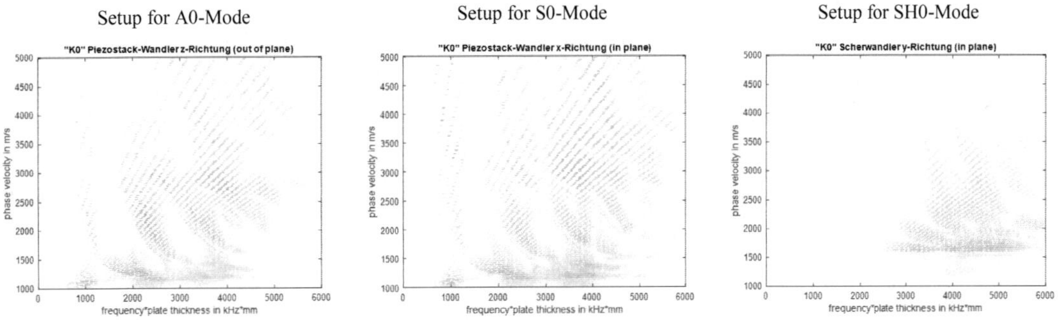

Fig. 3: Measurement data for K0, recorded at outer side

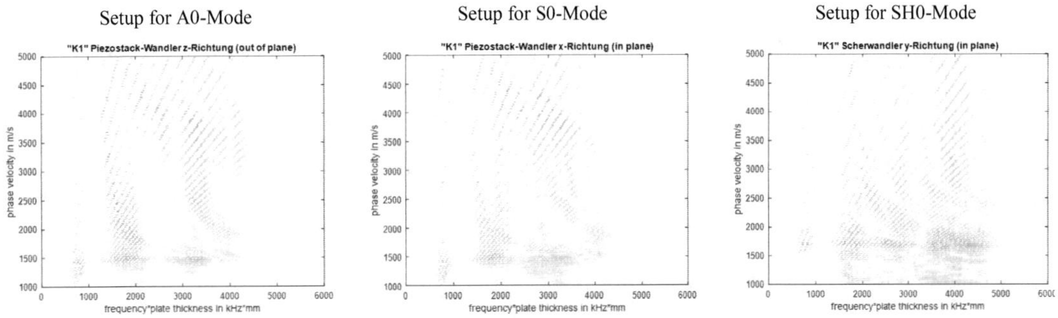

Fig. 4: Measurement data for K1, recorded at inner side

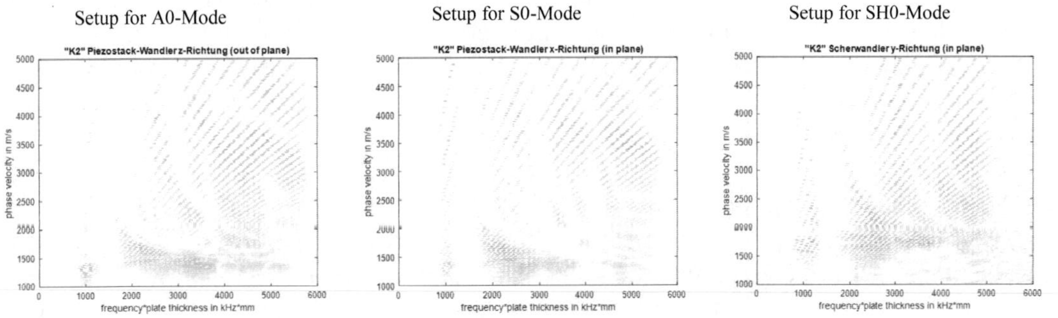

Fig. 5: Measurement data for K2, recorded at inner side

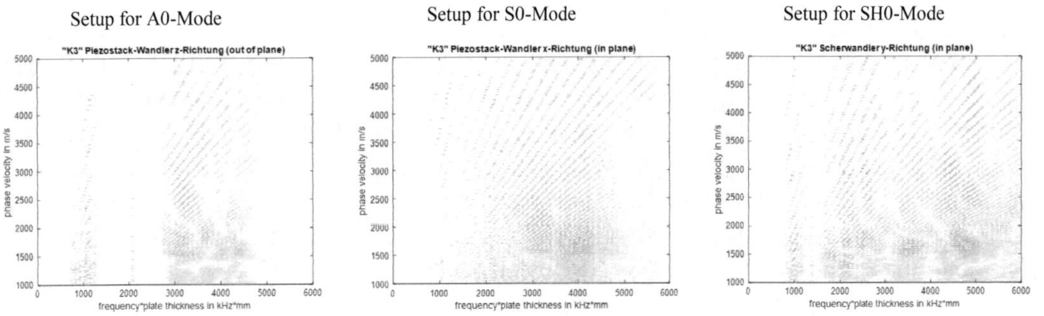

Fig. 6: Measurement data for K3, recorded at inner side

	A0@30kHz*30 mm [m/s]				S0@70kHz*30mm [m/s]				SH0 [m/s]			
Schwingungs-komponente	out-of-plane (z)				in-plane (x)				in-plane (y)			
	K0	K1	K2	K3	K0	K1	K2	K3	K0	K1	K2	K3
X (Φ=0°)	1100	1400	1370	1330	1240	1470	1630	---	1630	1690	1730	---

--- not reliable identifiable in data

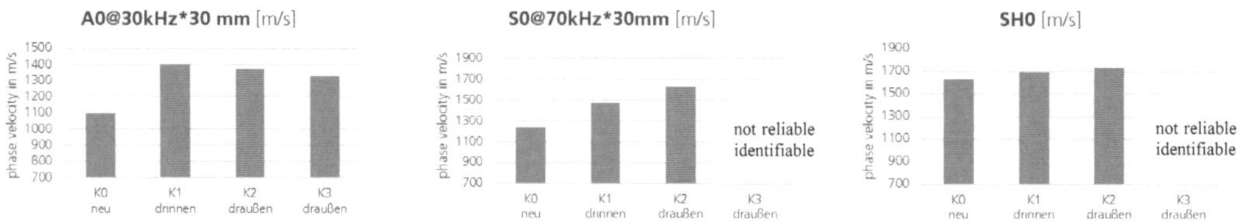

Fig. 7: Phase velocities of A0, S0 and SH0-mode, obtained from the LV line scan data.

The frequency thickness product of 30kHZ* 30 mm was selected for the A0 mode and 70 kHz * 30 mm for the S0 mode, and the measured phase velocities are shown in Fig. 7. As expected, the SH0 mode has the same phase velocity over the entire frequency*thickness range, so that no frequency-specific selection had to be made here.

1.4 Correlation with Material Properties

Applus+ IMA Dresden carried out a subsequent destructive material characterization (Fig. 8). The values in the longitudinal direction correspond to the direction of propagation of the guided waves in the composites and are used for the following evaluations. From this table, the modulus of elasticity E_b determined by means of a 3-point bending test was compared with the velocities of the wave modes in Fig. 9.

For the A0 mode, a phase velocity was estimated for each specimen, which is why a linear regression was subsequently carried out for this and the result is shown in Fig. 10. Overall, an evident correlation of R=0.8981 was established between the two variables.

1.5 Evaluation and Results of Field Measurements

Field measurements were performed in Neurath on a clean gas channel in the period from 10.12.2023 to 26.04.2024. 12 PZTs were installed in a 3.3 x 8m^2 section. Details about instrumentation, sensor and measurement setup can be found in [1]. Change in the group velocity for the first incoming significant wave packet for different excitation frequencies are shown in Fig. 11. The focus of the investigations was the evaluation of the residual environmental influence on the group velocity after necessary temperature compensation (see 2.3 Evaluation of field measurements). The frequency-dependent and angle-dependent group velocity is evident at all frequencies. The right-hand side of the diagram provide the measured variables over the observation time as polar plots.

	Eigenschaft	Rechenwert Standsicher-heitsnachweis	Festlegung Bemessungs-kennwerte aus Teilsicher-heitsbeiwerten	**Festlegung Bemessungs-kennwerte aus Vergleichs-werten**	**Prüfergebnisse Applus+ IMA [2]**		
					Platte 1	**Platte 2**	**Platte 3**
Umfangsrichtung	Eb [MPa]	20.500	8.666	**22.000**	**23.400**	**24.190**	**23.400**
	Ez [MPa]	21.000	8.878	**21.800**			
	G [MPa]	4.200	1.776	**4.200**			
	σ_b [MPa]	480	203	**180**	**263**	**276**	**264**
	σ_z [MPa]	400	169	**160**			
	τ [MPa]	50	21	**20**			
	ε_{fm} [%]	0,3	0,3	**0,3**	**1,2**	**1,2**	**1,2**
Längsrichtung	Eb [MPa]	12.500	3.963	**12.800**	**13.400**	**14.900**	**15.500**
	Ez [MPa]	12.500	3.963	**12.500**			
	G [MPa]	4.000	1.268	**4.050**			
	σ_b [MPa]	150	48	**53**	**102**	**112**	**99**
	σ_z [MPa]	150	48	**50**			
	τ [MPa]	50	16	**15**			
	ε_{fm} [%]	0,3	0,3	**0,3**	**0,8**	**0,9**	**0,7**

Fig. 8: Result of the destructive material characterization of plate 1 (K1), plate 2 (K2), plate 3 (K3), provided by Applus+ IMA

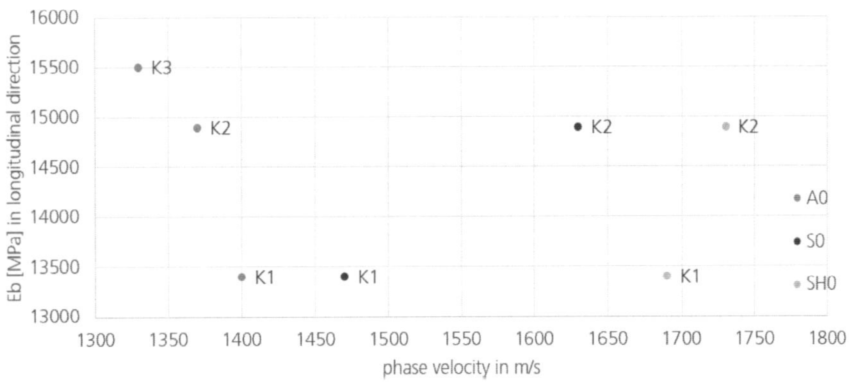

Fig. 9: Comparison of the non-destructively determined phase velocities of specimen K1-K3 with the modulus of elasticity E_b

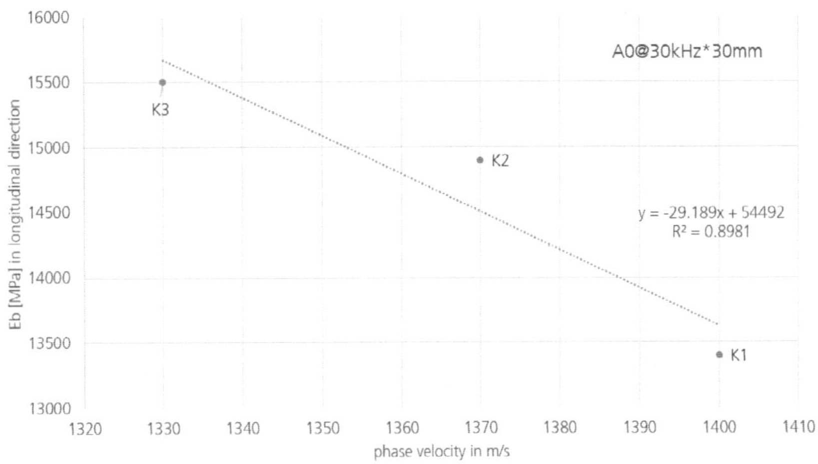

Fig. 10: Linear regression for the phase velocity of the A0 mode for the frequency thickness product of 30 kHz * 30 mm

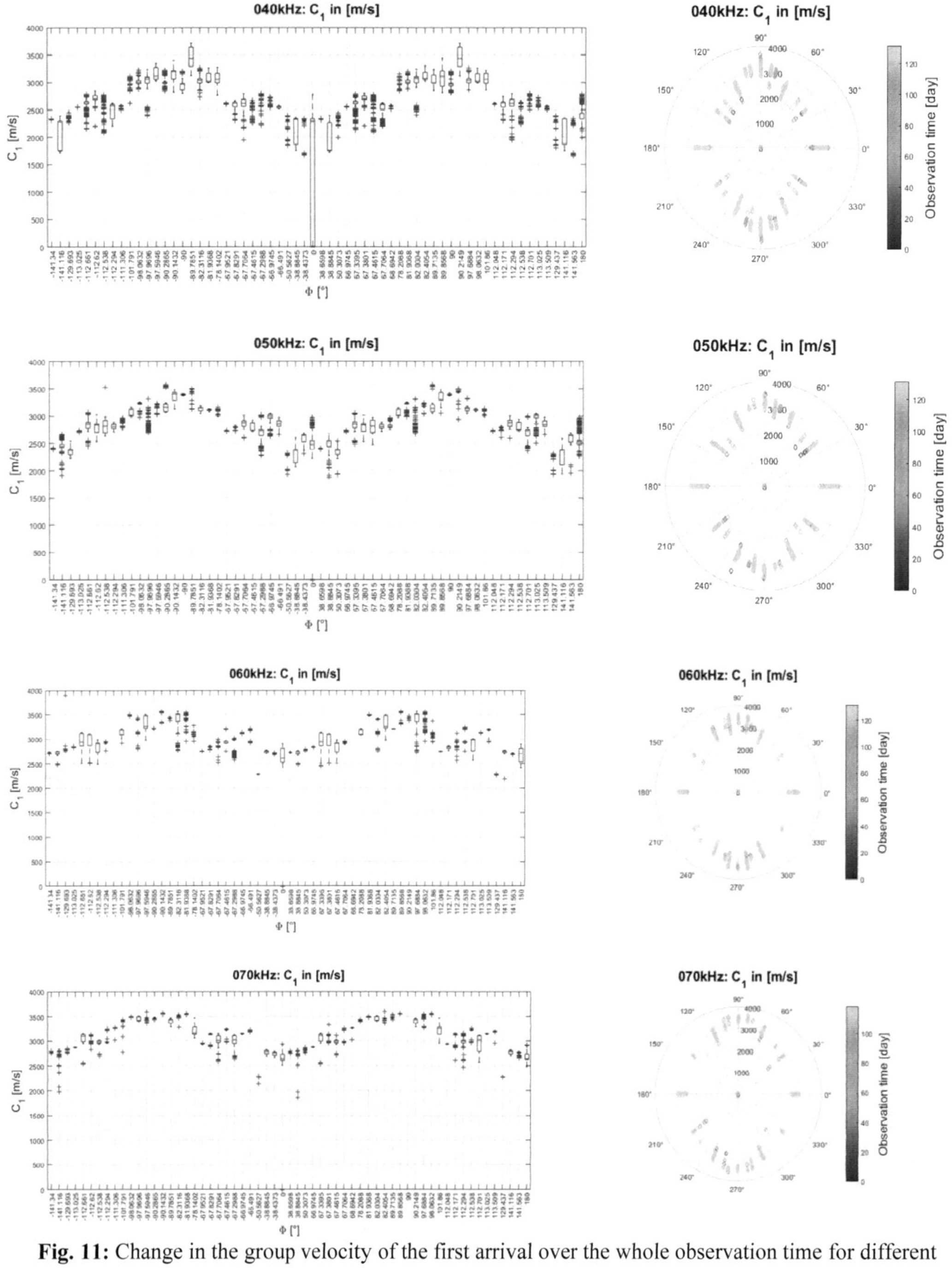

Fig. 11: Change in the group velocity of the first arrival over the whole observation time for different excitation frequencies (40-70 kHz, from top to bottom), plotted against the propagation angle of the GEW

2. Guided Waves for Detection of Deposits

The starting point for this assumption was earlier investigations [2], in which sand deposits in containers were detected by means of changes in the attenuation of the acoustic waves.

The suitability of the method was verified by means of laboratory measurements in which a targeted suspension build-up was set and correlated with the change in the attenuation of the guided waves. The process was then transferred to practice in field tests. Here it was necessary to compensate for the influence of temperature, as this overlaps the measurement effect.

2.1 Test setup for lab measurements

The already mentioned newly manufactured plate (K0 plate) was used to create a realistic test environment. A filling basin was mounted on the inside of the curved plate, into which the suspension was later filled. Four ultrasonic transducers (identical to those used in the field measurements later) were applied to the outside of the plate (see Fig. 12).

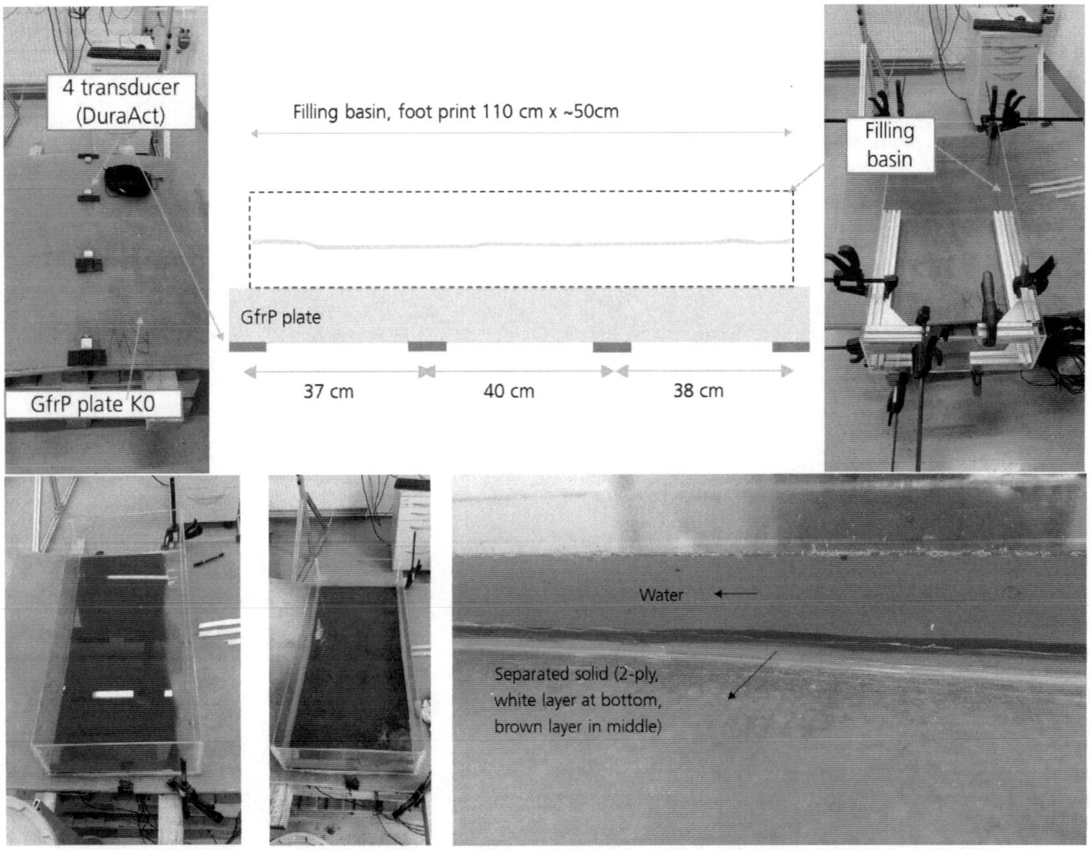

Fig. 12: Measurement setup for detecting the attenuation of the guided waves due to suspension

A calcium sulphite solution was filled into the basin in various steps. This calcareous solution contains solids that settle to the bottom after a short time. A white and brown solid phase was observed. The level was determined visually at the lowest position of the curved plate. Nine measurements were carried out, the first without filling and the following eight campaigns with varying (increasing) filling levels. Nine frequencies from 20-100 kHz were excited with increasing 10 kHz steps and recorded by 4 PZTs with nearly equidistant spacing in a straight line. The measurement data for each filling level was recorded over a longer period (6-18 h), whereby no significant scattering of the measurement data could be observed. The results shown below refer to the averaged data for one filling level. Parallel to the tests, the temperature was recorded at 2 points on the plate and constant during the entire series of tests in the range $\Delta T \sim 1K$.

Table 2. Solid and liquid content of the filling levels of the 9 measurement campaigns

Number of Filling Level	Overall filling level	Solid phase (white)	Solid phase (brown)	Water level
0	0 cm	0 cm	0 cm	0 cm
1	1,5 cm	0,2 cm	0,3 cm	1 cm
2	2,5 cm	0,3 cm	0,5 cm	1,7 cm
3	3,5 cm	0,5 cm	1 cm	2 cm
4	5,0 cm	0,6 cm	1,2 cm	3,2 cm
5	6,0 cm	1 cm	1 cm	4 cm
6	7,5 cm	1 cm	1,5 cm	5 cm
7	9,0 cm	1,3 cm	1,7 cm	6 cm
8	9,5 cm	1,4 cm	1,8 cm	6,3 cm

2.2 Results of lab measurements

Fig. 13 shows the attenuation rate of the first arriving significant wave packet (A0) for the different filling levels and for a selected frequency range. Whereas the attenuation here includes leakage effects by the suspension, scattering losses and geometrical spreading. The propagation path of the guided waves was completely covered by suspension. A uniform attenuation (approximately linear along the propagation path) is assumed for the evaluation. With increasing suspension growth, an increase in attenuation can be observed. The largest increases in attenuation were observed in the range between 40 kHz and 80 kHz. Fig. 13 also shows attenuation changes between 18-23 dB/m across all fill levels. If one relates the 18 dB/m to the total change in filling level of 9.5 cm, we obtain an attenuation change of approx. 2 dB/m per cm of filling level. This means that with a propagation distance of the guided waves of 1m in the GfrP panel between 2 adjacent sensors, the amplitude of the guided waves changes by 2dB per centimetre of suspension increase.

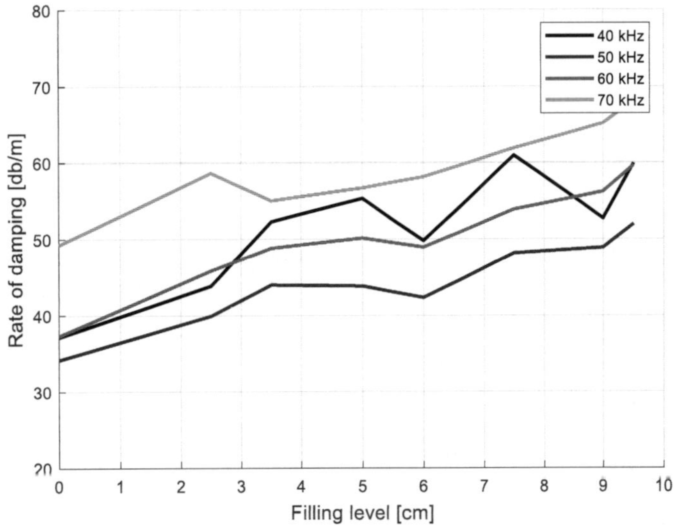

Fig. 13: Attenuation rate of the first wave packet for different filling heights of the suspension and different excitation frequencies

2.3 Evaluation of field measurements

The sensor network described in [1], consisting of 12 PZTs, was used for the field measurements. This resulted in 132 possible propagation paths between the PZT positions. An RC5 pulse was excited and 6 different frequencies between 20 kHz and 70 kHz (in 10 kHz steps) were chosen as excitation frequency. Four measurements were taken per day and recorded automatically. In addition to the possible deposit of suspension, there are other process induced influences of the amplitude of the measurement signals as block output (Power), flue gas, outside temperature, wind.

In further work, it was decided to compensate for the influence of temperature. This was recorded by additional temperature measurement at a measuring point directly on the channel. A 4-week period at the beginning of the test period was selected as the baseline (Fig. 14). The signals recorded in this reference period were used as the basis for temperature compensation.

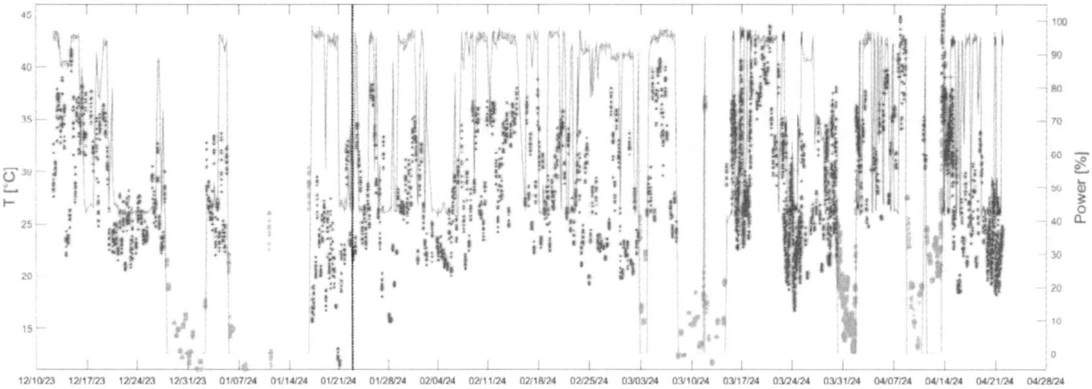

Fig. 14: IKTS temperature sensor (left) and block power (right, orange) over time with the end of the reference period marked (black, vertical dashed line), grey marked data were not considered in further data evaluation due to confidence criteria

Due to the multivariate influence of process and environmental parameters as well as disturbances, not all recorded signals in the reference period (as well as in the future periods) were included in the subsequent data evaluation. A selection of the measurement data was carried out using the following criteria and a confidence interval was formed, the criteria of which all signals taken for further processing must satisfy:

Definition of confidence interval (unfiltered signals):

- Signals not overmodulated (95% maximum amplitude over the entire signal)
- Min. 50% reciprocity (concerns the consideration of the signals in both directions on the same transmission paths)
- Max. 50% deviation of the central frequency from the excitation frequency
- Min. 40% power plant output

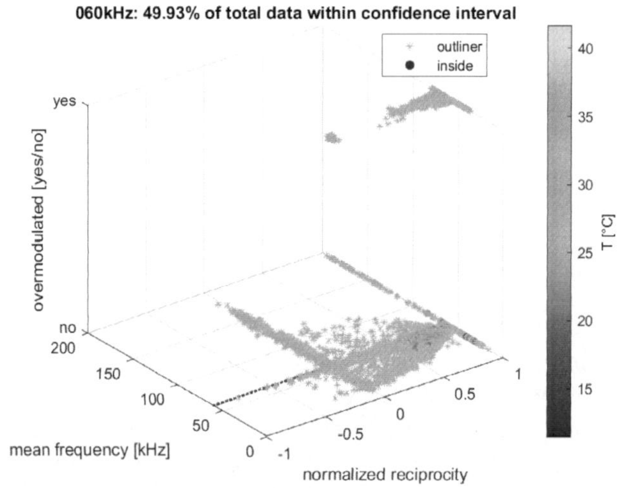

Fig. 15: Selection of the measurement data by the confidence interval using the example of the 60 kHz excitation frequency

Fig. 15 shows an example of this measurement data selection for an excitation frequency of 60 kHz for a specific measurement path. In this specific case, approx. 50% of the recorded data were within the confidence interval and were used for the following evaluations. Two compensation approaches were examined subsequently regarding temperature and their advantages and disadvantages are briefly described in the following.

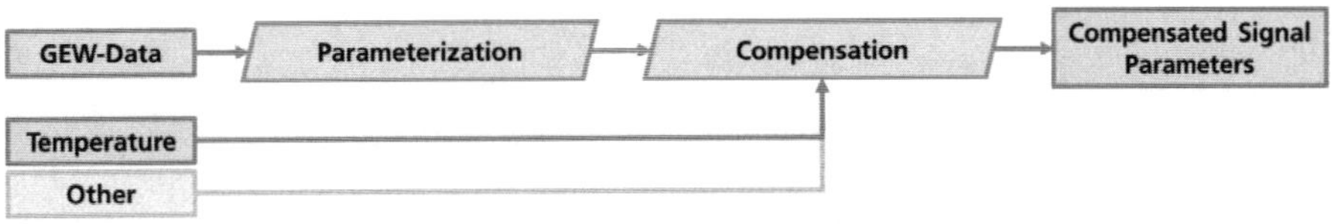

Fig. 16: Approach 1- Parameter based temperature compensation of GEW signals

Fig. 16 shows the parameter-based temperature compensation approach. The following parameters are calculated from the GEW data filtered by the confidence interval

- Geometric mean frequency - FX
- Signal energy - E
- Peak amplitude - PEAK_i
- Peak velocity - C_i

with i as the index of the significant arrival. Afterwards compensation was performed regarding temperature by an 1st order fit within the L1-metric, calculated by iteratively re-weighted least squares.

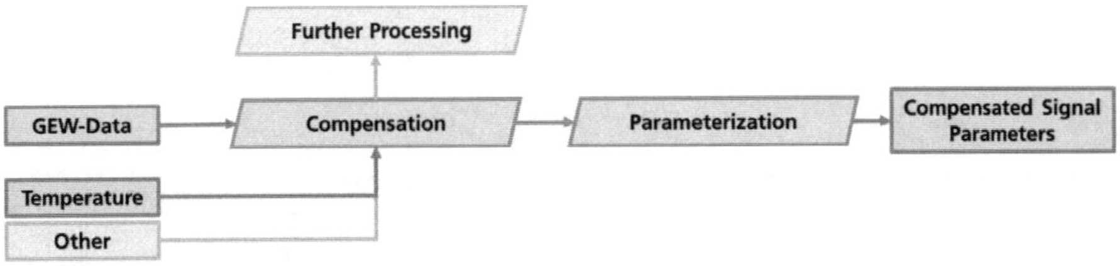

Fig. 17: Principle of temperature compensation of the raw data (and subsequent parameterization)

With temperature compensation of the raw data (Fig. 17), the temperature influence is compensated on the signal itself. Therefore, signals were transformed into the wavelet domain and on each component a 1st order fit within the L1-metric, calculated by iteratively re-weighted least. The resulting function can be used on (new) measurement data to compensate for the temperature drift directly.

In general, this approach seems less robust than parameter-based compensation but offers compensated GEW signals can be reused for further processing as imaging or material parameter inversion. Fig. 18 provides GEW signals before and after compensation for an exemplary (09-1/09-3) located at the bottom of the clean gas channel.

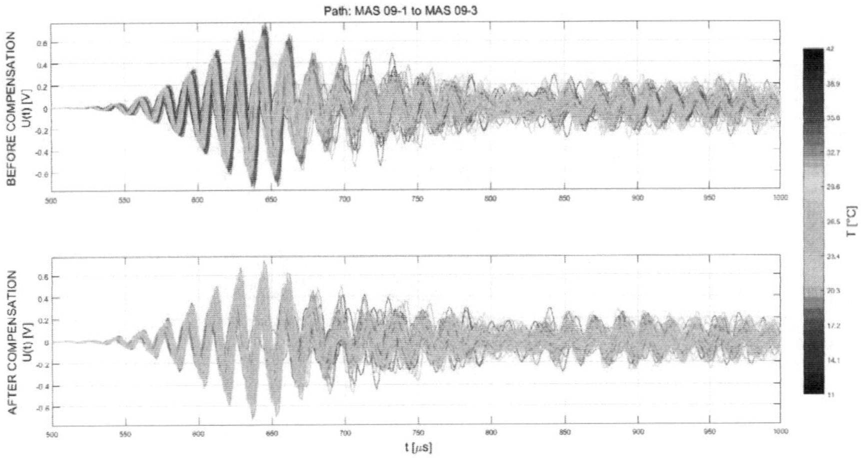

Fig. 18: GEW signals of a selected path before and after temperature compensation

2.4 Results of field measurements

The attenuation rate of the guided waves can be obtained by comparing the peak amplitude or signal energy to a baseline as in [12]. The median of the peak amplitude or signal energy within the reference period was selected as a baseline. Fig. 19 provides the attenuation rate for the exemplary path 09-1 -> 09-3 and an excitation frequency of 60 kHz. As this path represents the lowest point in the channel, a possible accumulation of liquids or solids would have its origin here. The height of the red and blue dashed line corresponds to the attenuation rate of 2db/m, which can be understood here as the detection limit. Further measurements should determine this value more precisely in the future. The attenuation rate in the observation period (for both compensation methods) is stable at the level of the reference period. Fig. 20 confirms this observation for all combinations of the clean gas channel.

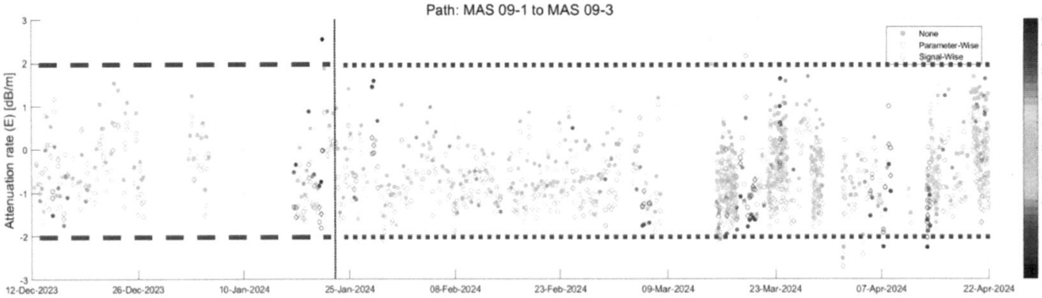

Fig. 19: Attenuation rate for transmission path 09-1 -> 09-3 as the lowest point in the channel for f=60 kHz

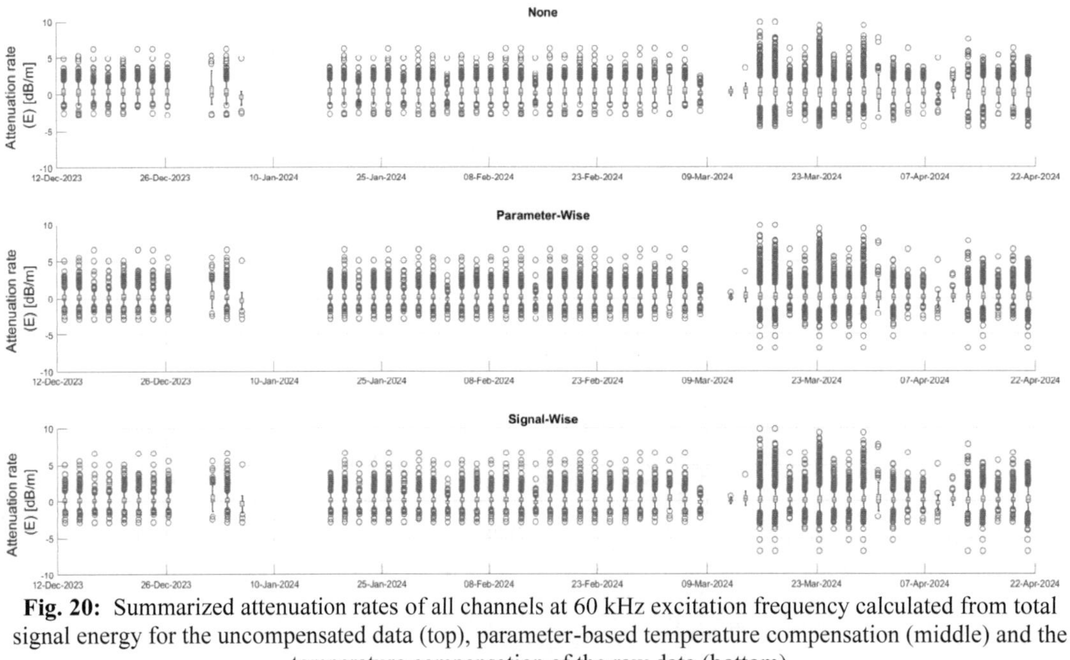

Fig. 20: Summarized attenuation rates of all channels at 60 kHz excitation frequency calculated from total signal energy for the uncompensated data (top), parameter-based temperature compensation (middle) and the temperature compensation of the raw data (bottom)

3. Conclusion

The actively excited guided waves were investigated for their suitability for material parameter characterization and suspension detection in GfrP pipelines under real conditions. Therefore, three plates were removed from a clean gas channel and phase velocities of different wave modes were determined by laser vibrometry. The newly manufactured plate (K0) showed a significantly different A0 phase velocity than the plates K1-K3, which were previously in operation. The difference between the specimens which were located inside and outside the building can be explained by the varying influence of environmental conditions during their service lifecycle. Material parameters determined by subsequent destructive testing by IMA Applus+ are available for K1-K3. The Young's modulus E_b in the longitudinal direction determined was correlated with the normalized phase velocity of the A0 wave mode, whereby a linear relationship is indicated by the limited amount of available measurement data. Overall, the results of the investigation are quite promising and indicate a possibility for the non-destructive determination of material parameters. It is recommended to transfer these findings to further field measurements and with emphasis on the influence of process and environmental factors.

Laboratory tests were carried out to detect the formation of residual suspension, which showed a clear correlation with suspension growth. These results and the estimated noise level from a 4-month test under real conditions allow the conclusion that the growth of a comparable suspension in the lower centimetre range can be measured by a GEW system. Despite the promising results, it is recommended to investigate the method in a longer practical application, especially if there is real suspension build up.

References

[1] L. Schubert, M. Stephan, E. Schulze, A. Pietzsch, C. Kruska, B. Waldmann and A. Maun, "Monitoring of GFRP pipelines in Power Plants using acoustic emission testing," *e-Journal of Nondestructive Testing,* vol. 29, no. 10, 2024.

[2] J. L. Rose, Ultrasonic Guided Waves in Solid Media, Cambridge University Press, 2014.

[3] B. Hernandez Crespo, C. R. P. Courtney and B. Engineer, "Calculation of Guided Wave Dispersion Characteristics Using a Three-Transducer Measurement System," *Applied Sciences,* vol. 8, no. 8, p. 1253, 2018.

[4] N. Bochud, J. Laurent, F. Bruno, D. Royer and C. Prada, "Towards real-time assessment of anisotropic plate properties using elastic guided waves," *The Journal of the Acoustical Society of America,* vol. 143, no. 2, p. 1138, 2018.

[5] M. Thelen, N. Bochud, M. Brinker, C. Prada and P. Huber, "Laser-excited elastic guided waves reveal the complex mechanics of nanoporous silicon," *Nature communications,* vol. 12, no. 1, p. 3597, 2021.

[6] S. Johannesmann, L. Claes and B. Henning, "Lamb wave based approach to the determination of elastic and viscoelastic material parameters," *tm - Technisches Messen,* vol. 88, no. s1, pp. s28-s33, 2021.

[7] R. Burger, M. Heilig, C. U. Grosse and D. Wu, "Material parameter inversion using cross-entropy optimization based on Lamb Wave dispersion spectra," *NDT & E International,* vol. 153, p. 103345, 2025.

[8] A. M. A. Huber and M. G. R. Sause, "Classification of solutions for guided waves in anisotropic composites with large numbers of layers," *The Journal of the Acoustical Society of America,* vol. 144, no. 6, p. 3236, 2018.

[9] A. M. A. Huber, "Classification of solutions for guided waves in fluid-loaded viscoelastic composites with large numbers of layers," *The Journal of the Acoustical Society of America,* vol. 154, no. 2, p. 1073–1094, 2023.

[10] S. Abrate and M. Di Sciuva, "Equivalent single layer theories for composite and sandwich structures: A review," *Composite Structures,* vol. 179, p. 482–494, 2017.

[11] K. Tschoke, I. Mueller, V. Memmolo, M. Moix-Bonet, J. Moll, Y. Lugovtsova, M. Golub, R. S. Venkat and L. Schubert, "Feasibility of Model-Assisted Probability of Detection Principles for Structural Health Monitoring Systems Based on Guided Waves for Fiber-Reinforced Composites," *IEEE transactions on ultrasonics, ferroelectrics, and frequency control,* vol. 68, no. 10, p. 3156–3173, 2021.

[12] R. Neubeck, M. Stephan, T. Gaul, B. Weihnacht, L. Schubert, A. U. Bindingsbø and J.-M. Østvik, "Estimation of the Filling Distribution and Height Levels Inside an Insulated Pressure Vessel by Guided Elastic Wave Attenuation Tomography," *Sensors (Basel, Switzerland),* vol. 21, no. 1, 2020.

Challenges and Opportunities offered by FBG Sensors for Reference-free Guided Waves based Structural Health Monitoring

Rohan SOMAN[1], Farzam Omidi MOAF[1], Piotr FIBOREK[1]
[1] Institute of Fluid Flow Machinery, Polish Academy of Sciences, Gdansk, Poland,
rsoman@imp.gda.pl

Abstract. Guided waves (GW) based structural health monitoring (SHM) is considered the most promising technique for thin-walled structures. Traditionally, the piezo-electric sensors have been used for the actuation and sensing of the GW in structures. But the piezo-electric sensors (PZT) cannot be embedded and are electrically and magnetically sensitive which limits their applications. A recent trend is to use the fiber Bragg grating sensors for GW based SHM.

The FBG sensors are light weight, can be embedded, are immune to electric and magnetic changes, may be multiplexed and hence are seen as a replacement for the PZT sensors. The key drawback of the FBG sensors is the large equipment cost, the passive nature and the directional sensitivity. In the last few years some research has been carried out to overcome these shortcoming and employ the sensors for SHM. This paper outlines the challenges and the unique opportunities that the FBG sensors offers for the SHM in structures- more specifically with focus on reference-free detection. The special abilities of FBG sensors such as self-referencing, ability for mode separation, ability for acoustic coupling, ability for specialty optical fibers such as polarization maintaining FBG are discussed. At the same time, the challenges associated with the use of FBG sensors such as sensitivity to ambient conditions, ambient loads etc. are discussed and techniques to overcome these are proposed.

Keywords: Structural health monitoring, Guided Waves, FBG sensors, reference-free

Introduction

Structural health monitoring (SHM) systems allow us to detect any deterioration in the structure and avoid their catastrophic failures. SHM systems are now a requirement by codes in most infrastructure including aerospace and bridges. In addition, to increasing the safety and reliability, SHM systems can minimize maintenance costs thus allowing a very high

Media and Publishing Partner

https://doi.org/10.58286/30968

return on investment [1]. As a result, the scientific community has developed different SHM systems [2, 3]. SHM may be loosely defined as the assessment of the condition of the structure through the monitoring if its in-service performance [4]. Techniques for more damage tolerant structures such as in civil engineering, focus on vibration and strain based damage sensitive features [5, 6], while the aerospace sector where small damage has to be detected focus more on the use of acoustic emission (AE) -based techniques and elastic wave propagation [7, 8].

In the aerospace sector, composites are commonly used due to their superior mechanical properties and resistance to harsh ambient conditions. But these composites are not as damage tolerant as metals and hence, more work in the area of SHM with a focus on the reliable detection, localization and diagnosis of small levels of damage is necessary. For small levels of damage, ultrasonic-based techniques such as guided waves (GW) and AE have been very popular [9, 10].

A typical GW-based SHM system requires the use of sensors for data collection, filters for data cleansing, and central data processing units for feature extraction and post processing. Piezoelectric transducers (PZT), EMAT, and optical fiber-based sensors are commonly used for the sensing of the GW. In addition some non-contact techniques such as acoustic sensors and laser Doppler vibrometer may be used for the sensing as well. The optical fiber sensors offer several advantages such as small size, light weight, ability to be embedded, immunity to electromagnetic interference, etc. [11]. In addition to these benefits, FBG based sensors in the edge-filtering configuration offer several very unique opportunities for SHM. The paper highlights these unique opportunities offered by the FBG sensors and outlines strategies with which they can be employed for improving the SHM. Inspite of this large potential, there are several challenges which need to be addressed and understood before the FBG sensors can reach the acceptance experienced by the PZT based sensors. This paper outlines some of these challenges and provides a few suggestions on overcoming these challenges.

1. Opportunities offered by FBG sensors for SHM

The FBG sensors in the edge filtering configuration improve the sensitivity of FBG sensors for GW sensing. The amplitude based interrogation allows really high sampling rates. Typical photoreceivers can offer sampling rates in the range of few GHz as compared the PZT sensors which are restricted to few MHz range.

1.1 Mode Filtering

Also, recently the authors have reported the use of FBG sensors for allowing mode separation for a narrow band excitation based on measurement at a single location [12]. To the best of our knowledge this ability is unique to the FBG sensors and has a potential for reference-free damage detection. The concept of the detection is based on the difference in the mechanism of the coupling of the different modes into the FBG. The coupling mechanism depends on the ratio of the wavelength of the propagating wave to the gauge length of the FBG. When the ratio of the wavelength of the GW is >> FBG gauge length, the FBG experiences uniform strain resulting in a shift of the FBG reflectivity spectrum. On the other hand, when he ratio of the wavelength of the GW is < than the FBG gauge length, the FBG experiences non uniform strain resulting in the distortion of the FBG spectrum (expansion or contraction of the Full Width at Half Maximum). This effect has been leveraged for mode separation which in turn simplifies the signal processing and improves the damage detection ability. The fig. 1a shows the effect of the different coupling mechanisms on the FBG spectrum. The fig. 1b shows the contribution of the two mechanisms for each mode at different frequencies. The knowledge of the contribution may be used to identify presence of one of the modes in the structure may be used for reference-free damage detection. The concept is based on the fact that some damage in structure such as delamination, results in mode conversion. So detection of the converted mode may be an indicator for damage.

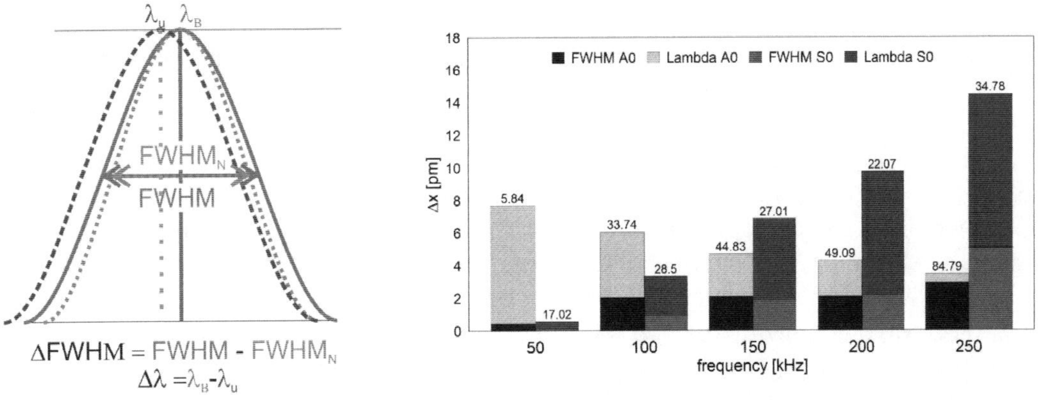

(a) (b)

Fig. 1. (a) Effect of the different propagating GW wavelengths on FBG spectrum. Grey line shows spectrum in unstrained condition, blue line shows effect of non-uniform strain, while red line shows effect of uniform strain. (b) Contribution of the two mechanisms for A0 and S0 modes at different frequencies. (The label indicates the % contribution of FWHM for each mode) (based on [12])

Another method for mode filtering or achieving increased sensitivity to a particular mode is through the use of polarization maintaining (PM) FBG. The initial idea was presented by Rao et al. [13]. The two peaks of the PM FBG have indeed different sensitivities based on the orientation of the applied load. A proof-of-concept based on analytical implementation is shown in fig. 2.

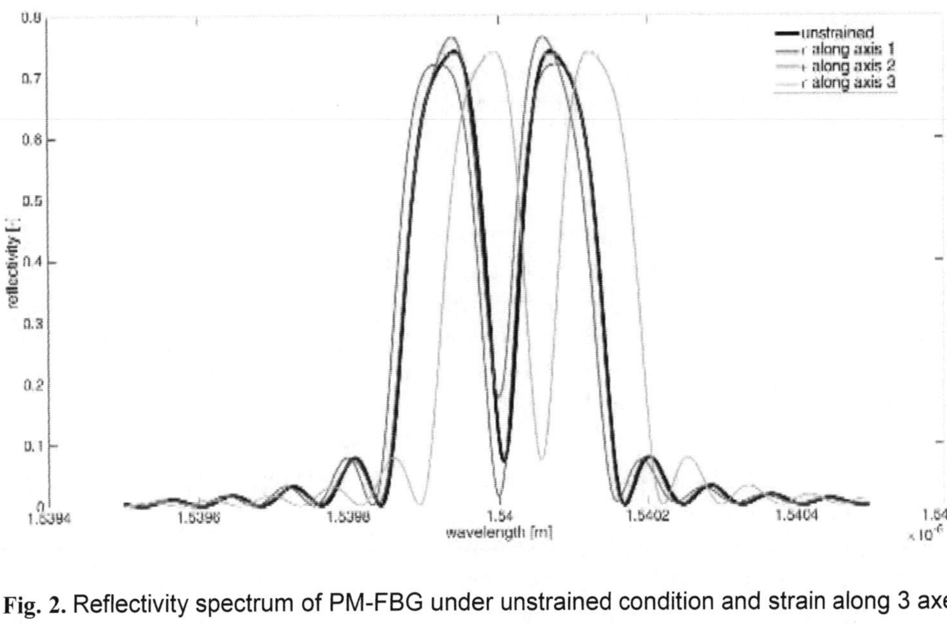

Fig. 2. Reflectivity spectrum of PM-FBG under unstrained condition and strain along 3 axes

As can be seen, for axial strain (axis 3) both the peaks move, while for the transverse strains either the slow or fast axis move. This may be potentially used for mode separation and improved damage localization.

1.2 Self-referencing

Another unique possibility offered by the FBG sensors is the remote bonding configuration. This is possible as the optical fiber is not only an excellent wave guide for the optical wave but also for the mechanical wave. The GW travelling in the sample gets coupled into the optical fiber and travels along to the FBG where it can be sensed. Not only does it offer a unique opportunity to use the FBG sensors for monitoring in extreme conditions such as high temperature [14] but it also increases the sensitivity of the sensors to GW. Wee et al. have quantified this improved sensitivity under some conditions [15].

The remote bonded FBG may be employed for use in the self-referencing configuration. The optical fiber is bonded on two sides of the FBG as shown in fig. 3. In the setup shown, the wave propagating from the PZT will encounter the Bond1 and some of the energy will get coupled into the fiber and sensed at the FBG. Also the wave will continue to propagate in the sample, interact with the damage and then get coupled into the fiber at Bond2. The wave coupled at Bond1 will carry the baseline information while the wave coupled at Bond2 will carry the damage information. By studying the interaction of these coupled waves we can detect damage [16]. This methodology may be extended to damage localization using data driven approaches [17].

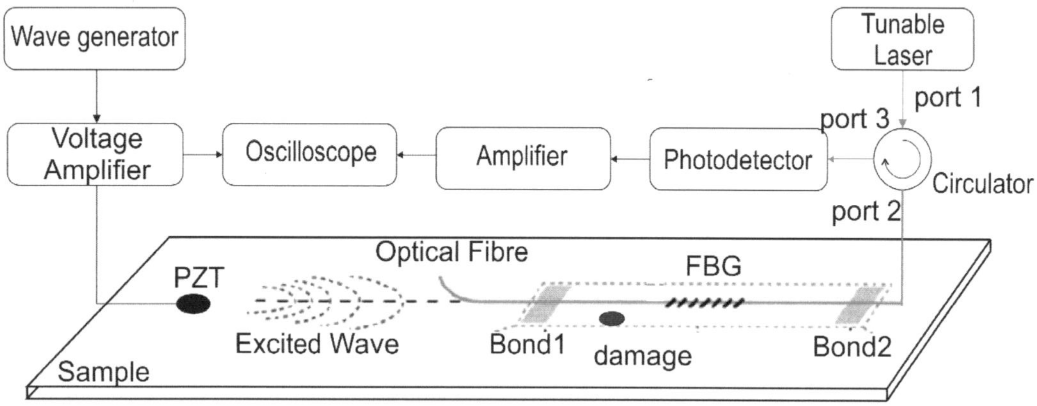

Fig. 3. Schematic for self-referencing using remote FBG} [17].

1.3 Acoustic Coupling

The remote bonded configuration can be combined with the acoustic coupling potential of the optical fibers and use as a tool to enhance the SHM network or to increase the number of locations for sensing without increasing the number of sensors used. The authors have recently shown the proof of concept of acoustically coupled optical fiber network which can localize damage using a single FBG sensor. The concept is based on the remote bonded configuration but also on the fact that the acoustic wave propagating along the fiber may be transferred from one fiber to another using an adhesive bond. The concept can be explained based on the fig. 4. Fibers of different lengths are coupled together with a fiber containing a single FBG. The time required for the wave to propagate along the fiber is different due to the different lengths of the fiber. Using this approach the time signal from the three bonds may be captured using a single FBG as shown in fig. 5. This has been utilized to detect and localize the damage using a single sensor, which reduces the number of sensors by factor of 3, leading to significant savings in the instrumentation costs. The design of the acoustic coupler has been optimized to maximize the performance of this technique.

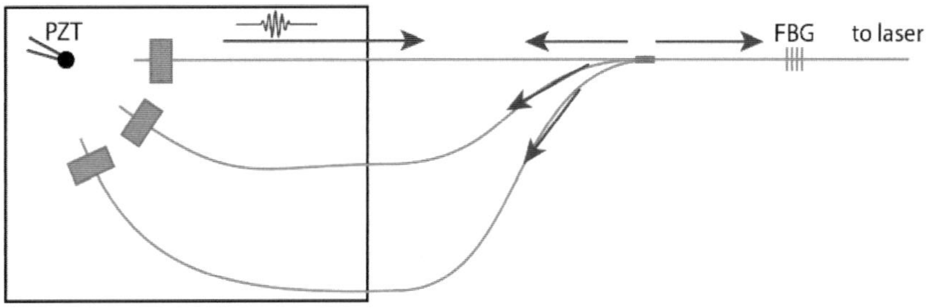

Fig. 4. Schematic of a 3 × 1 coupler (reprinted from [18]).

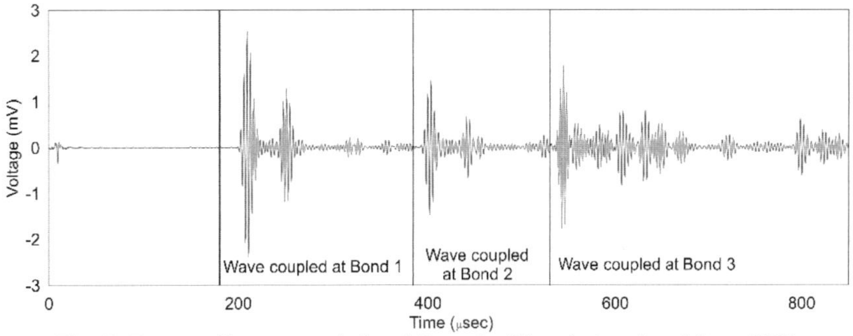

Fig. 5. Temporally separated signal from the 3 bonds (reprinted from [18])

1.4 Detection of Non-linear features

Non-linear GW are popularly used for reference-free damage detection. The assumption is that a healthy structure is linear and will not show non-linear behaviour, while damage in the structure such as crack or delamination will introduce non-linearity which when detected in the form of existence of higher harmonics will be a feature used for damage identification. The FBG sensors in edge filtering configuration are capable of sensing these higher harmonics. A study was conducted with two aluminium plates riveted together (fig. 6).

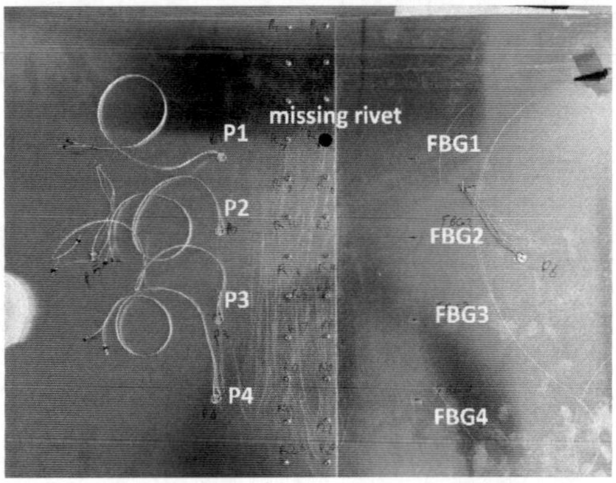

Fig. 6. Two plates riveted together and deployed with symmetric actuator sensor pairs for instantaneous baseline based damage localization.

In order to simulate damage, one of the rivets were removed. Four symmetrically placed actuator-sensor pairs were then used to record the signal. Only the first wave packets arriving at the sensor were used. As the distance between each actuator and the similarly named sensor is same, they can be used as instantaneous baseline. The fig. 7 shows the normalized results in the time and frequency domain. As can be seen the level of non-linearity sensed by the FBG1 in the frequency domain is significantly higher than those for the other sensors. This shows the effectiveness of the FBG sensors for reference-free damage detection using instantaneous baseline and non-linear features.

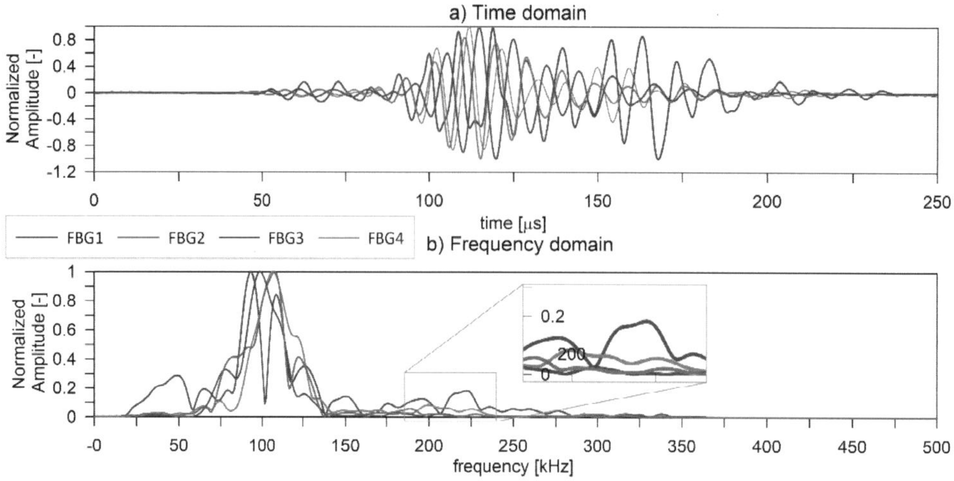

Fig. 7. (a) time domain measurements for 4 actuator-sensor pairs b) frequency domain plots

2. Challenges in usage of FBG sensors for SHM

The use of FBG sensors in edge filtering configuration opens a wide vista of opportunities but the equipment needed for the interrogation is quite expensive. A stable narrow band tunable laser source is needed which adds considerable costs. Some work needs to be carried out in order to develop low cost alternatives.

Similarly, one of the salient features of the FBG sensors is the ability to be multiplexed. This ability is lost when using the FBG sensors in the edge filtering approach. In order to develop such an approach additional optical apparatus such as beam splitters and couplers are necessary which increases the complexity of the deployment considerably. New approaches to overcome this, need to be developed. The applicability of the FBG sensors in in-service conditions is also a problem which needs to be addressed. The reflectivity spectrum of the FBG sensor is affected by change in the ambient conditions (fig. 8). This makes it necessary to include a feedback mechanism to ensure that the tuning of the tunable laser is on the reflectivity slope of the FBG. This feedback mechanism adds significant costs to the system.

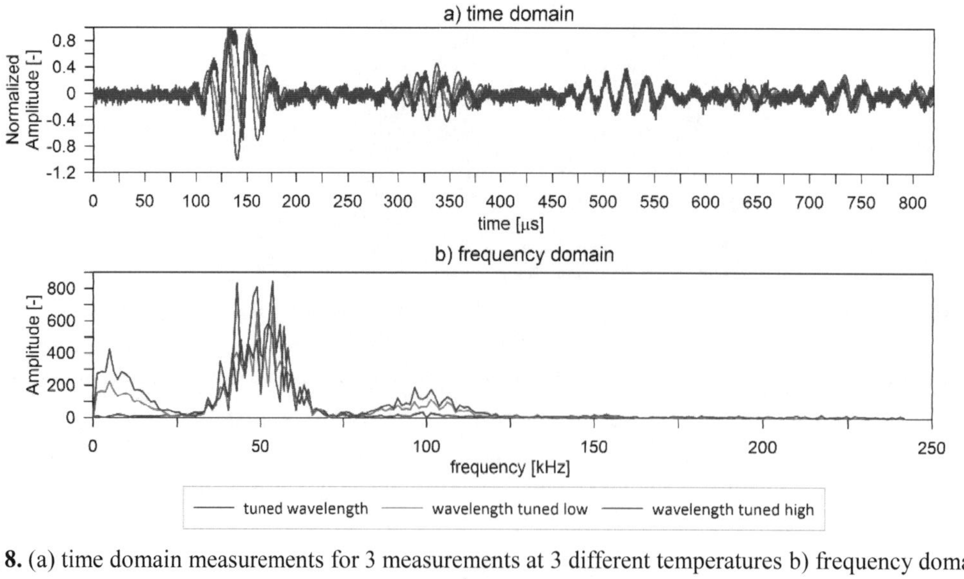

Fig. 8. (a) time domain measurements for 3 measurements at 3 different temperatures b) frequency domain plots

Another key hindrance which was observed during a recent experimental campaign was the effect of the loading of the structure on the measurements. An experimental campaign was conducted to study the possibility of the use of GW using FBG sensors for detection of fatigue damage in a scaled down wind turbine blade. The details of the blade and the experimental campaign may be found in [19, 20] respectively. The FBG sensor was installed in the remote configuration. The remote configuration was to ensure that the optical spectrum is not shifted due to the low-frequency excitation. The delay for the attenuation of the blade vibrations was designed based on the studies on the PZT transducers. As can be seen in fig. 9, the FBG is clearly affected by low frequency vibrations which continue in the optical fiber long after the blade vibrations have attenuated. These low frequencies, can be removed through signal processing, but if the amplitude of these vibrations is too high, the linear regime of the FBG will be exceeded leading to corrupt measurements which cannot be retrieved through signal processing.

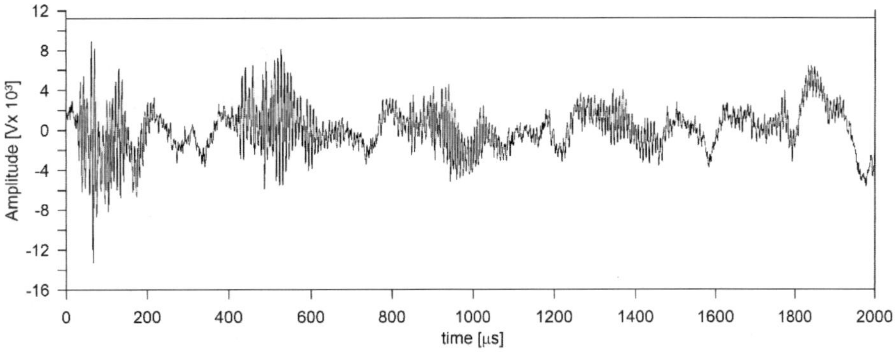

Fig. 9. Time response from FBG during the fatigues tests.

3. Conclusions and Discussions

Based on the research work presented, it is apparent that FBG sensors for GW sensing offer a wide range of opportunities some of which are unique to the FBG sensors alone. So there is a lot of potential for incorporating these sensor systems in SHM systems. The mode filtering ability may be used for reference-free SHM. The acoustic coupling may be employed to retrofit an existing SHM network to allow monitoring in locations with known damage, etc. Similarly, due to the high sampling rate which may be achieved by these sensors, they can find applications in high speed impact detection and characterization.

While these opportunities are abundant, there are some serious challenges that need to be first identified and then studied in detail to make the use of FBG sensors more acceptable to in in-service applications. In terms of the future of these sensor systems, high fidelity numerical simulations which capture the physics of the measurement system and which are numerically efficient are needed to better study the factors and develop strategies to overcome them. In addition the proof of concept of some of these techniques on real applications will go a long way in getting the acceptance from the industry for this nascent field. The learning curve for the implementation of these systems is a challenge due to the need of multidisciplinary knowledge of these systems. Efforts to make a black-box plug and play system for the FBG sensor utilization for GW sensing will go a long way in achieving more deployment of these sensors.

Acknowledgment

This research was funded by National Science Center, Poland, grant number: 2020/39/D/ST8/00188. The authors are also grateful to Task-CI for allowing the use of the computational resources. The opinions expressed in this paper do not necessarily reflect those of the sponsors. The authors will also like to thank Dr Pawel Kudela, and Prof Eleni Chatzi and team for the fatigue tests on the scaled wind turbine blade.

References

[1] Kamariotis, A.; Chatzi, E.; Straub, D. Value of information from vibration-based structural health monitoring extracted via Bayesian model updating. Mechanical Systems and Signal Processing 2022, 166, 108465.

[2] Azimi, M.; Eslamlou, A.D.; Pekcan, G. Data-driven structural health monitoring and damage detection through deep learning: State-of-the-art review. Sensors 2020, 20, 2778.

[3] Kralovec, C.; Schagerl, M. Review of structural health monitoring methods regarding a multi-sensor approach for damage assessment of metal and composite structures. Sensors 2020, 20, 826.

[4] R. Soman, J. Wee, K. Peters, Optical fiber sensors for ultrasonic structural health monitoring: A review, Sensors 21 (21) (2021) 7345.

[5] Feng, D.; Feng, M.Q. Computer vision for SHM of civil infrastructure: From dynamic response measurement to damage detection A review. Engineering Structures 2018, 156, 105-117.

[6] Das, S.; Saha, P. A review of some advanced sensors used for health diagnosis of civil engineering structures. Measurement 2018, 129, 68-90.

[7] Rocha, H.; Semprimoschnig, C.; Nunes, J.P. Sensors for process and structural health monitoring of aerospace composites: A review. Engineering Structures 2021, 237, 112231.

[8] Abbas, S.; Li, F.; Qiu, J. A review on SHM techniques and current challenges for characteristic investigation of damage in composite material components of aviation industry. Materials Performance and Characterization 2018, 7, 224-258.

[9] Mitra, M.; Gopalakrishnan, S. Guided wave based structural health monitoring: A review. Smart Materials and Structures 2016, 25, 053001.

[10] Guemes, A.; Fernandez-Lopez, A.; Pozo, A.R.; Sierra-Perez, J. Structural Health Monitoring for Advanced Composite Structures: A Review. Journal of Composites Science 2020, 4, 13.

[11] Majumder, M.; Gangopadhyay, T.K.; Chakraborty, A.K.; Dasgupta, K.; Bhattacharya, D.K. Fibre Bragg gratings in structural health monitoring- Present status and applications. Sensors and Actuators A: Physical 2008, 147, 150-164.

[12] Soman, R.; Radzienski, M.; Kudela, P.; Ostachowicz, W. Guided waves based damage localization based on mode filtering using fiber Bragg grating sensors. Smart Materials and Structures 2022, 31, 095025.

[13] Rao, C., Duan, L., Bidirectional, bimodal ultrasonic Lamb wave sensing in a composite plate using a polarization-maintaining fiber Bragg grating, Sensors 19 (6) (2019) 1375.

[14] F. Yu, O. Saito, Y. Okabe, An ultrasonic visualization system using a fiber-optic Bragg grating sensor and its application to damage detection at a temperature of 1000 c, Mechanical Systems and Signal Processing 147 (2021) 107140.

[15] Wee, J.; Wells, B.; Hackney, D.; Bradford, P.; Peters, K. Increasing signal amplitude in fiber Bragg grating detection of Lamb waves using remote bonding. Applied Optics 2016, 55, 5564.

[16] J. Wee, K. Alexander, K. Peters, Self-referencing ultrasound detection of fiber Bragg grating sensor remotely bonded at two locations, in: Sensors and Smart Structures Technologies for Civil, Mechanical, and Aerospace Systems 2020, Vol. 11379, SPIE, 2020, pp. 190{195.

[17] Soman, R., Moaf, F. O., Unsupervised learning approach for damage localization using guided waves sensed with FBG sensors in self-referencing configuration, Proceedings of the 19th Vetomac conference.

[18] Soman, R.; Kim, J.; Aiton, S.; Peters, K. Guided waves based damage localization using acoustically coupled optical fibers and a single fiber Bragg grating sensor. Measurement 2022, 203, 111985.

[19] Ou, Y; Chatzi, E; Dertimanis, V; Spiridonakos, M. Vibration-based experimental damage detection of a small-scale wind turbine blade. Structural Health Monitoring 2017, 16, 79-96.

[20] Sieber, P., Kudela, P., Soman, R., & Chatzi, E. (2024). Wind turbine blade structural health monitoring dataset (1.0) [Data set]. Zenodo. https://doi.org/10.5281/zenodo.13692213

Detection of Adhesive Layer Degradation in Acoustic Emission Sensors using the Electromechanical Impedance for Self-Diagnosis

Christopher REINHARDT[1*], Sebastian PRIEBE[1], Inka MUELLER[1]
[1] Institute of Mechanics, Bochum University of Applied Sciences, Bochum, Germany
[*] Christopher.Reinhardt@hs-bochum.de

Abstract. Acoustic emission (AE) sensors are commonly employed for testing and monitoring purposes, thereby necessitating the development of effective field-testing methods to assess their functionality during use. The ideal outcome would be a method for self-diagnosis. A novel approach to field-testing is to measure the electromechanical impedance (EMI) of the AE sensor. This method requires only minimal additional equipment and eliminates the need for human interaction, which is required for current field tests such as pencil-lead break tests. Prior research conducted by the authors demonstrated the general applicability of this approach for sensors of a specific type in various unknown conditions, as well as the influence of variations in the coupling-specific and structural parameters. To advance the use of the EMI for self-diagnosis in the field, it is essential to investigate specific common types of sensor defects. One such defect is the degradation of the adhesive layer between the piezoelectric element and the sensor's wear plate or the casing, depending on the sensor design.

This work presents the findings of an experimental study, analyzing the effect of degradation of the adhesive layer in the sensor using two Vallen VS150-M sensors, and a numerical study focusing on the same defect. The defects were induced by subjecting the sensors to temperatures outside of their operating temperature range. The numerical model is employed to induce a known defect in the adhesive layer and to facilitate a comparison of the resulting data with that obtained from the experimental study. Moreover, the experimental and numerical results were employed to evaluate the efficacy of self-diagnosis using the EMI spectrum for the aforementioned sensors of the type VS150-M.

Keywords: Acoustic Emission AE, Electromechanical Impedance EMI, Self-Diagnosis, NDT, Sensors

https://doi.org/10.58286/30965

Introduction

A commonly used technique for structural testing and monitoring is acoustic emission (AE), which detects and analyzes elastic waves generated by the release of energy, such as the sudden release during the formation of a crack. This process is done by a piezoelectric element within the sensor, which produces an electric charge proportional to the element's mechanical deformation. As AE is increasingly used for continuous and automated structural health monitoring (SHM), the long-term reliability of data provided by AE sensors becomes essential for critical decision-making processes. The possibility for undetected cracks, resulting from sensor malfunctions, to lead to incorrect assessments of structural integrity, highlights the necessity for methods to evaluate and verify sensor performance.

Today, assessing the state of an AE sensor used for continuous monitoring requires manual work. One method to inspect the sensor's state in the field without removing it is the pencil lead break test (Hsu-Nielsen source). This test requires human interaction, the possibility for a human being to reach for the sensor and does not allow for a detailed analysis. Therefore, assessing the state of an AE sensor is often performed in a laboratory after replacement. With the sensor removed from the structure, several approaches to assess the sensor's state are possible. The method of face-to-face coupling between an AE sensor and an ultrasonic transducer is detailed in [1], [2]. In this approach, the performance of the AE sensor is evaluated by analyzing the sensitivity spectrum generated in response to a defined excitation signal from an ultrasonic transducer. An alternative method for determining the sensitivity spectrum is described in [3] and [4]. Here, the AE sensor is coupled to a free vibrating aluminum block, while elastic waves are introduced into the block using a conical piezoelectric element mounted on the opposite side. The resulting sensitivity spectra can then be compared to pre-established reference baselines to evaluate the sensor's performance.

The electromechanical impedance (EMI) is a crucial parameter for the evaluation of piezoelectric transducers in general regarding SHM applications, including guided waves and impedance analyzing techniques. EMI quantifies the interaction between the electrical and mechanical responses of the piezoelectric material [5], [6], [7]. As a complex, frequency-dependent quantity, EMI offers valuable information about the electrical characteristics of the piezoelectric element and the mechanical behavior of both the transducer and the surrounding structure under mechanical constraints.

Recent research has explored the use of the EMI of AE sensors for self-diagnosis. In [8], a proof of concept under laboratory conditions was demonstrated with 29 used AE sensors in various unknown damage states. Subsequent studies investigated the impact of coupling-specific and structural parameters on the EMI to highlight the challenges of implementing in-situ self-diagnosis [9]. In both studies, several features were extracted from the EMI spectrum for the purpose of comparing sensor states and assessing parameter influences. These features include correlation coefficient (CC), root-mean-square (RMS), similarity of eigenfrequencies, sum of peak amplitudes, and the slope of the linear section at lower frequencies in the EMI spectrum.

This study presents the influence of defects in the adhesive layer between the piezoelectric element and the wear plate in AE sensors on the EMI spectrum as one specific possible damage within the sensors. For this, two Vallen VS150-M sensors were exposed to temperatures outside their operating temperature range, gradually increasing, which weakens the adhesive layer. A principal component analysis (PCA) is performed to extract two damage indices from the EMI spectrum using several features and assess the sensor's state. Additionally, a numerical model is used to compare the expected defects in the adhesive layer with simulated known defects in the numerical model. The experimental and numerical results are compared and employed to evaluate the self-diagnosis of adhesive layer degradation of AE sensors using the EMI spectrum.

1. Methods

Within this work, experimental measurements and numerical simulations of the EMI spectrum of AE sensors were used to assess the state of the adhesive layer between the piezoelectric element and the wear plate. The VS150-M, manufactured by Vallen Systeme GmbH, is utilized for the experiments and a simplified model of it is used for the simulations. The sensor is of resonant type, demonstrating increased sensitivity at its resonance frequency of 150 kHz. According to the datasheet, the operating frequency range of the sensor is 100 kHz to 450 kHz [10].

1.1 Experiments

The complex-valued EMI spectrum is used in this work to evaluate the degradation of the adhesive layer between the wear plate and the piezoelectric element of AE sensors. The spectrum is recorded with a Bode100 vector network analyzer, which performs a frequency sweep with an amplitude of less than 1 V peak to peak [11]. The measured data consists of two components: resistance, representing the real part of the impedance, and susceptance, corresponding to the imaginary part of the admittance — the reciprocal of the impedance. A total of 6401 data points is collected within the 100 kHz to 450 kHz range using a linear distribution. The proposed method uses the sensors themselves to acquire EMI spectra, eliminating the need for additional external equipment. This provides long-term in-situ monitoring, enabling continuous assessment of sensors in their operational environments. Additionally, the method simplifies testing conditions, allowing sensors to be evaluated in a laboratory under free vibration conditions without mechanical coupling.

The experimental dataset consists of two AE sensors (7849 & 7851) of the type VS150-M. The sensors were intentionally exposed to temperatures that exceeded their operational range, thereby inducing damage to the adhesive layer. Each sensor was exposed to temperatures ranging from 120 °C to 180 °C for a duration of 30 minutes at each temperature. The sensors were exposed to each temperature three times, with the temperature increasing in 10 °C increments after these three measurements. The sensors demonstrated varying degrees of resilience to high temperatures. Specifically, sensor 7849 exhibited high deviations from its baseline measurement after the initial exposure to 150 °C, while sensor 7851 demonstrated less deviation up to 180 °C. Consequently, the number of measurements after heat exposure per sensor differs. However, the number of measurements in the undamaged state remained consistent for both sensors with 17 measurements in total (Fig. 1).

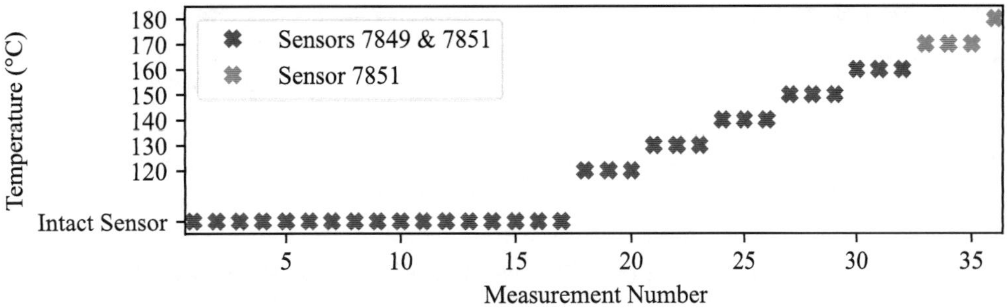

Fig. 1 Temperature exposure sequence and measurement distribution for the sensors 7849 and 7851: Blue for both sensors, orange for sensor 7851 only.

1.2 Extracted Features

To evaluate the sensor's condition, the measured EMI spectrum is compared to a reference baseline from the same sensor in a known healthy state. A common approach in SHM for this comparison is the PCA of extracted features [12]. It is a statistical technique that reduces the dimensionality of a dataset while preserving as much variability as possible. It transforms the original, potentially correlated features into a set of uncorrelated variables called principal components. Before applying PCA, the used features are standardized to account for differences in magnitudes and scales. This standardization process, known as autoscaling, involves subtracting the mean and scaling each feature to achieve unit variance.

From each measured EMI spectrum of the AE sensor, the first four eigenfrequencies (EFs) and their amplitudes are identified in both parts of the spectrum, along with the slope of a linear section in the susceptance spectrum. An example of an EMI spectrum, along with the corresponding extracted information, is shown in Fig. 2. Using an existing baseline, nine distinct features can be calculated from this information and the complete EMI spectrum. Tab. 1 outlines how the RMS and the CC are applied to the extracted information and the measured EMI spectrum over the complete frequency range to compute the features for the PCA.

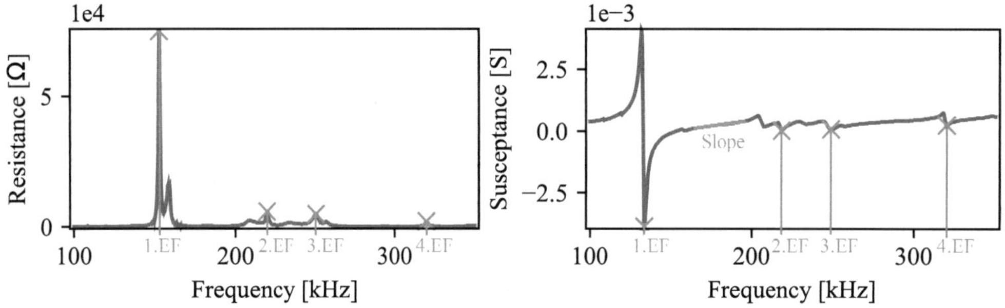

Fig. 2 Exemplary EMI spectrum of an AE sensor VS150-M. The picked eigenfrequencies and the slope of the spectrum are marked in orange.

Tab. 1 Calculated features from the extracted information of the EMI spectrum in both parts of the spectrum.

Features from the resistance spectrum	**Features from the susceptance spectrum**
RMS of relative deviation of first four EFs	RMS of relative deviation of first four EFs
RMS of relative deviation of amplitude of first four EFs	RMS of relative deviation of amplitude of first four EFs
RMS of delta between baseline and measured EMI spectrum	RMS of delta between baseline and measured EMI spectrum
CC between baseline and measured EMI spectrum	CC between baseline and measured EMI spectrum
	Slope of a linear section

The baseline was determined by averaging three measurements of the intact sensor, leaving 14 measurements available for training and testing the PCA. Since the PCA uses nine different features, at least nine measurements are required to calculate the principal components (PCs). This leaves five measurements of the intact sensor for testing. Hotelling's T^2-statistic and the Q-statistic were chosen as damage indices. The T^2-statistic captures the deviation within the principal component space, which is reduced to the first four PCs to cover over 92 % of the data variance, while the Q-statistic quantifies the residual error outside the modeled space. Given the limited number of intact sensor measurements, every possible combination of baseline, training, and test data was used to maximize statistical robustness. As a result, a total of 6188 different PCA models were generated to compute the T^2- and Q-statistics for the 15 measurements of the heat-stressed sensor 7849 and the 19 measurements of the heat-stressed sensor 7851.

1.3 Numerical Simulations

The numerical model used to simulate the EMI spectrum of the AE sensor is a two-dimensional axisymmetric model, representing a simplified version of the VS150-M. Non-symmetric components, such as the connector, are omitted to streamline the simulation. The model is developed and simulated using COMSOL Multiphysics® [13] and has been validated in previous studies [9], [14]. The internal structure of the AE sensor is based on an example illustrated in [15] and consists of three main components: the casing, wear plate, and piezoelectric element. To simulate changes in the adhesive layer between the wear plate and the piezoelectric element, the model was extended to include this layer. The adhesive layer covers the entire area of the piezoelectric element, has a thickness of 1 mm, and is assumed to be a two-component epoxy. The material properties of the adhesive layer, wear plate, and casing were adopted from [16].

The numerical model is meshed exclusively with rectangular elements to maintain consistency in element shape and computational stability. The element size varies between 0.5 mm and 0.2 mm, with smaller elements applied in regions requiring higher accuracy. A refined mesh is specifically used for small geometries and critical areas, such as the piezoelectric element and adhesive layer, to capture fine details and enhance solution accuracy.

As the exact experimentally induced damage to the adhesive layer is not fully understood nor known, a systematic analysis of the influences of specific material parameters is done numerical. Specifically the Young's modulus, Poisson's ratio and mechanical loss factor are varied individually within a range of -20 % up to +20 %. The simulations cover the same frequency range as the VS150-M, with a step size of 500 Hz, resulting in 700 data points for the EMI spectra. As multiple simulations of the same numerical model yield no alterations or deviations in the EMI spectrum, performing a PCA as outlined in Section 1.2 is not viable with the numerical simulations. Consequently, the features utilized in the PCA are extracted independently from the simulated EMI spectra, and the deviations of these features are compared. To differentiate between the two parts of the EMI spectrum for features extracted from both, the subscripts "R" will be used for the resistance and "S" for the susceptance.

2. Results

The following sections present the influence of changes in the adhesive layer between the piezoelectric element and the wear plate on the EMI spectrum of AE sensors. In section 2.1. the experimental results of two different VS150-M sensors exposed to temperatures outside their operating temperature range will be demonstrated by the use of the PCA. The experimental studies will be supported by numerical simulations which were used to simulate changes in the material properties of the adhesive layer. The results of the numerical simulations will be given in section 2.2.

2.1 Experimental Data

In Fig. 3 is the impact of exposure to temperatures above the sensor's operating range on the EMI spectrum of sensor 7849 exemplary illustrated. A significant deviation in the EMI spectrum is clearly noticeable after the sensor's exposure to 160 °C for the third time. Additionally, even after the initial exposure to 120 °C, a shift in the EFs is visible, along with a change in the amplitude of the first EF in the resistance spectrum.

An illustration of the PCA outcomes is provided in Fig. 4. Due to the impracticality of comparing all individual results, histograms were calculated to show the frequency distribution of different values for the Q-statistic and T^2-statistic across all combinations of training, testing, and heat-stressed data for both sensors. The results are presented in Fig. 5.

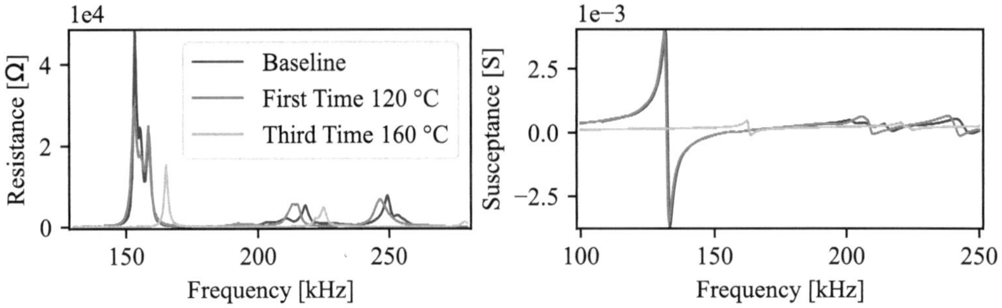

Fig. 3 EMI Spectrum of Sensor 7849: Blue represents the intact sensor, orange shows the spectrum after the initial exposure to 120 °C and cyan depicts the spectrum after the third exposure to 160 °C.

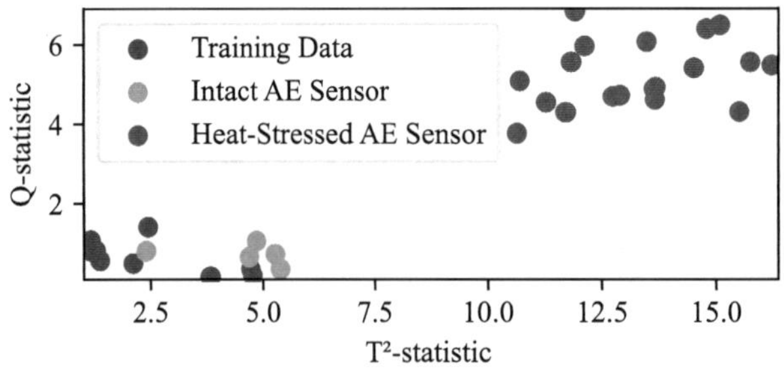

Fig. 4 Q-statistic displayed against T^2-statistic for one PCA of the sensor 7851. The used data for training is shown in blue, for testing in green and data of the heat-stressed sensor is given in red.

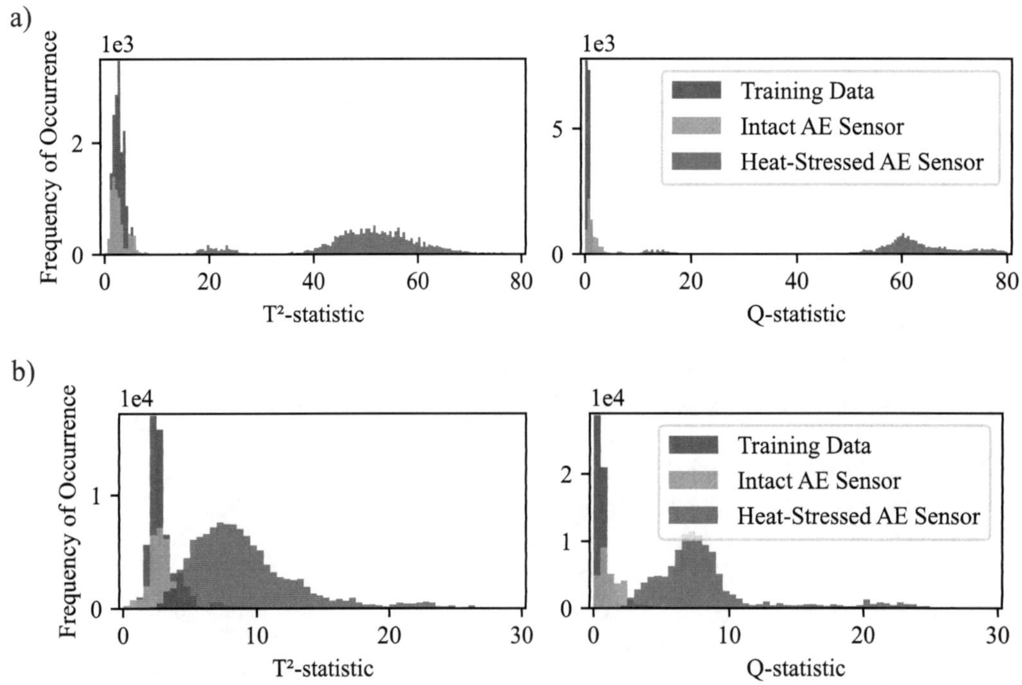

Fig. 5 Histograms of the damage indices (T^2-statistic and Q-statistic) for all possible measurement combinations used in baseline calculation, training, and testing. Blue represents the training data, green indicates the test data from the intact sensor, and red shows the data from the heat-stressed sensor. a) Sensor 7849 b) Sensor 7851.

As illustrated in Fig. 5a, the sensor 7849 exhibits minimal to no overlap between the heat-stressed AE sensor data and the training or undamaged data. Furthermore, the data from the heat-stressed sensor is grouped into two distributions, with a substantial gap between them in the Q-statistic. In both statistics, the larger distribution manifests at higher T^2- and Q-values. In contrast, the intact sensor data exhibits substantial overlap with the training data, though it displays a slightly broader distribution.

An examination of sensor 7851 in Fig. 5b reveals that the data from the heat-stressed sensor is predominantly concentrated within a single, primary distribution with a one sided big tail for larger values. A greater degree of overlap is observed between the training data and the data from both the intact and heat-stressed sensors for the T^2-statistic in comparison to the Q-statistic. Furthermore, for the T^2-statistic, the training and intact data show a slight deviation from the origin.

A comparison of sensors 7849 and 7851 reveals that sensor 7849 consistently generates higher values in both statistics. Both sensors manifest notable overlap with the training data, yet the data distribution exhibits greater dispersion. The histograms for both sensors reveal distinct regions for the heat-stressed sensor data, particularly at higher T^2- and Q-values, allowing for clear differentiation between an intact and heat-stressed sensor.

2.2 Numerical Data

The effect of changes in the Young's modulus of the adhesive layer on the EMI spectrum of the simulated AE sensor is exemplary illustrated in Fig. 6. In both parts of the spectrum, a noticeable change in the amplitude of the first EF is observed, along with a shift in the second EF within the resistance spectrum. Additionally, a slight frequency shift of the first EF in both parts of the spectrum is present.

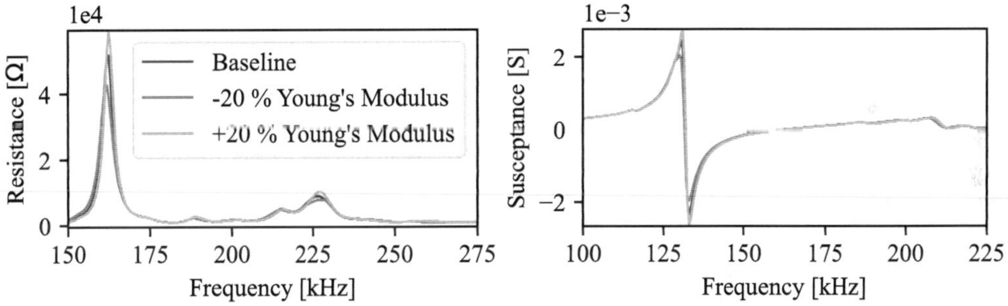

Fig. 6 EMI spectrum of the simulated AE sensor with variations in the Young's modulus of the adhesive layer. The x-axis is zoomed in on the first two EFs. Blue represents the baseline, orange indicates a 20 % reduction in Young's modulus, and cyan shows a 20 % increase.

The deviation of the EFs and amplitudes was calculated as the sum of the absolute deviation of the first four EFs and amplitudes. This calculation method is comparable to the extracted feature described in Section 1.2. The EF deviation is generally lower for the resistance spectrum than for the susceptance (Fig. 7). It is noteworthy that the deviation in the susceptance exhibits a pronounced increase, reaching an 8 % rise in the Poisson's ratio and an 18 % decrease in the mechanical loss factor. In the resistance spectrum, the deviation caused by changes in the material parameters manifests as a more linear trend, yet it also displays step-like behavior.

A comparison of the deviation of the EF amplitudes caused by changes in the material parameters of the adhesive layer reveals a linear trend for all parameters. The Young's modulus exerts the most significant influence on both components of the spectrum, with the exception of instances where the Poisson's ratio increases by 16 % and more. In such cases, the influence of the Poisson's ratio on the susceptance surpasses that of the Young's modulus. In general, increases in the Poisson's ratio have a greater impact than decreases, whereas the opposite is true for the mechanical loss factor. Additionally, a decrease in the mechanical loss factor leads to an increase in the amplitudes, while a decrease in the Young's modulus and Poisson's ratio results in a decrease of the amplitude.

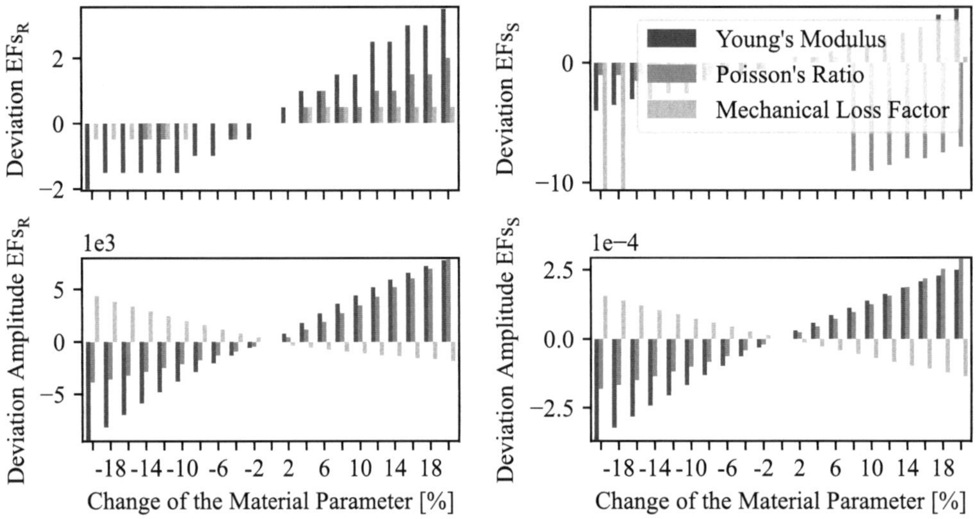

Fig. 7 Deviation of the first four eigenfrequencies and amplitudes in the simulated EMI spectrum with varying adhesive layer material properties. The left shows the resistance spectrum, and the right shows the susceptance spectrum. Blue indicates changes in the Young's modulus, orange represents variations in the Poisson's ratio, and cyan shows changes in the mechanical loss factor.

Fig. 8 shows the absolute deviation of the slope in the linear part of the susceptance. The slope is linearly influenced by all three material parameters. A decrease in the Young's modulus has the most significant impact on the slope, while for increasing parameters, the Poisson's ratio has the strongest effect. The influence of Young's modulus and Poisson's ratio is asymmetric for increases and decreases, whereas the mechanical loss factor affects the slope more consistently in both directions. A decrease of all material parameters leads to a decrease of the slope and vice versa.

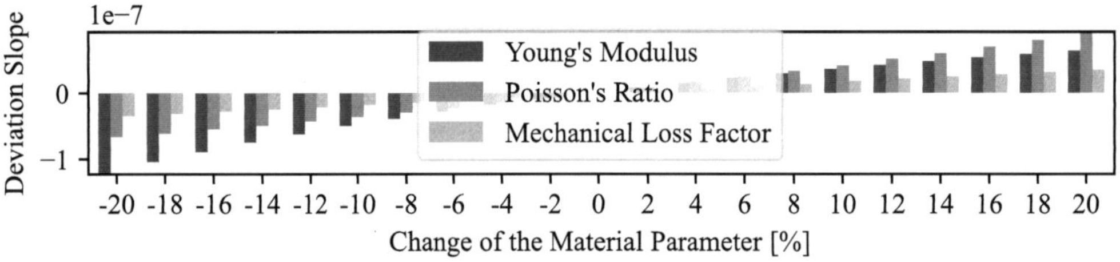

Fig. 8 Deviation of the linear slope in the susceptance of the simulated EMI spectrum with varying adhesive layer material properties. Blue represents changes in the Young's modulus, orange indicates variations in the Poisson's ratio, and cyan shows changes in the mechanical loss factor.

3. Discussion

The results of the performed PCAs indicate that the selected features and damage indices effectively differentiate between damaged and intact AE sensors. A particularly noticeable observation is the gap in the distribution of damaged sensor data for sensor 7849, as shown in Fig. 5a. This is caused by the significant deviation in the EMI spectrum after the sensor was exposed to 150 °C. Both the T^2- and Q-statistics are sensitive to these deviations, confirming their capacity to discern alterations in the adhesive layer of the sensor. The histograms of both sensors demonstrate a narrow distribution of the training data and the intact sensor data, with a significant overlap. This finding suggests that the PCA model effectively captures the characteristics of an undamaged sensor. Furthermore, the peaks of the T^2- and Q-statistics for the training and intact sensor data are represented by narrow distributions, facilitating the establishment of a threshold for the identification of sensor damage. A clear distinction between intact and damaged states is possible, as the damaged sensor data has significantly higher values for both statistical indices. In contrast, deviations in the EMI spectrum were much smaller for sensor 7851, even after exposure to 180 °C. Consequently, the histogram exhibits no discernible gap and there is more overlap between the intact and damaged sensor data, particularly in the T^2-statistic. This increased overlap is likely attributable to minimal changes in the EMI spectra after the initial exposures to increased temperatures. However, following repeated exposure to increasing temperatures, a discernible increase in the deviation of the EMI spectra was observed, consequently leading to heightened T^2- and Q-statistic values. Notwithstanding the augmented overlap, a threshold remains viable for distinguishing between intact and damaged sensors, predicated on these statistical distributions.

The feature extraction results from the numerical simulations demonstrate how changes in adhesive layer material properties influence the EMI spectrum. The Young's modulus exerts the most substantial influence, particularly when reduced, indicating that decreasing the rigidity of the adhesive layer leads to pronounced variations in the EMI spectrum. The sensitivity of the EMI spectrum to alterations in the Young's modulus of the adhesive layer is pronounced. Conversely, an augmented Poisson's ratio exerts a more pronounced effect, particularly on the susceptance spectrum. Conversely, alterations in the mechanical loss factor yield consistent effects on both the resistance and susceptance spectra, irrespective of its increase or decrease. These findings suggest that the damping properties of the material are relatively insensitive to the direction of change, leading to a relatively stable response. The linear trends observed in nearly all extracted features suggest a predictable relationship between material property changes and EMI spectrum deviations. The step-like behavior observed in the deviation of the eigenfrequencies may be attributed to the fixed simulation step size of 500 Hz, as eigenfrequencies are identified by their peaks in the EMI spectrum, which can only occur at simulated frequencies. Large changes in material properties, such as substantial increases in Poisson's ratio or decreases in the mechanical loss factor, lead to notable deviations in the EMI spectrum, potentially aiding in the identification of damage to the adhesive layer.

4. Conclusion

This study demonstrates the feasibility of using the EMI spectrum of an AE sensor to assess the integrity of the adhesive layer between the piezoelectric element and the wear plate. By using experimental and numerical data, extracting features and analyzing it with PCA, it is demonstrated that changes in the adhesive layer significantly affect the EMI spectrum. The experimental findings demonstrate the potential for distinguishing between undamaged and degraded sensors through the application of PCA and the selection of specific features and damage indices. Numerical simulations further elucidate the correlation between material property variations and EMI deviations, unveiling predominantly linear trends. These findings establish the foundation for a self-diagnosis system that can continuously monitor AE sensor health in situ, thereby reducing the necessity for manual inspections and enhancing long-term monitoring accuracy. Future research should prioritize the correlation of EMI-based sensor assessments with AE measurements, such as Hsu-Nielsen tests or defined pulses from another sensor. Additionally, the refinement of the model to account for complex environmental influences and its validation under real-world conditions could bring the field closer to autonomous and reliable SHM systems.

Acknowledgements

This work was supported by the Federal Republic of Germany as part of the CalibrAEte project, funded by the Federal Ministry for Economics Affairs and Climate Action based on a decision of the German Bundestag (grant number: 03TN0040F).

References

[1] ISO 24543, Non-destructive testing - Acoustic emission testing - Verification of the receiving sensitivity spectra of piezoelectric acoustic emission sensors, ISO 24543, Sep. 2022.

[2] H. Vallen, "A new iso standard for AE sensor sensitivity determination uses the face-to-face stimulation method," eJNDT, vol. 28, no. 1, Jan. 2023, doi: 10.58286/27621.

[3] DGZfP, Richtlinie SE 02 - Verifizierung von Schallemissionssensoren und ihrer Ankopplung im Labor, manual, Jul. 2014.

[4] M. G. Sause, S. Schmitt, and P. Potstada, "Kontinuierliche und Wiederkehrende Prüfung von Schallemissionssensoren," 2017, Accessed: Feb. 05, 2025. [Online]. Available: https://opus.bibliothek.uni-augsburg.de/opus4/files/60145/24.pdf

[5] V. Giurgiutiu, Structural Health Monitoring with Piezoelectric Wafer Active Sensors. Elsevier, 2014. doi: 10.1016/C2013-0-00155-7.

[6] G. H. Park, C. R. Farrar, A. C. Rutherford, and A. N. Robertson, "Piezo-sensor self-diagnostics using electrical impedance measurements.," Los Alamos National Laboratory (LANL), Los Alamos, NM (United States), LA-UR-04-7511, Jan. 2004. Accessed: Feb. 05, 2025. [Online]. Available: https://www.osti.gov/biblio/977908

[7] I. Buethe, B. Eckstein, and C.-P. Fritzen, "Model-based detection of sensor faults under changing temperature conditions," Structural Health Monitoring, vol. 13, no. 2, pp. 109–119, Mar. 2014, doi: 10.1177/1475921713510755.

[8] S. Priebe, C. Reinhardt, A. Fernandes, H. Trattnig, M. G. R. Sause, and I. Mueller, "Electromechanical Impedance of Acoustic Emission Sensors used for Self-Diagnosis," eJNDT, vol. 29, no. 7, Jul. 2024, doi: 10.58286/29632.

[9] C. Reinhardt, S. Priebe, and I. Mueller, "The Influence of Coupling-Specific Parameters and Structural Parameters on the Electromechanical Impedance of Acoustic Emission Sensors," eJNDT, vol. 29, no. 10, Oct. 2024, doi: 10.58286/30268.

[10] Vallen, "Acoustic emission sensors and preamplifiers - specification," Vallen Systeme GmbH, Manual, Aug. 2022.

[11] OMICRON Lab, "Technical data sheet bode 100," manual, 2024.

[12] L. Mujica, J. Rodellar, A. Fernández, and A. Güemes, "Q-statistic and T2-statistic PCA-based measures for damage assessment in structures," Structural Health Monitoring, vol. 10, no. 5, pp. 539–553, Sep. 2011, doi: 10.1177/1475921710388972.

[13] COMSOL, "COMSOL multiphysics reference manual," COMSOL Multiphysics® v. 6.1, Stockholm, Sweden, manual, 2022.

[14] C. Reinhardt, "Self verification capabilities of acoustic emission sensors using the electro-mechanical impedance spectrum - an FEM-based study," Masters Thesis, Bochum University of Applied Sciences, 2023.

[15] C. U. Grosse, M. Ohtsu, D. G. Aggelis, and T. Shiotani, Eds., Acoustic Emission Testing: Basics for Research – Applications in Engineering. in Springer Tracts in Civil Engineering. Cham: Springer International Publishing, 2022. doi: 10.1007/978-3-030-67936-1.

[16] COMSOL, "The material library user's guide," COMSOL Multiphysics® v. 6.1, Stockholm, Sweden, manual, 2022.

AUTHOR INDEX